中等职业教育新目录新技术新形态系列教材

Python 程序设计基础

吕宇飞　主　编

苏豫全　副主编

电子工业出版社

Publishing House of Electronics Industry

北京·BEIJING

内 容 简 介

本教材内容涉及 Python 语言的基本语法、数据类型、运算符、流程控制、函数和模块的使用、数据结构、基本算法、正则表达式等。以海龟绘图、摩尔斯码、文件读写、Excel 办公自动化、网络爬虫等应用案例和工作任务，按照项目教学法编写，理实一体，定位清晰。让初学者在应用过程中学习 Python 基础知识，并使其逐步具备简单的办公自动化的编程能力。

本教材配有相关素材和资源，请登录华信教育资源网免费获取。本教材既可以作为职业院校程序设计入门课程的教学用书，也可以作为各类编程培训班的教学用书，还可供对计算机编程感兴趣或有办公自动化和自动化运行维护管理需求的从业人员参考使用。

未经许可，不得以任何方式复制或抄袭本书之部分或全部内容。

版权所有，侵权必究。

图书在版编目（CIP）数据

Python 程序设计基础 / 吕宇飞主编. —北京：电子工业出版社，2023.9

ISBN 978-7-121-46590-1

Ⅰ．①P… Ⅱ．①吕… Ⅲ．①软件工具－程序设计－教材 Ⅳ．①TP311.561

中国国家版本馆 CIP 数据核字（2023）第 204350 号

责任编辑：郑小燕
印　　刷：北京缤索印刷有限公司
装　　订：北京缤索印刷有限公司
出版发行：电子工业出版社
　　　　　北京市海淀区万寿路 173 信箱　邮编　100036
开　　本：880×1 230　1/16　印张：18.75　字数：432 千字　插页：1
版　　次：2023 年 9 月第 1 版
印　　次：2024 年 7 月第 2 次印刷
定　　价：61.80 元

凡所购买电子工业出版社图书有缺损问题，请向购买书店调换。若书店售缺，请与本社发行部联系，联系及邮购电话：（010）88254888，88258888。

质量投诉请发邮件至 zlts@phei.com.cn，盗版侵权举报请发邮件至 dbqq@phei.com.cn。

本书咨询联系方式：（010）88254550，zhengxy@phei.com.cn。

前　言

《中华人民共和国国民经济和社会发展第十四个五年规划和 2035 年远景目标纲要》提出"迎接数字时代，激活数据要素潜能，推进网络强国建设，加快建设数字经济、数字社会、数字政府，以数字化转型整体驱动生产方式、生活方式和治理方式变革"。随着数字经济蓬勃发展，Python 广泛应用于云计算、物联网、大数据、智慧城市、人工智能、区块链等诸多领域，程序设计基础将为紧跟技术发展趋势的人才培养构筑基石。

本教材专为 Python 程序设计入门而设计，具有以下特点：

1．注重培养学习者的编程兴趣，以多个应用实例贯穿介绍 Python 语言的基础知识，例如以海龟绘图介绍流程控制，以摩斯密码介绍列表、元组、字典等数据结构，以一首诗介绍正则表达式。

2．注重体现学习者的学习价值，以文件读写、文件和目录运行维护、Excel 办公自动化、合法爬取数据等工作任务学习 Python 内置模块及第三方库的使用，并提高编程综合能力，使学习者在入门阶段已经能够将 Python 应用于办公自动化。

3．注重锻炼学习者的核心能力，各种信息处理最终都表现为数值或字符的处理，入门阶段重点掌握流程控制和处理数值、字符串、列表的能力，为今后学习第三方库等专门领域的编程应用打下坚实基础。

除此以外，教材着力做好以下方面：

1．做一本学习者可以阅读的教材，而非技术手册。文中结合阅读方式穿插配图，在阅读过程中，以设问和引导探究的方式修改与优化代码。

2．做一本明理透彻、概念准确的教材，而非止于基础。知识点无难易之分，明晰则易，含糊则难，例如分析变量的类型和在内存中的存储情况有助于深刻理解代码，应对人为错误。

3．做一本有教学设计思想的教材，而非内容呈现。内容的编排和组织符合学习者的认知规律，多处做了独到的设计，从日常经验入手讲解知识点，例如分析如何构建循环体培养设计代码能力，以遮罩效果理解正则表达式，寻找公共结构解决递推问题等，以此启智增慧，注重编程素养的培养。

本教材提供配套资源，包含各章节源代码以及相关的素材和效果图等，读者可以登录华信教育资源网免费获取。本教材采用文件和目录维护、Excel 办公自动化等工作任务，教师通过解决问题的程度即可评价学习者的编程能力，解决了 Python 程序设计因为实现方法众多而难以评价的问题，有利于学校在教学过程中开展评价。

本教材由中等职业教育、高等职业教育计算机专业教研团队和企业软件工程师共同编写，吕宇飞任主编，苏豫全任副主编，参编人员有陈云志、佘运祥、葛巧燕、邵泽城、刘晓梅、罗炎香、王永淼、刘陈亮、汪忠校、朱思俊、林聪太、方昱霞、王宗政。感谢杭州职业技术学院、广州中望龙腾软件股份有限公司、杭州古德微机器人有限公司、杭州有渔智学科技有限公司提出宝贵意见并给予大力支持！书中难免出现疏漏之处，敬请广大读者予以批评指正。在此表示衷心感谢！

编者

目 录

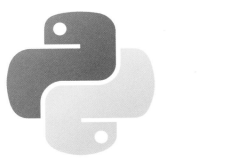

1 词汇

1.1 Python 的起源与应用

python['paɪθən] 蟒蛇

1.2 Python 的编程环境

path[pɑ:θ] 路径
download[ˌdaʊn'ləʊd, 'daʊnləʊd] 下载
PyCharm['paɪ tʃɑːm] 一款由 JetBrains 公司开发的 Python 集成开发环境（IDE）

1.3 第一个 Python 程序——我爱我的祖国

print[prɪnt] 打印
input['ɪnpʊt] 输入

编程环境：
project['prɒdʒekt, prə'dʒekt] 项目，方案
file[faɪl] 文件
run[rʌn] 运行

提示信息：
IndentationError: unexpected indent
　　　　　　缩进错误：意外的缩进

indentation Error[ˌɪnden'teɪʃn] ['erə(r)] 缩进错误
unexpected[ˌʌnɪk'spektɪd] 想不到的
indent[ɪn'dent, 'ɪndent] 缩进

invalid character[ɪn'vælɪd]['kærəktə(r)] 无效字符
syntax Error['sɪntæks]['erə(r)] 语法错误
Name Error[neɪm]['erə(r)] 命名错误
process['prəʊses, prə'ses] 过程
finish['fɪnɪʃ] 完成
exit['eksɪt] 出口，退出
code[kəʊd] 代码，密码
traceback[treɪs] [bæk] 回溯，反向追踪
defined[dɪ'faɪnd] 定义(define 的过去分词和过去式)
invalid[ɪn'vælɪd, 'ɪnvəlɪd] 不承认的，无效的
character['kærəktə(r)] 文字，字母，符号
scan[skæn] 扫描，浏览
string[strɪŋ] 字符串
literal['lɪtərəl] 文字的，逐字的

1.4 第二个 Python 程序——代码编辑与调试

output['aʊtpʊt] 输出
prompt[prɒmpt] 提示符
format['fɔ:mæt] 格式
debug[ˌdi:'bʌg] 调试
show[ʃəʊ] 显示
console[kən'səʊl, 'kɒnsəʊl] 控制台

变量名：
student ['stju:dnt] 学生

第 1 章

认识 Python

本章节涉及的内容

- Python 的起源和应用介绍
- 搭建 Python 的编程环境
- 使用 PyCharm 编辑和运行程序
- 运用 print( )输出字符串数据
- 识别运行程序时常见的出错信息

1.1 Python 的起源与应用

1.1.1 Python 的起源

Python 的设计者是吉多·范·罗苏姆（Guido van Rossum），荷兰人，早在 1982 年就获得了阿姆斯特丹大学数学和计算机硕士学位。虽然他是一位小有名气的数学家，但是他更对计算机专业情有独钟，享受着计算机带来的乐趣。据说在 1989 年圣诞节期间，吉多·范·罗苏姆为了打发圣诞节的假期，决心开发一种新的编程语言，后来命名为 Python。之所以命名为 Python（中文译名为"蟒蛇"），是因为他是英国肥皂剧《Monty Python》的忠实粉丝。

1.1.2 Python 的应用

目前，Python 是最流行、应用最广泛的编程语言之一，之所以它的热度越来越高，是因为它拥有丰富和强大的内置"库"，利用这些"库"可以快捷地完成一些功能模块，因此是程序员的首选语言。它主要被用于 Web 开发、网络爬虫、桌面软件开发、游戏开发、云计算开发、科学计算和人工智能等领域。

1. Web 开发

Python 提供了多种 Web 框架，如图 1-1-1 所示，其中 Django 为常用的 Web 框架之一，它自动生成 admin.py 文件可用于 Web 配置；models.py 文件用于配置和管理与数据库相关的操作；views.py 用于设计视图。这些文件的自动生成，大大减少了编程人员的代码编写量，提高了编程效率。国内许多著名网站，例如豆瓣等，都采用 Python 进行编写。

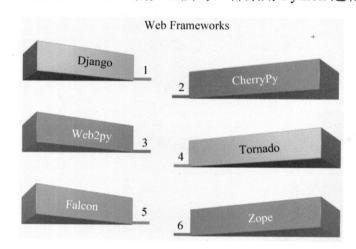

图 1-1-1　Web 框架

2. 网络爬虫

如图 1-1-2 所示，网络爬虫按照一定的规则自动抓取网络上的信息和数据。例如，先抓取电子商务平台销售商品的评论及销售数量，然后进行分析，对用户消费前景进行预测等。利用 Python 的 Urllib 库、Requests 库和 Scrappy 等框架，用几行代码便可实现从网络上获取有用的数据和信息。

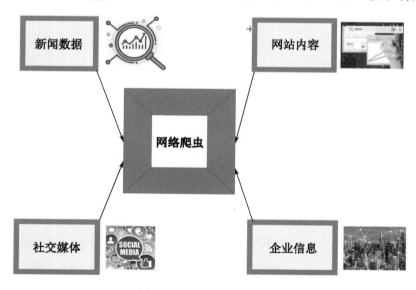

图 1-1-2　网络爬虫应用

3. 桌面软件开发

Python 在图形界面和桌面软件开发方面功能十分强大。例如使用 PyQt、Tkinter 框架开发桌面软件，使用 wxWidgets 框架开发图形界面。

4. 游戏开发

Python 有 Pygame、PyOpenGI 等丰富的游戏开发库，飞扬的小鸟、Python Shooter、接水果、坡道驾驶等游戏都是采用 Python 编写的经典游戏，如图 1-1-3 所示。

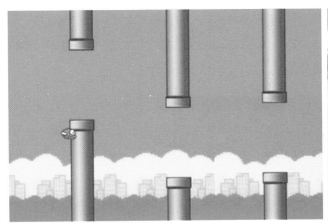

图 1-1-3　Python 开发的经典游戏

5. 云计算开发

Python 是从事云计算开发需要掌握的编程语言。目前，云计算的框架 OpenStack 就是用 Python 语言开发的。如果需要对 OpenStack 进行二次开发，那么必须精通 Python 语言。

6. 科学计算

随着 NumPy、SciPy、Matplotlib、Enthought librarys 等众多库的开发，Python 越来越适合于做科学计算。基于 NumPy 和 SciPy 等基础的数值运算软件包提供的矩阵对象（ndarray）和运算方法，使用户可以方便地进行数值分析和处理。

7. 人工智能

目前，Python 提供了大量的第三方库，例如 Pandas、PyBrain、Sklearn、Keras 等用于数据分析和可视化、数据建模、神经网络、深度学习等人工智能领域，很多学习者甚至将 Python 与人工智能画等号。

1.2 Python 的编程环境

☞ 你将获取的能力：

能够搭建 Python 的编程环境。

1.2.1 Python 的安装与测试

步骤 1：Python 的下载

打开 Python 官网下载地址，找到 Downloads 菜单下 All releases 栏目，选择 Python 3.8.0 版本，如图 1-2-1 所示单击 Windows x86-64 web-based installer 进行下载。

图 1-2-1　Python 软件下载

步骤 2：Python 的安装

（1）双击 Python 3.8.0 安装程序，打开后一定要勾选 Add Python 3.8 to PATH 复选框，如图 1-2-2 所示，再选择 Customize installation（自定义）安装。

图 1-2-2　Python 安装（1）

（2）在单击自定义安装中，勾选 Documentation、pip、tcl/tk and IDLE、Python test suite 等全部复选框。单击"Next"按钮，进入高级选项，注意选择 Install for all users，下面 Customize install location 位置是 Python 的安装目录。如图 1-2-3 所示单击"Next"按钮直至安装完成。

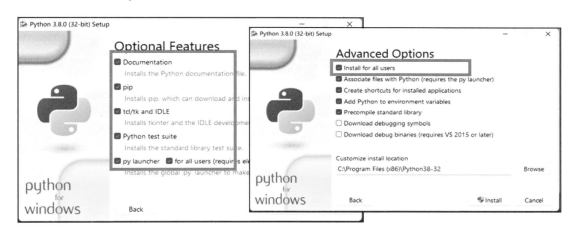

图 1-2-3　Python 安装（2）

步骤 3：安装测试

按 Win+R 键在运行中输入 cmd，在 cmd 命令窗口的提示符>后输入 Python 进入交互模式窗口，出现如图 1-2-4 所示信息表示安装成功。

图 1-2-4　Python 测试

在 Python 交互模式窗口提示符>>>后输入 quit( )或按下 Ctrl+Z 后按下回车键均可退出 Python。

在 cmd 命令窗口的提示符>后输入"where python",可以查看 Python 解释器 python.exe 所在的位置。

1.2.2 PyCharm 的安装与启动

Python 常用的开发环境有 IDLE、PyCharm、Wing IDE、Eclipse、IPython 等。这些开发环境本质上都是 Python 解释器 python.exe 的封装,换言之,它们是解释器的外挂程序,便于编程开发。

其中 IDLE 是 Python 内置的开发环境,随着 Python 一同安装完成,包括交互式命令行、编辑器、调试器等基本组件,几乎具备 Python 开发的所有功能,非常适合初学者使用。在 Windows 窗口中,如图 1-2-5 所示即可启动 IDLE,默认进入交互模式。

图 1-2-5 启动 IDLE

PyCharm 是一款功能强大的 Python 编辑器,具有代码调试、语法高亮、代码跳转、智能提示、自动完成等功能。主要安装步骤如下。

步骤 1:下载 PyCharm

访问 PyCharm 官方网站,可以免费下载、安装应用社区版,参考资源见信息文档。

步骤 2:安装 PyCharm

进入安装程序界面,单击"Next"按钮开始安装,并对安装路径进行修改,也可以保持默认路径安装。在安装过程中勾选安装版本、关联文件和添加安装的 Python 路径到系统路径等,便可完成安装,如图 1-2-6 所示。

步骤 3:启动 PyCharm

双击桌面上的 PyCharm 图标,选择"Do not import settings",单击"OK"按钮,再单击"Create"按钮,便可进入 PyCharm 编程界面。

（a）

（b）

（c）

（d）

图 1-2-6　PyCharm 主要安装步骤

1.3　第一个 Python 程序——我爱我的祖国

☞ 你将获取的能力：

能够使用 PyCharm 编辑和运行程序；

能够编写运用 print( )函数输出字符串数据的 Python 程序；

能够识别运行程序时常见的出错信息。

编写程序可以从输入数据、程序处理和输出结果三个环节入手。因此本节介绍 print( )函数、input( )函数和定义变量等基础知识，讲解如何输入、存放、处理和输出数据。

1.3.1　案例：第一个 Python 程序

设计程序"第一个程序.py"，运行程序，输出结果：

我爱我的祖国

1. 示例代码

第 01 行　　`print("我爱我的祖国")`

2. 思路简析

（1）在 PyCharm 中创建"第一个程序.py"文件

步骤 1：打开 PyCharm 编辑器，选择 File 菜单下的 New Project 创建工程，工程文件夹设置为"D:\练习"，单击"Create"按钮创建，如图 1-3-1 所示。

图 1-3-1　在 PyCharm 中创建工程

步骤 2：右击"练习"工程文件夹，选择"New"→"Python File"选项，如图 1-3-2 所示，新建名为"第一个程序"的 Python 文件。

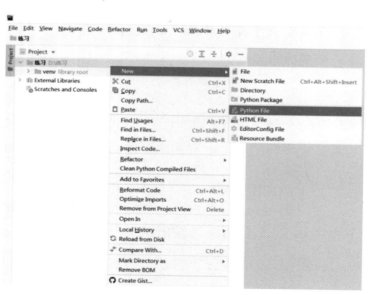

图 1-3-2　在 PyCharm 中创建文件

（2）调用 Python 内置函数 print( )，输出字符串

在代码编辑窗口输入第 1 行语句：print("我爱我的祖国")，如图 1-3-3 所示。

图 1-3-3　用 print( )输出字符串

输入时注意 Python 程序的基本语法。

① print("我爱我的祖国")为一行完整的代码，需要顶格输入。

② 除输入"我爱我的祖国"这几个汉字以外，其余字符包括引号和括号都需要在英文状态下输入。

③ 严格区分大小写。

④ 引号和括号需要成对出现。

⑤ 在一对单引号或一对双引号内的字符称为字符串。

（3）调试并运行代码，输出结果

如图 1-3-4 所示，在代码编辑窗口空白处单击鼠标右键，在右键菜单中选择"Run'第一个程序'"运行程序，即在 PyCharm 编辑器左下方显示如图 1-3-5 所示的界面。

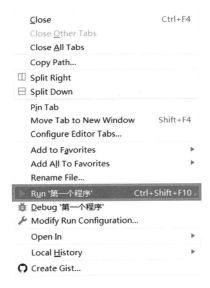

图 1-3-4　运行程序

图 1-3-5　运行程序后输出结果

图 1-3-5 中的内容解释如下：

D:\练习\venv\Scripts\python.exe D:/练习/第一个程序.py　---->运行的程序名称

我爱我的祖国　　　　　　　　　　　　　　　　　　　---->程序运行的输出结果

Process finished with exit code 0　---->exit code 0 表示程序执行成功，正常退出

如此运行程序后，PyCharm 右上方工具栏如图 1-3-6 所示，可以单击下拉列表箭头图标选择要运行的程序，单击相应的按钮可继续运行和调试程序。

（4）初识出错代码

① 如图 1-3-7 所示，由于在红色箭头处添加了空格符，导致第 1 行代码没有顶格。

图 1-3-6　PyCharm 工具栏　　　　　　　　　　　图 1-3-7　代码没有顶格错误

运行程序就其输出结果解释如下：

```
D:\练习\venv\Scripts\python.exe D:/练习/第一个程序.py
   File "D:\练习\第一个程序.py", line 1        --->指明出错位置在第 1 行代码
   print("我爱我的祖国")
IndentationError: unexpected indent
--->缩进错误：意外的缩进 Indentation 意思为缩进
Process finished with exit code 1
---> exit code 1 表示程序遇到了某些问题或者错误，非正常退出
```

② 如图 1-3-8 所示，在红色箭头处将字母 p 大写为 P。

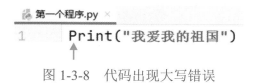

图 1-3-8　代码出现大写错误

运行程序就其输出结果解释如下：

```
D:\练习\venv\Scripts\python.exe D:/练习/第一个程序.py
Traceback(most recent call last):
   File "D:\练习\第一个程序.py", line 1, in <module>--->指明出错位置在第 1 行代码
   Print("我爱我的祖国")
NameError: name 'Print' is not defined
--->名称错误，没有定义'Print'，因为标准库中只有print( )
Process finished with exit code 1
```

③ 如图 1-3-9 所示，红色箭头处在中文状态下输入了"（"。

图 1-3-9　代码出现中文状态"（"错误

运行程序就其输出结果解释如下：

```
D:\练习\venv\Scripts\python.exe D:/练习/第一个程序.py
  File "D:\练习\第一个程序.py", line 1              --->指明出错位置在第 1 行代码
    print("我爱我的祖国")
         ^ --->指明出错的位置
SyntaxError: invalid character '（' (U+FF08)          --->'（'为无效字符

Process finished with exit code 1
```

④ 如图 1-3-10 所示，删除了在红色箭头处的双引号""""。

第一个程序.py
```
1    print("我爱我的祖国)
```

图 1-3-10　代码缺引号

运行程序就其输出结果解释如下：

```
D:\练习\venv\Scripts\python.exe D:/练习/第一个程序.py
  File "D:\练习\第一个程序.py", line 1
    print("我爱我的祖国 )                            ^ --->指明可能出错的位置
SyntaxError: EOL while scanning string literal
          --->语法错误：检测到非法结束符。因为程序没能找到字符串的另一个双引号
Process finished with exit code 1
```

1.3.2　定义字符串

字符串是 Python 中最常用的数据类型之一，是由 0 个或多个字符组成的有序字符序列，定义字符串有以下方法。

（1）使用一对单引号（'），例如'我爱我的祖国'。

（2）使用一对双引号（"），例如"我爱我的祖国"。

（3）使用一对三引号（"""），可以表示多行字符串，例如

'''我爱
我的祖国'''

1.3.3　print( )函数

print( )函数：是 Python 的内置函数，用于将文本或其他数据输出到控制台或终端窗口，其功能类似于打印机，如图 1-3-11 所示。

图 1-3-11　print( )函数图示

例 1：

```
print('我爱我的祖国')
```

输出结果为

我爱我的祖国

例 2：

```
print('''我爱
我的祖国''')
```

输出结果为

我爱
我的祖国

例 3：

```
print('123')
```

输出结果为

123

注意，'123'是字符串型数据，区别于数值 123，如果只输出数值 123，那么可以

```
print(123)
```

输出结果为

123

因此 print( )函数不仅可以输出字符串，还可以输出数值。

 知识小结

1．在 PyCharm 中创建 Python 程序文件。

2．在 PyCharm 中编辑和运行程序。

3．Python 的基本语法。

4．常见的出错信息。

5．定义字符串。

6．print( )函数。

技能拓展

尝试并阅读以下错误信息。如图 1-3-12 所示，删除了在定义字符串时的一对单引号"'"。

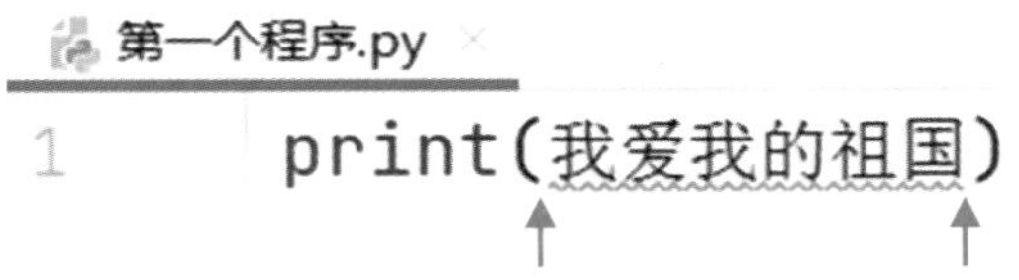

图 1-3-12　代码缺一对引号

运行程序就其输出结果解释如下：

```
D:\练习\venv\Scripts\python.exe D:/练习/第一个程序.py
Traceback (most recent call last):
  File "D:\练习\第一个程序.py", line 1, in <module>
    print( 我爱我的祖国 )                        --->指明可能出错的位置
NameError: name 我爱我的祖国 is not defined
```

--->命名错误：没有定义'我爱我的祖国'由于没有一对单引号，所以程序没把我爱我的祖国视为字符串

```
Process finished with exit code 1
```

1.4　第二个 Python 程序——代码编辑与调试

☞ 你将获取的能力：

能够理解对象、变量和赋值语句；

能够运用 input()函数输入信息并拼接字符串；

能够应用 str()、int()函数转换数据类型；

能够运用 print()函数实现格式化输出；

能够运用断点调试或交互式调试进行代码调试。

1.4.1　案例：第二个 Python 程序

设计一个能够和用户交互的程序，以"我是第×××号学员，名叫×××，我爱我的祖国！"的格式输出信息。运行程序"第二个程序.py"，输出结果：

请输入您的姓名：

此时输入：张三，程序继续运行，输出结果：

我是第 2000 号学员，名叫张三，我爱我的祖国！

1. 示例代码

```
第 01 行　stuNo=2000                          #定义变量，变量名 stuNo
第 02 行　stuName=input('请输入您的姓名：')    #定义变量，变量名 stuName
```

第 03 行　output='我是第'+str(stuNo)+'号学员，名叫'+stuName+'，我爱我的祖国！'
　　　　　　　　　　　　　　#定义变量，变量名 output 意为将被输出的内容
第 04 行　print(output)

2．思路简析

第 1 行代码定义变量 stuNo，赋值为 2000。

第 2 行代码调用了 Python 内置输入函数 input( )提示用户输入姓名。

第 3 行代码连接字符串。

第 4 行代码输出该字符串。

1.4.2　对象、变量与赋值语句

1．对象

在 Python 中一切皆对象。每个对象都占有一个内存空间，至少包含类型和值。

以数值 2000 这个对象为例，如图 1-4-1 所示，程序在内存中随机申请了一个内存空间，内存地址为 2360801818192，这个对象的类型为整型，值为 2000。

如图 1-4-2 所示，一个对象就如同图书馆书架上的一本书，内存地址就是存放它的位置编号，它的类型可能属于古典文学，值即书中的内容。

图 1-4-1　局部内存空间

图 1-4-2　图书馆中的书架和书

同理，图 1-4-1 中的字符串"张三"也是一个对象，它的内存地址为 2360801888256，类型为字符串，值为张三。

id( )可以获取某个对象的内存地址，例如：

```
print(id(2000))
print(id("张三"))
```

由于内存空间为随机分配，所以输出结果通常会与图 1-4-1 所示内存地址不同。

2．变量

变量存储的是对象的引用，它实际上只是一个标识符，用来指向内存中存储的对象，而不存储对象的实际数据，通过变量名可以访问对象。使用变量时，Python 解释器首先查找对应内存地址中存储的对象，然后执行相应的操作。

如图 1-4-3 所示，变量 stuNo 标识了内存地址 2360801818192，即指向了对象 2000；变量 stuName 标识了内存地址 2360801888256，即指向了对象"张三"。

图 1-4-3　变量 stuNo 和变量 stuName

变量的命名规则：

（1）变量名只能由字母、数字和下画线组成，并且不能以数字开始。

（2）变量名中不能包含空格。

（3）变量名不能是表 1-4-1 中的 Python 保留关键字，但可以包含保留关键字。

表 1-4-1　Python 保留关键字

and	del	from	not	while	as	elif
global	or	with	assert	else	if	pass
yield	break	except	import	print	class	exec
in	raise	continue	finally	is	return	def
for	lambda	try				

例如：xingming、xingming1、xingming_1、str_xingming 等都是合法的变量名，然而 1xingming、xing#ming 和 xing ming 等则不能作为变量名。

根据变量的命名规则，变量名也可以使用汉字，例如姓名、内容等。

通俗易懂的命名能够提升代码的可读性，常见的命名方法有匈牙利命名法、驼峰命名法和下画线命名法。全书结合初学者的特点，采用小驼峰命名法。这三种命名方法，变量名命名时的约定为：

（1）变量名尽可能体现该变量的含义。

（2）变量名使用简易英文单词、汉语拼音或者缩写，避免复杂单词，例如 name、file、book、new、old、filename、fn（filename 的缩写）、xuhao（序号）、neirong（内容）和 jieguo（结果）等。

（3）变量名可以使用组合或者缩写体现该变量的含义，组合时其中第一个单词以小写字母开始，从第二个单词后的每个单词的首字母都采用大写字母。例如 stuNo 为 student 和 No 组合，stuName 为 student 和 Name 组合。

（4）一般不直接使用汉字作为变量名。

当我们创建变量并赋值时，Python 解释器会根据右侧表达式的类型和值来创建一个对应的对象，并将该对象的引用给予左侧的变量。

3. 赋值语句

将值或者函数的返回值赋给变量的语句叫作赋值语句，格式如下，左边为变量名，"="为赋值运算符。

变量名=值或表达式或函数

这个赋值过程的实质是：Python 解释器先运行"="的右边，将右边最终得到的对象引用给予左边的变量，使变量标识该对象的内存地址，从而可以引用该对象。

例 1：

```
stuNo=2000
print('2000 的内存地址：',id(2000))
print('stuNo 第 1 次的内存地址：',id(stuNo))
stuNo=2000+3000
print('3000 的内存地址：'id(3000))
print('5000 的内存地址：'id(5000))
print('stuNo 第 2 次的内存地址：',id(stuNo))
```

输出结果为

```
2000 的内存地址：2360801818192
stuNo 第 1 次的内存地址：2360801818192
3000 的内存地址：2360801818160
5000 的内存地址：2360801818800
stuNo 第 2 次的内存地址：2360801818800
```

如图 1-4-4 所示，stuNo=2000 将对象 2000 的内存地址给予变量 stuNo，使变量 stuNo 指向 2000，从而 id(stuNo)为对象 2000 的内存地址，与 id(2000)的内存地址相同。

stuNo=2000+3000，首先运行右边 2000+3000 得到 5000，程序为 5000 这个对象重新申请内存空间。从图 1-4-4 中可知，其内存地址为 2360801818800，将该地址给予变量 stuNo，使其指向 5000 这个对象，因此此时 id(stuNo)与 id(5000)相同。

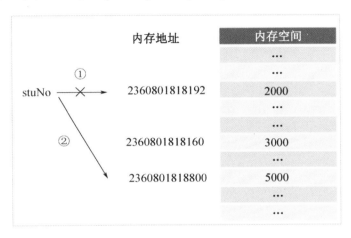

图 1-4-4　赋值运算中变量 stuNo 的指向

例 2：示例代码第二行 stuName=input('请输入您的姓名：')，将 input( )函数的返回值这个对象的内存地址给予变量 stuName，使它指向这个对象。换言之，变量 stuName 指向的内存空间存储着 input( )函数的返回值，即用户输入的内容。

特别需要注意，结合例 1，常见说法"将数值 2000 赋值给变量 stuNo""变量 stuNo 的值为 2000""变量 stuNo 用于存储数值 2000"均指变量 stuNo 所标识的内存地址的空间存储数值 2000。

1.4.3　input( )、str( )和字符串连接"+"

（1）input([prompt])函数：接受一个标准输入数据，返回值为字符串型。

其中在[ ]内的参数 prompt 为可选参数，表示提示信息。

如示例代码第二行：

```
stuName=input('请输入您的姓名：')
```

将返回的字符串赋值给变量 stuName，变量 stuName 的类型即为字符串型。

（2）str( )函数：将对象的值转换为字符串型并作为返回值。

如在示例代码中：stuNo=2000，变量 stuNo 的值为 2000，属于数值型；str(stuNo)则将其从数值型转变为字符串型。

```
str(stuNo)
```

将变量 stuNo 的值从数值型转变为字符串型，因此返回'2000'。
注意：变量 stuNo 本身并未改变，仍然为数值型。

（3）字符串连接"+"

在 Python 中，"+"可以用于连接两个字符串。

例 1：运行以下代码段。

```
str1='我爱'
str2='我的祖国'
str3=str1+str2
print(str)
```

输出结果：

'我爱我的祖国'

例 2：示例代码第 3 行

output='我是第'+ str(stuNo) + '号学员，名叫'+ stuName +'，我爱我的祖国！'

代码中一共连接 5 个字符串，其中红色框内的均为字符串。

第一个蓝色框中 stuNo 为数值型，不能直接和字符串连接，因此使用 str(stuNo)将 stuNo 的值转换为字符串型，再和其他字符串连接。

第一个蓝色框中变量 stuName 为字符串型。

1.4.4　print( )函数的格式化输出

print( )函数有三种常见的输出格式化字符串的方式。

1. 利用 format 格式化输出

使用时{0}是指输出的第 0 个元素，同理，{1}为输出的第 1 个元素，{2}为输出的第 2 个元素，等等，使用时可以不按顺序排列。

例 1：

```
print('我名叫{0},今年{2}岁,我来自{1},我爱我的{3}!'.format('西子','杭州',18,'祖国'))
```

例 2：将示例代码简化为

```
stuNo=2000
stuName=input('请输入您的姓名：')
print('我是第{0}号学员，名叫{1}，我爱我的祖国！'.format(str(stuNo),stuName))
```

2. 利用 f-String 格式化输出

f 表示字符串，{}中为变量，是 format 格式化输出的简化形式。

例：将示例代码简化为

```
stuNo=2000
stuName=input('请输入您的姓名：')
print(f'我是第{stuNo}号学员，名叫{stuName}，我爱我的祖国！')
```

3. 利用%(称为占位符)格式化输出

指定输出类型。

例：将示例代码简化为

```
stuNo=2000
stuName=input('请输入您的姓名：')
print('我是第%d号学员，名叫%s，我爱我的祖国！'%(stuNo,stuName))
```

代码中 %d 表示十进制整数，%s 表示字符串，因此数值型变量 stuNo 不需要使用 str( ) 函数转变值的类型。

print()函数常用的输出格式如表 1-4-2 所示。

表 1-4-2　print()函数常用的输出格式

输 出 格 式	说　明	输 出 格 式	说　明
%s	字符串（采用 str( )显示）	%x	十六进制整数
%e	浮点数格式	%f	浮点数
%c	单个字符	%d	十进制整数
%%	字符%	%o	八进制整数

print()函数还有其他参数，例如 sep 和 end，分别用于自定义分隔符和行尾字符。例如：

```
print("浙江", "杭州", "我爱我的家乡", sep="---", end="！")
```

输出结果：

浙江---杭州---我爱我的家乡！

print()函数除了输出字符串，还可以输出多种类型的数据，例如整数、浮点数、布尔值、列表、字典、集合、自定义对象等各种数据类型。当使用 print()输出不同类型的数据时，Python会自动将它们转换为字符串形式，并将其显示在终端或控制台上。例如：

```
stuNo=2000
print(stuNo)
```

输出结果：

```
2000
```

1.4.5　代码调试之断点调试

代码调试是程序设计的重要环节，断点调试是代码调试的常用方法之一。现在运用断点

调试方法调试代码。

第 01 行　stuNo=2000

第 02 行　stuName=input('请输入您的姓名：')

第 03 行　output='我是第'+str(stuNo)+ '号学员，名叫'+stuName+'，我爱我的祖国！'

第 04 行　print(output)

1. 设置断点

在行号的左边，双击鼠标，即可获得断点标志"圆点"，如图 1-4-5 所示。

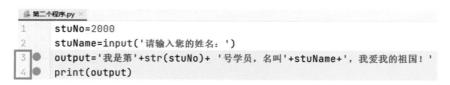

图 1-4-5　设置断点

2. 运行断点

在程序设计界面，单击"Debug"图标或在菜单中选择"Debug 第二个程序"，便可以进行断点调试，如图 1-4-6 所示，并可看见相关变量的类型、赋值情况，如图 1-4-7 所示。

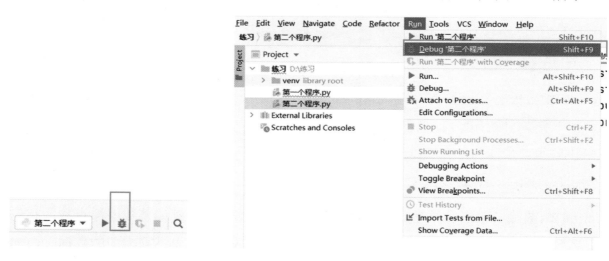

图 1-4-6　运行断点菜单

图 1-4-7　查看变量的赋值及类型

3. 跳至断点下一句

单击"⌒"图标，可以进入跳至下一句，可以看见下一句变量的值及类型，如图 1-4-8 所示。

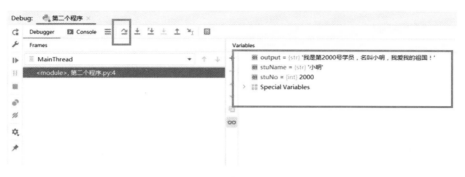

图 1-4-8　下一句变量的赋值及类型

1.4.6　代码调试之交互式调试

代码调试是程序设计的重要环节，断点调试是代码调试的常用方法之一，现在运用断点调试交互式工具进行调试。

1. 设置断点

见 1.4.5 节的设置断点。

2. 运行交互式工具

单击"Debug"图标进行断点调试，在"Console"菜单中选择"Show Debug Console"，输入"output"便可看见变量 output 的值，如图 1-4-9 所示。

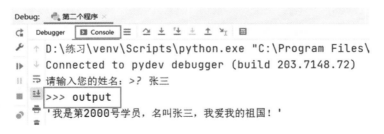

图 1-4-9　交互调试工具的操作

🎓 **知识小结**

1．input( )函数、str( )函数和字符串连接"+"。

2．对象、变量的定义与赋值语句。

3．print( )函数的格式化输出。

4．代码调试的两种方式。

技能拓展

1. 阅读并分析以下代码：

```
我爱我的祖国='我爱我的祖国'
print('我爱我的祖国')
print(我爱我的祖国)
```

运行结果：

我爱我的祖国
我爱我的祖国

2. int( )函数可以将由整数数字组成的字符串型转变为数值型，例如 int('2000')的值为 2000。阅读以下代码，并按照输出结果示例补充输出语句。

输出结果示例：假设两次输入分别为 100 和 200，输出结果：因为 a=100，b=200，所以 c=a+b=100+200=300。

代码段：

```
a=int(input('请输入第一个加数：'))
b=int(input('请输入第二个加数：'))
c=a+b
print(c)
```

3. 了解变量命名的常见方法

（1）匈牙利命名法

匈牙利命名法是以数据类型首字母加上标识符单词，数据类型与单词之间用下画线"_"分割，形式为数据类型_单词组合。

例如：str_bookname，从变量名就可以知道它是字符串类型，表示书名。

（2）驼峰命名法

驼峰命名法分为大驼峰法和小驼峰法，区别在于是否把第一个字母大写。

如果把变量的每个单词首字母都大写，就是大驼峰命名法，也称为帕斯卡命名法。如果除变量的第一个单词首字母小写以外，其余单词首字母都大写，就称为小驼峰命名法。

例如：

大驼峰命名法：BookName

小驼峰命名法：bookName

（3）下画线法

下画线法就是在每个单词之间使用下画线"_"进行分割，使代码阅读性更强。

例如：book_Name

2 词汇

2.1 引用 turtle 模块

import['ɪmpɔːt , ɪm'pɔːt] 导入，引进

turtle['tɜːtl] 乌龟，海龟

pen[pen] 笔，钢笔

forward['fɔːwəd] 向前，进展

module['mɒdjuːl] 单元，模块

index['ɪndeks] 索引，指数

calendar['kælɪndə(r)] 日历，日程表

2.2 绘制正方形

while[waɪl] 当……的时候

for[fɔː(r), fə(r)] 当，给

red[red] 红色

blue[bluː] 蓝色

yellow['jeləʊ] 黄色

green[griːn] 绿色

True[truː] 正确的，真的

False[fɔːls] 错误的，假的

continue[kən'tɪnjuː] 持续，继续做

break[breɪk] 打破，终止

range[reɪndʒ] 范围

list[lɪst] 列表，清单

instance['ɪnstəns] 例子，实例

2.5 绘制彩图

speed[spiːd] 速度

width[wɪdθ] 宽度，广度

tuple[tʌpl] 元组，数组

set[set] 集合

float[fləʊt] 浮动，浮点型数据类型

complex['kɒmpleks] 复杂的，复合的

bool[buːl] 布尔型变量，弯曲件

2.6 满天繁星

random['rændəm] 随机的，任意的

angle['æŋgl] 角，斜角，角度

fill[fɪl] 填满

screen[skriːn] 屏幕

size[saɪz] 大小，尺寸

define[dɪ'faɪn] 定义，解释

第 2 章

海龟绘图

本章节涉及的内容

● 标准库中模块的引用
● 使用 turtle 模块绘制基本图形
● Python 基本语法、数据类型、常用运算符及表达式
● 程序顺序、分支、循环基本结构和应用
● 自定义函数和调用
● 应用类创建对象，并调用其属性和方法

2.1 引用 turtle 模块

☞ 你将获取的能力：

能够导入标准库中的模块；

能够调用 turtle 模块的函数与方法；

能够查阅技术文档。

牛顿曾经说过"如果说我比别人看得更远一些，那是因为我站在了巨人的肩膀上"。Python 自带了功能丰富的标准库，另外还有数量庞大的第三方库。使用这些"巨人"的代码，可以让开发过程事半功倍，就像用积木一样拼出想要的程序。

2.1.1 案例：绘制线条

运行程序"2-1-1.py"，结果如图 2-1-1 所示。

图 2-1-1 绘制线条

1. 示例代码

```
第 01 行  import turtle
第 02 行  turtle.forward(100)
第 03 行  turtle.done( )
```

2. 思路简析

（1）第 1 行代码为导入 turtle 模块，只要导入了 turtle 模块，就可以调用 turtle 模块的各种方法和函数，参考资源见信息文档。

（2）在 turtle 模块中，默认的画笔呈箭头形状，颜色为黑色，线条粗细为 1 像素。当没有创建新的画笔对象时，turtle 模块会默认使用这支画笔进行绘图。第 2 行代码用以下格式调用 turtle 模块中的函数 forward(100)，其中 100 为参数，使画笔沿当前方向（默认为水平向右）移动 100 像素，即绘制长度为 100 像素的线条。

（3）第 3 行代码调用 done( )函数，停止画笔绘制，但不关闭绘图窗体。

2.1.2 怎样导入模块

Python 是一个依赖强大的组件库完成相应功能的语言，为了便捷地实现各项功能，Python 提供了多种多样的工具库。越来越多的库由于功能强大、使用的广泛性和普遍性，成为 Python 的标准库。Windows 版本的 Python 安装程序通常包含整个标准库，有关标准库的参考资源见信息文档。

Python 标准库非常庞大，下面列举部分常用模块。

os：该模块主要用于程序与操作系统之间的交互，常用于处理文件和目录。

sys：该模块主要用于程序与 Python 解释器的交互，提供了有关 Python 运行环境的变量和函数。

math：数学函数模块。

random：随机数模块。

datetime、calendar：日期和时间模块、日历模块。

re：正则表达式模块。

string：字符处理模块。

turtle：海龟绘图模块。

导入模块的常用方法有三种，以导入 turtle 模块为例，主要格式如下。

格式 1：import turtle

要访问该模块中的函数或变量，需要在前面加上模块名 turtle 并用分隔符 "." 连接。例如 turtle.done( )。

格式 2：import turtle as 别名

使用别名可以在代码中更容易地引用该模块，并避免与其他名称冲突。例如别名.done( )。

格式 3：from turtle import *

从 turtle 模块中导入所有函数、方法和变量，可以直接调用函数，例如 done( )。

2.1.3 turtle 模块常用的函数和方法

turtle 原意为海龟，turtle 模块是 Python 语言中一个绘制线、圆和其他形状（包括文本）的图形模块，它是 Python 的内置模块。如同一个海龟，从标准坐标系原点(0,0)位置开始，在代码指令控制下爬行，它爬行的路径就是需要绘制的图形。turtle 模块常用的函数和方法如表 2-1-1 所示。

表 2-1-1 turtle 模块常用的函数和方法

函数和方法	功 能
forward (n)或 fd(n)	例如画笔沿当前方向移动 n 像素
backward (n)或 bk(n)	例如画笔沿当前方向的反方向移动 n 像素
right(n)或 rt(n)	例如顺时针转 n 度，或右转 n 度
left(n)或 lt(n)	例如逆时针转 n 度，或左转 n 度
penup()或 pu( )	提起画笔，当画笔移动时不绘制图形，仅将画笔移动到新的起点
pendown()或 pd( )	按下画笔，当画笔移动时绘制图形
pensize(n)	设置画笔的宽度
goto(x,y)	将画笔移动到坐标为（x,y）的位置
pencolor(colorstring)	设置画笔的颜色，例如：red 红、blue 蓝、green 绿
fillcolor(colorstring)	设置图形的填充颜色
begin_fill()	开始填充图形颜色
end_fill()	结束填充图形颜色
circle()	绘制圆，半径为正（负）表示圆心在画笔的左边（右边）
done()	停止画笔绘制，但不关闭绘图窗体

🎓 **知识小结**

1. 常用标准库。

2. 导入模块的方法。

3. 应用 turtle 模块的函数或方法。

📖 **技能拓展**

1. 输入并运行以下代码，查看运行结果。

说明：将以下代码导入标准库中的 calendar 日历模块，分别调用函数 calendar(year)打印 2023 年的全年日历，调用函数 month(year ,month)打印 2023 年 6 月份的日历。calendar 日历模块中 calendar( )和 month( )函数的参考资源见信息文档。

程序代码

```
import calendar
print("******打印 2023 年的全年日历******")
calendar.prcal(2023)
print("******打印 2023 年 6 月份的日历******")
print(calendar.month(2023,6))
```

2. 了解模块中的函数、方法和属性，查阅函数或方法的说明文档，例如：

```
import turtle
print(dir(turtle))              #输出 turtle 模块中的所有函数、方法和属性的名称
print(help(turtle.forward))     #输出 turtle 模块中 forward( )的说明文档
```

3. 了解模块与库的异同。

模块（Module）：指一个.py 文件，其中有 Python 代码，定义了函数、变量、类和方法等。例如在资源管理器中查找文件 turtle.py，就可以找到该文件。

库（Library）：由一组相关的模块组成，例如 NumPy 是一个非常流行的 Python 库，在科学计算、数据分析中应用广泛，其中就包含了许多模块，例如 numpy.ndarray、numpy.random、numpy.linalg 等，这些模块都包含很多的函数、变量、类和方法。常见库还有用于数据处理和分析的 Pandas，用于发起 HTTP 请求和处理响应的 Requests 等。

模块与库都可以供其他程序重复使用。

2.2　绘制正方形

☞ 你将获取的能力：

能够调用 turtle 模块方法设置画笔的粗细、颜色，实现运动控制；

能够理解顺序结构，能应用顺序结构设计简单程序；

能够理解循环结构，掌握 while 和 for 循环格式及简单运用；

能够理解并绘制程序流程图。

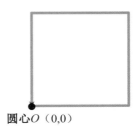

圆心 O（0,0）

图 2-2-1　正方形

2.2.1　案例：绘制正方形

应用 turtle 模块绘制如图 2-2-1 所示边长为 200 像素（px）的正方形。

1. 示例代码

```
第 01 行   import turtle as t      #导入 turtle 模块，别名为 t
第 02 行   t.pensize(5)
第 03 行   t.pencolor("red")
第 04 行   t.forward(200)
第 05 行   t.left(90)
第 06 行   t.forward(200)
第 07 行   t.left(90)
第 08 行   t.forward(200)
第 09 行   t.left(90)
第 10 行   t.forward(200)
第 11 行   t.left(90)
第 12 行   t.done( )
```

2. 思路简析

（1）起点 $O(0,0)$。

标准坐标系：turtle 模块默认坐标系为以画布中心点为坐标原点 $O(0,0)$，以 x 坐标轴正方向为始边，终边与始边重合为 0 度角，终边逆时针旋转为正角。

（2）顺序结构。

绘制正方形的事务逻辑分析为：

在 turtle 模块中，默认的画笔呈箭头形状，颜色为黑色，线条粗细为 1 像素。设置该画笔的粗细为 5 像素，颜色为红色。

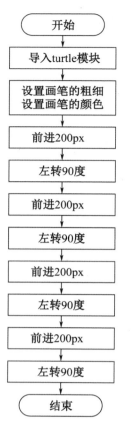

图 2-2-2　绘制正方形的流程图

然后从起点开始向前（此时为默认状态，水平向右）200 像素，左转 90 度；

接着再向前（此时为竖直向上）200 像素，左转 90 度。

接着再向前（此时为水平向左）200 像素，左转 90 度。

最后再向前（此时为竖直向下）200 像素，左转 90 度。

此时正好回到起点，完成正方形绘制。

按照顺序结构设计程序就是按照事务逻辑的顺序，一步一步地编写相应的代码。

绘制正方形的程序流程图如图 2-2-2 所示，其中 ⬭ 表示开始或结束，▭ 表示执行过程。

代码参见本案例示例代码，其中：

pensize( )用于设置画笔的粗细，括号内参数越小线条越细。

pencolor( )用于设置画笔的颜色，括号内参数为用单引号或双引号括起的颜色字符串，例如 "red" "blue" "yellow" "green" 等。

forward( )表示沿当前方向前进一定的距离，括号内的参数表示向前移动的距离，单位默认为像素。forward( )与 fd( )的参数和功能完全一致，因此也可以调用 fd( )方法。

left( )以当前画笔的位置为中心，以当前画笔的方向为基准，向左偏转括号内参数所指定的角度值。

2.2.2　以新的视角看程序——while 循环结构

结合上文中绘制正方形的流程图可知，"向前 200 像素，左转 90 度"这个操作重复了 4 次，对应的代码段：t.forward(200)、t.left(90)从第 5 行开始也相应重复了 4 次。在此将这种重复的操作定义为循环体，用一个循环变量 i 从 0、1、2、3……依次累计循环的次数，当循环变量的值大于或等于 4 时就跳出循环，因此修改程序的流程如图 2-2-3 所示。

在 Python 中，有两种代码格式用于定义循环结构，分别是 while 循环和 for 循环。在此介绍 while 循环的代码格式。

```
while 循环条件:
    循环体
```

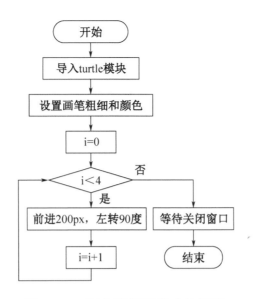

图 2-2-3　正方形循环格式的流程

由此将示例代码修改为

第 01 行　`import turtle as t`
第 02 行　`t.pensize(5)`
第 03 行　`t.pencolor("red")`
第 04 行　`i=0`
第 05 行　`while i<4:`
第 06 行　　`t.forward(200)`
第 07 行　　`t.left(90)`
第 08 行　　`i=i+1`
第 09 行　`t.done( )`

其中 i 作为循环变量，第 4 行代码定义了它的初始值为 0。

第 5 行代码根据循环条件，也就是逻辑表达式 i<4 判断 i 是否小于 4，值为 True 则执行循环体，值为 False 则跳过循环体，执行循环体之后的代码。

第 8 行代码在循环体中，每执行一次循环体，i 都会加 1，累计循环次数，该语句等效于 i+=1。i 是本程序代码中的循环变量，当然循环变量也可以自行定义。

综上所述，while 循环一般由三部分组成：循环变量初始化、循环条件和循环体，而且循环体中一般要有对循环变量重新赋值的语句，通常用于控制循环次数。循环条件一般是逻辑表达式，它的值是真（True）或假（False），条件成立时为真执行循环体，条件不成立时为假退出循环。如果条件一直为真就永远执行循环，出现死循环。

continue 语句能跳出当次循环，重新回到循环条件处，判断是否执行循环。break 语句则可以跳出当前循环，执行循环代码段下方的代码。continue 语句和 break 语句对 while 循环与

后续介绍的 for 循环均有效。

2.2.3　关系运算与逻辑运算

1．关系运算

关系运算是关于数据的比较运算，有大于（>）、小于（<）、等于（==）、大于或等于（>=）、小于或等于（<=）、不等于（！=）6 种。例如上文代码中的循环条件 i<4。关系运算的结果是逻辑值真（True）或假（False）。

数值的比较等同数学意义上的比较，例如 10>9。字符的比较则使用 Unicode 码，有以下规律：空格<数字<大写字母<小写字母<汉字。用关系运算符连接的表达式是关系表达式，例如 2>3+5，其值为假（False）。

2．逻辑运算

逻辑运算是指对逻辑值的运算，主要有非运算（not）、与运算（and）和**或**运算（or）三种，运算优先级为 not>and>or。逻辑运算规则参见表 2-2-1。

表 2-2-1　逻辑运算规则

运　算　符	运　算　规　则	举　　例
not	not x 单目运算，取反	not True 结果为 False not False 结果为 True
and	x and y 当且仅当 x，y 两者都为真，结果为真； 如果有一个数为假，那么结果为假	True and True 结果为 True True and False 结果为 False False and True 结果为 False False and False 结果为 False
or	x or y 当 x，y 两者中有一个数为真时结果为真； 如果两者都为假，那么结果为假	True or True 结果为 True True or False 结果为 True False or True 结果为 True False or False 结果为 False

2.2.4　以新的视角看程序——for 循环结构

1．for 循环的代码格式

for　循环变量　in　可迭代对象：

循环体

其中可迭代对象包括字符串和后续章节介绍的列表、元组、字典和集合等，也可以使用 range( )函数表示的序列。

2. 结合 range( ) 函数的 for 循环格式

for　循环变量　in　range([start] , stop[, step]):

　　　循环体　　　　　初始值　终止值　步长

range( ) 函数：它是 Python 的一个内置函数，用于生成一系列数字范围序列。

参数：

start：可选参数，表示数字范围的起始值。如果不提供该参数，那么默认从 0 开始。

stop：必选参数，表示数字范围的终止值，但不包括该值，注意该参数必须是指定的。

step：可选参数，表示数字范围中相邻两个数字之间的间隔，默认值为 1。

返回值：

返回值为一个数字范围的序列，类型为 range 对象，是一个可迭代对象（注意但不是序列对象），使用 for 循环时可以迭代访问其中的所有数字。

通过 list( ) 函数可以将 range( ) 的返回值转换为列表打印出来（列表知识参见第 3 章）。

例 1：

```
print(list(range(0,4,1)))
```

输出结果如下，注意输出的数字步长为 1，范围从初始值开始，但不包括终止值 4：

```
[0,1,2,3]
```

例 2：

```
print(list(range(1,10,2)))
```

输出 1 至 10 的所有奇数，结果如下：

```
[1,3,5,7,9]
```

例 3：

```
print(list(range(4,0,-2)))
```

输出结果为

```
[4,2]
```

3. 循环迭代

在 for 循环中，循环变量依次迭代为可迭代对象中的值，每迭代一次就执行一次循环体，直至迭代结束。例如：

```
for i in range(0,4,1):
    print(i,end=",");        #输出循环变量 i 的值，输出时以逗号结尾
```

输出结果为

```
0,1,2,3,
```

可见循环变量 i 发生了 4 次迭代，循环体被执行了 4 次。

因此运用 for 循环，示例代码可以修改为

```
第01行  import turtle as t
第02行  t.pensize(5)
第03行  t.pencolor('red')
第04行  for i in range(4):
第05行      t.forward(200)
第06行      t.left(90)
第07行  t.done( )
```

4. for 循环与 while 循环的异同

相同之处为都可以通过循环变量控制循环次数，用 continue 语句退出当次循环，用 break 语句退出当前循环。

不同之处为 while 循环通过循环条件判断是否执行循环体，而 for 循环则将循环变量依次迭代为可迭代对象中的值，每迭代一次执行一次循环体，直至迭代结束则结束循环。

知识小结

1. pencolor( )方法设置画笔的颜色，pensize( )方法设置画笔的粗细。

2. forward( )方法控制前进和后退，left( )方法改变方向。

3. 顺序结构和循环结构（while 循环和 for 循环）。

4. continue 语句和 break 语句。

5. range( )函数用于生成一系列数字范围序列。

6. 关系运算及逻辑运算。

技能拓展

1. 绘制如图 2-2-4 所示的彩房子和如图 2-2-5 所示的五角星图形。

2. 使用 isinstance( )函数判断一个对象是不是可迭代对象，阅读以下代码：

```
from collections import Iterable    #导入 collections 模块中的 Iterable
isinstance('abc', Iterable)
#isinstance( )用于检查字符串 'abc' 是否是可迭代的对象，其中参数 iterable 的读音为
['itəreibl]，字面意思为可迭代的
isinstance(100, Iterable)
```

输出结果：

```
True
False
```

可见字符串是一个可迭代对象，而数值 100 不是一个可迭代对象。

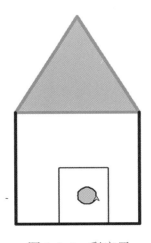

图 2-2-4 彩房子

图 2-2-5 五角星

2.3 绘制有规律图形

☞ 你将获取的能力：

能够分析事务逻辑中的重复操作；

能够掌握使用循环结构设计代码的方法。

2.3.1 案例 1：绘制连续内切圆

绘制如图 2-3-1 所示的 10 个内切圆，从内到外半径依次为 10 像素、20 像素、30 像素、40 像素、50 像素、60 像素、70 像素、80 像素、90 像素和 100 像素。

1. 示例代码

```
第 01 行  from turtle import *
第 02 行  i=1
第 03 行  while i<=10:
第 04 行      circle(i *10)
第 05 行      i=i+1
第 06 行  done( )
```

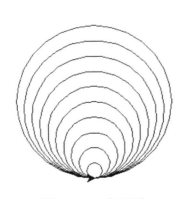

图 2-3-1 内切圆

2. 思路简析

（1）事务逻辑分析。

先尝试运行以下代码，分别绘制半径为 10 像素和 20 像素的两个圆，程序运行结果如图 2-3-2 所示，每个圆都从起点开始向上画圆，默认都是以画布的中心点，即坐标原点(0,0)为起点。于是这个点自然成为绘制的两个圆的内切点。

图 2-3-2　两个内切圆

```
from turtle import *
circle(10)
circle(20)
```

从图 2-3-1 可知，该图形由 10 个半径逐渐增长的内切圆组成。只需要从内到外依次绘制圆就可以完成，因此编写如下代码即可实现。

```
from turtle import *
circle(10)
circle(20)
circle(30)
circle(40)
circle(50)
circle(60)
circle(70)
circle(80)
circle(90)
circle(100)
```

（2）循环结构设计。

首先分析相同点，也就是寻找重复进行的操作，以此设计循环体。本案例需要重复绘制圆 10 次。根据事务逻辑分析，重复的操作是绘制圆，于是将绘制圆这个操作设计为循环体。

其次分析不同点，也就是重复操作在每次具体操作时的不同点，进而修改循环体。本案例每次绘制圆时，其半径都不相同，因此定义一个新的变量，用于更新和保存每次不同的半径值。在此定义变量 r 表示圆的半径。凑巧本案例各圆半径具有一定的规律，可以和循环变量 i 联系起来，

当 i=1 时，r=1*10=10，

当 i=2 时，r=2*10=20

……

因此可以在循环体中将半径 r 定义为 i*10，跟随循环变量 i 自动更新。

最后根据循环变量 i，将是否超过 10 次作为循环条件，判断是否继续执行循环体。

由此编写代码为

```
第 01 行  from turtle import *
第 02 行  i=1
第 03 行  while i<=10:
第 04 行      r=i*10
第 05 行      circle(r)
第 06 行      i=i+1
第 07 行  done( )
```

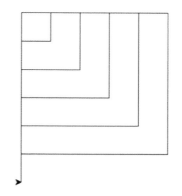

将第 4 行和第 5 行代码简化，即可得到本案例的示例代码。

2.3.2　案例 2：绘制多层正方形线圈

绘制如图 2-3-3 所示的 5 层正方形线圈。

1．示例代码

图 2-3-3　5 层正方形

```
第 01 行  from turtle import *
第 02 行  for i in range(5):
第 03 行      r=(i+1)*50
第 04 行      for j in range(3):
第 05 行          forward(r)
第 06 行          left(90)
第 07 行      fd(r+50)
第 08 行      left(90)
第 09 行  done( )
```

2．思路简析

（1）事务逻辑分析。

运行示例代码并观察，可以看到如图 2-3-4 所示的分步绘制过程，图中分别用红、蓝、绿、黄和黑表示绘制的第一层至第五层的正方形图。

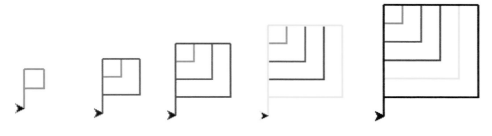

图 2-3-4　5 层正方形线圈分步绘制图

（2）循环结构设计。

首先分析相同点，也就是寻找重复进行的操作，以此设计循环体。本案例需要重复绘制如图 2-3-5 所示的图形。于是将绘制此图形的过程作为循环体。

继续观察这个重复绘制图形的绘制过程，可以分解为如图 2-3-6 所示的 4 个步骤，红色表示当前步骤绘制的图形，因此这 4 个步骤就构成了循环体。

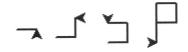

图 2-3-5　重复绘制图形　　　　　图 2-3-6　重复绘制图形中的分步绘制图

其次分析不同点，也就是重复操作在每次具体操作时的不同点，进而修改循环体。本案例每次绘制如图 2-3-5 所示的图形时，每个正方形的边长不同，在此定义变量 r 表示边长，将边长 r 定义为（i+1）*50，随着循环变量 i 自动更新为 50、100、150、200、250。每个方形中 4 条边的长度也有不同，前 3 条边一致而第 4 条边的长度为原长度加 50。

最后将循环变量 i 依次完成 range(5)中 0、1、2、3、4 一共 5 次迭代，判断是否继续执行循环体。由此即可得到如下代码。

```
第 01 行  from turtle import *
第 02 行  for i in range(5):
第 03 行      r=(i+1)*50
第 04 行      forward(r)
第 05 行      left(90)
第 06 行      forward(r)
第 07 行      left(90)
第 08 行      forward(r)
第 09 行      left(90)
第 10 行      forward(r+50)
第 11 行      left(90)
第 12 行  done( )
```

观察上方代码第 4 行至第 9 行，turtle. forward (r)和 turtle.left(90)重复了 3 次。结合图 2-3-6 红色表示每个步骤绘制的图形，可知前三步都是"绘制长度相同的线条，然后左转 90 度"的重复操作，只有第 4 步时绘制线条长度增加 50 像素再左转 90 度。为了精简代码，前三步可以设计为如图 2-3-5 所示的循环体，改写第 4 行至第 9 行代码如下：

```
第 04 行      for j in range(3):
第 05 行          forward(r)
第 06 行          left(90)
```

由此即得本案例的示例代码。代码中运用了循环嵌套，其中第 2 行至第 8 行为外循环，第 4 行至第 6 行为内循环。

 知识小结

1. 构建循环结构的方法。

2. 循环嵌套。

技能拓展

1. 绘制如图 2-3-7 所示的 5 层正方形嵌套图，怎样设计循环体？

> **提示：**
>
> 运用表 2-1-1 "turtle 模块常用的函数和方法"中的 penup( )、goto(x,y)和 pendown( )调整画笔起始位置。

2. 绘制如图 2-3-8 所示的 5 层正方形折线图，怎样设计循环体？它的特点是从中心开始，第一条线条长度为 6 像素，以后每条线条的长度都比前一条长 6 像素。

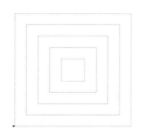
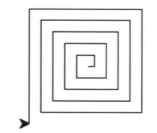

图 2-3-7　5 层正方形嵌套图　　　　　　图 2-3-8　5 层正方形折线图

2.4 绘制想要的图形

☞ **你将获取的能力：**

能应用分支结构实现简单程序设计；

能综合顺序结构、循环结构和选择结构，应用海龟绘图绘制多变图形。

2.4.1 案例：是方形还是圆形？

用户根据提示信息，输入相应的数字，程序根据用户的选择，绘制用户希望制作的图形。运行程序"2-4-1.py"，结果如图 2-4-1 所示。

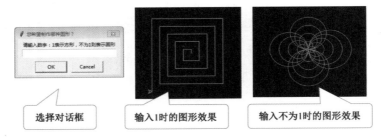

选择对话框   输入1时的图形效果   输入不为1时的图形效果

图 2-4-1   图形效果

1. 示例代码

第 01 行　from turtle import *#导入 turtle 模块，调用该模块函数或方法时可以省略 turtle
第 02 行　bgcolor('black')　　#设置画布背景为黑色
第 03 行　pencolor('red')　　#设置画笔颜色为红色
第 04 行　x=eval(textinput('制作哪种图形？','请输入数字：1 表示方形，不为 1 则表示圆形'))
第 05 行　if x==1:
第 06 行　　　for i in range(20):　#第 6 行至第 8 行绘制一组方形图
第 07 行　　　　　forward(i*2)
第 08 行　　　　　left(90)
第 09 行　else:
第 10 行　　　for i in range(20):　#第 10 行至第 12 行绘制一组圆形图
第 11 行　　　　　circle(i)
第 12 行　　　　　left(90)
第 13 行　done( )

2. 思路简析

程序流程如图 2-4-2 所示，根据输入值是不是等于 1 执行相应的代码。

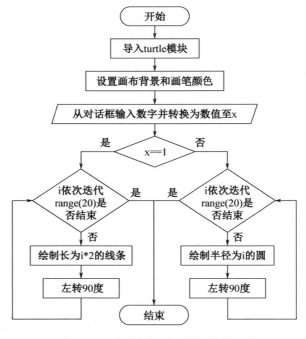

图 2-4-2   绘制方形或圆形的流程

2.4.2　textinput( )与 eval( )

● textinput( )：turtle 模块为用户提供一个可以输入信息的对话框，格式为

textinput(对话框标题字符串，提示字符串)

返回值为用户在该对话框的文本框中输入的数据，类型为字符串。

例如示例代码第 4 行中 textinput('制作哪种图形？','请输入数字：1 表示方形，不为 1 则表示圆形')，会弹出如图 2-4-1 所示的对话框。在对话框的文本框中输入数字 1 时，返回值为"1"，其类型为字符串。

● eval( )：将字符串类型转换成数值型并作为返回值返回，格式为

eval(内容为数值的字符串)

例如 eval ("1")，返回值为 1，类型为数值型。

因此示例代码中第 4 行语句 x=eval(textinput('制作哪种图形？','请输入数字：1 表示方形，不为 1 则表示圆形'))是以对话框形式让用户输入数据，然后将该数据由字符串类型转换成数值型并作为返回值返回，最终赋值给 x 变量。

2.4.3　分支结构

如图 2-4-3 所示，在分岔路口，我们需要以前往的目的地作为判断依据决定往左还是往右。在程序设计中，根据分支条件判断该执行哪个分支的代码，不执行哪个分支的代码，这样的结构就称为分支结构。

图 2-4-3　分岔路口

分支结构有以下格式。

格式 1：

```
if  条件：
    代码段
```

当条件成立时执行代码段，执行完再执行 if 后的下一条语句。如果条件不成立就直接执行 if 后的下一条语句。if 条件后面必须有冒号，代码段要缩进并且左对齐，可以是一条或多条语句。

格式 2：

```
if  条件：
    代码段 1
else：
    代码段 2
```

如果条件成立就执行代码段 1，执行完代码段 1 再执行 if 后面的下一条语句。如果条件不成立就执行代码段 2，等执行完代码段 2 再执行 if 后面的下一条语句。if 条件和 else 后都必须有冒号，代码段均要缩进并且左对齐，代码段 1 或代码段 2 可以是一条或多条语句。

其执行流程如图 2-4-4 所示。

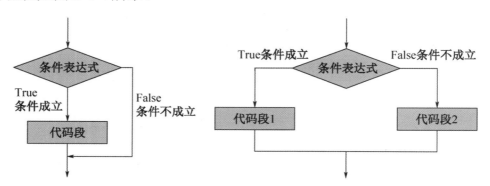

图 2-4-4　if 语句的执行流程图

例如示例代码中第 5 行至第 12 行代码段，根据 x 的值分为两种情况处理。当 x 等于 1 时执行第 6 行、第 7 行、第 8 行语句绘制方形，当 x 不等于 1 时执行第 10 行、第 11 行、第 12 行语句绘制圆形。

2.4.4　形变神不变

阅读以下代码，并思考与示例代码之间的差异。

```
第 01 行   from turtle import *    #导入 turtle 模块
第 02 行   bgcolor('black')        #设置画布背景为黑色
第 03 行   pencolor('red')         #设置画笔颜色为红色
第 04 行   x=eval(textinput('制作哪种图形？','请输入数字：1 表示方形，不为 1 表示圆形'))
第 05 行   for i in range(20):
第 06 行       if x==1:
第 07 行           fd(i*2)
第 08 行       else:
第 09 行           circle(i)
第 10 行       left(90)
第 11 行   done()
```

其中第 10 行代码 left(90) 实现偏转 90 度。无论绘制哪类图形，都要在前面绘制的基础上偏转 90 度，因此偏转语句不需要放在分支结构内。因为 left(90) 仍然需要在 if 语句之后，并且在循环体内，所以 left(90) 语句要与 if 行和 else 行对齐，不能与 circle(i) 行对齐。

知识小结

1．if 分支结构。

2．textinput( )函数和 eval( )函数。

3．循环结构与分支结构嵌套使用。

技能拓展

输入 8 个同学成绩，要求程序自动判断并输出相应的等级。其中成绩为 0～59 分等级为不合格，60～74 分等级为合格，75～89 分等级为良好，90～100 分等级为优秀，其他范围则输出不合理成绩。

提示：

1．输入和输出可以分别用 input( )和 print( )函数实现。

2．根据成绩判断等级分为 5 种情况，既可以用 5 条简单分支结构实现，也可以用多分支结构实现。多分支结构如下：

```
if    条件 1:
        代码段 1
elif 条件 2:
        代码段 2
elif 条件 3:
        代码段 3
……
else:                  # else 是在上述条件全部不成立时执行
        代码段 n
```

2.5　绘制彩图

☞ 你将获取的能力：

能够掌握整数、浮点等数据类型，掌握算术运算、逻辑运算及 str( )、int( )、float( )等函数的使用方法；

能够应用分支和循环结构完成多彩图形绘制。

2.5.1　案例 1：绘制彩色方形线圈

绘制线条宽度由细到粗的方形线圈，运行程序"2-5-1.py"，结果如图 2-5-1 所示。

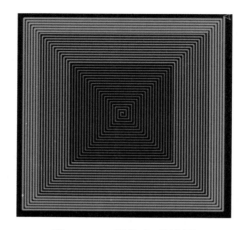

图 2-5-1　彩色方形线圈

1. 示例代码

第 01 行	`import turtle as t`	#导入 turtle 模块
第 02 行	`t.speed(20)`	#设置绘制速度
第 03 行	`t.bgcolor('black')`	#设置画布背景为黑色
第 04 行	`t.pencolor('red')`	#设置画笔颜色为红色
第 05 行	`num=2`	#给变量赋初值——线条宽度基准值
第 06 行	`for x in range(1,151):`	#避免线条长度为 0，设置 range() 起始值为 1
第 07 行	`    fd_Num=x*2`	#给线条长度变量赋值　*为乘法运算
第 08 行	`    width_Num=x*num/100`	#给线条宽度变量赋值　/为除法运算
第 09 行	`    t.width(width_Num)`	#设置线条宽度
第 10 行	`    t.fd(fd_Num)`	#画线
第 11 行	`    t.left(90)`	#左转
第 12 行	`t.done( )`	

2. 思路简析

事务逻辑分析：通过观察可以发现图形由从内到外的多条折线组成，每个线段的宽度逐渐变粗。绘制线段、左转 90 度为重复操作，因此可以采用循环结构，将其设计为循环体。每条线段的长度和宽度逐渐增大，此为不同点，因此定义变量，在循环体中修改更新和保存线段的长度和宽度，然后绘制每条线段。方形折线流程如图 2-5-2 所示。

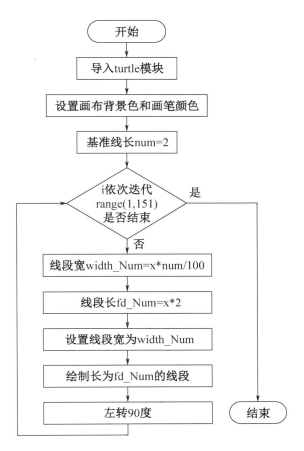

图 2-5-2　方形折线流程图

2.5.2　数据类型和类型转换

Python 有 6 种标准数据类型：数值、字符串、列表（list）、元组（tuple）、集合（set）和字典（dict），其中列表（list）、元组（tuple）、集合（set）和字典（dict）能保存多项数据，数值类型主要有整数类型、浮点类型、复数类型和布尔类型 4 类。

整数类型（int），存储整数数值，例如 2、153、1234567890、-5，整数类型除支持较小的整数以外，还支持非常大的整数。在 Python 中整数的值不受位数的限制，可以扩展到可用内存的限制。

浮点类型（float），存储带小数的数，例如 123.456、2.0、0.45、-2.3。

复数类型（complex），存储复数，例如 2+5j，其中 j 表示虚数单位。

布尔类型（bool），即逻辑型，只有两个值 True（真）和 False（假）。

在示例代码第 5 行 num=2 中，给变量 num 初始化赋值为 2，num 则为整数类型。

在示例代码第 7 行 fd_Num=x*2 中，x 为整数类型，fd_Num 也为整数类型。

示例代码第 8 行 width_Num=x*num/100，第一次执行该语句时，x 为 1，num 为 2，则 width_Num=1*2/100=0.02，因此 width_Num 为浮点类型。

字符串类型(str)，是用一对单引号、双引号或三引号括起来的一个或多个字符，例如'AB'、

'12.3'。

数据类型的转换函数有 eval( )、int( )、float( )和 str( )等。数据类型转换的例子如图 2-5-3 所示。

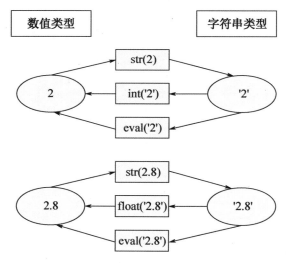

图 2-5-3　数据类型转换的例子

2.5.3　算术运算

算术运算是最基本的运算，除+（加）、-（减）、*（乘）、/（除）四种运算以外，还有 //运算、%运算及**运算，详细内容如表 2-5-1 所示。

表 2-5-1　算术运算

运　算　符	含　　义	举　　例
+	加法运算	2+3 结果 5
-	减法运算	8-6 结果 2
*	乘法运算	3*5 结果 15
/	除法运算	5/2 结果 2.5
//	整除运算，只取运算结果的整数部分	5//2 结果 2
%	余数运算，取两数的余数	9 % 5 结果 4
**	指数运算	2**3 结果 8

与关系运算、逻辑运算相比，算术运算的优先级最高。算术运算符的优先级先后顺序为 **、*和/、//、%、+和-。

运算符=的应用，以+=为例：

```
sum=100
sum+=200   #相当于 sum=sum+200
print('sum=',sum)
```

输出结果：

```
sum=300
```

2.5.4　案例 2：绘制多彩螺旋线圈

绘制线段宽度由细到粗的多彩螺旋线圈，运行程序"2-5-4.py"，结果如图 2-5-4 所示。

图 2-5-4　多彩螺旋线圈

1.　示例代码

```
第 01 行  import turtle as t
第 02 行  for i in range(280):
第 03 行      x=i%4
第 04 行      if x==0:
第 05 行          t.pencolor('red')
第 06 行      elif x==1:
第 07 行          t.pencolor('green')
第 08 行      elif x==2:
第 09 行          t.pencolor('purple')
第 10 行      elif x==3:
第 11 行          t.pencolor('blue')
第 12 行      t.pensize(i/100+1)        #宽度增加 1/100
第 13 行      t.fd(2*(i+1))             #长度增加 2
第 14 行      t.left(92)                #左转 92 度
第 15 行  t.done( )
```

2.　思路简析

事务逻辑分析：图 2-5-4 由一条线段依次左转 92 度，重复操作 280 次组成，从内到外每次长度依次增加 2，宽度依次增加 1/100，颜色则从第一条线开始，每 4 条线为一组，依次为红色、绿色、紫色和蓝色。

示例代码第 2 行实现循环 280 次，第 12 行、第 13 行、第 14 行分别实现每条线段宽度依次增加 1/100，长度依次增加 2，左转 92 度。

循环体内 elif 多分支实现颜色的设置，要实现 4 种画笔颜色的轮换设置。

如表 2-5-2 第 1 行所示，红、绿、紫和蓝 4 个为一个周期进行轮换。

于是以依次递增的循环变量 i（见表 2-5-2 第 2 行）进行求余运算。

i%4 表示每次循环 i 整除 4 后的余数，见表 2-5-2 第 3 行。

在第 3 行中，0、1、2、3 一共 4 个数为一个周期，并且各自和第 1 行颜色一一对应，0 对红，1 对绿，2 对紫，3 对蓝。因此 i%4 实现了以 4 为周期的轮换控制，颜色设置如表 2-5-2 所示。

当 i%4 为 0 时，设置画笔颜色为红色；

当 i%4 为 1 时，设置画笔颜色为绿色；

当 i%4 为 2 时，设置画笔颜色为紫色；

当 i%4 为 3 时，设置画笔颜色为蓝色。

运用 t.pencolor( ) 设置线段的颜色，具体实现见示例代码中的第 4 行到第 12 行代码。

表 2-5-2　颜色设置

颜色	红	绿	紫	蓝	红	绿	紫	蓝	红	绿	紫	蓝	……	红	绿	紫	蓝
i	0	1	2	3	4	5	6	7	8	9	10	11	……	276	277	278	279
i%4	0	1	2	3	0	1	2	3	0	1	2	3	……	0	1	2	3

知识小结

1．数据类型：数值、字符串、列表、元组、集合和字典等。

2．数值类型：整数类型、浮点类型、复数类型和布尔类型。

3．算术运算符：+（加）、-（减）、*（乘）、/（除）、//（整除）、%（取余）和**（指数）等。

4．数据类型的转换函数：eval( )、int( )、float( ) 和 str( ) 等。

5．多分支结构及应用。

技能拓展

阅读代码，了解数值类型。

```
x=100.0
y=20
print('x ={0},它的数据类型为{1}'.format(x,type(x)))    #type( )返回数据类型
print('y ={0},它的数据类型为{1}'.format(y,type(y)))
print('x/y ={0},它的值的数据类型为{1}'.format(x/y,type(x/y)))
```

```
print('100/20 ={0},它的值的数据类型为{1}'.format(100/20,type(100/20)))
a=1.05
b=0.3535
print('a-b ={0},它的值的数据类型为{1}'.format(a-b,type(a-b)))
```

输出结果：

```
1x =100.0,它的数据类型为<class 'float'>
y =20,它的数据类型为<class 'int'>
x/y =5.0,它的值的数据类型为<class 'float'>
100/20 =5.0,它的值的数据类型为<class 'float'>
a-b =0.6965000000000001,它的值的数据类型为<class 'float'>
```

因为 100.0 带有小数所以是浮点类型，而 20 是整数，整数类型浮点数与整数的运算结果是浮点类型。

浮点类型和整数类型在计算机内部存储的方式是不同的，整数运算永远是精确的，然而浮点数的运算则可能会有四舍五入的误差，所以 a-b 按实际计算应该是 0.6965，但运行结果是 0.6965000000000001，这是由浮点数运算四舍五入的误差引起的。

2.6　满天繁星

☞ 你将获取的能力：

能够自定义函数和调用；

能够初步理解实际参数和形式参数；

能够应用 random 模块实现随机绘制图形。

2.6.1　案例：满天繁星

在蓝色背景下随机绘制大小不等的黄色五角星，运行程序"2-6-1.py"，结果如图 2-6-1 所示。

图 2-6-1　满天繁星

1. 示例代码

第 01 行	`import turtle as t`
第 02 行	`from random import randint`　　#导入随机模块的随机取整函数 randint( )
第 03 行	`def star(s):`
第 04 行	`angle=180-(180/5)`
第 05 行	`t.color('yellow')`
第 06 行	`t.begin_fill( )`
第 07 行	`for i in range(5):`
第 08 行	`t.forward(s)`
第 09 行	`t.right(angle)`
第 10 行	`t.end_fill( )`
第 11 行	`t.Screen( ).bgcolor('blue')`　　#设置蓝色画布背景
第 12 行	`x=0`
第 13 行	`while x<100:`　　#x<100 是为了绘制五角星 100 次
第 14 行	`size = randint(0, 100)`　　#获取随机值作为五角星大小
第 15 行	`ranx=randint(-500,500)`　　#获取随机值作为 x 坐标值
第 16 行	`rany=randint(-200,200)`　　#获取随机值作为 y 坐标值
第 17 行	`t.penup( )`
第 18 行	`t.goto(ranx,rany)`
第 19 行	`t.pendown( )`
第 20 行	`star(size)`
第 21 行	`x=x+1`
第 22 行	`t.done( )`

2. 思路简析

第 3 行至第 10 行代码段自定义了一个绘制黄色五角星的函数，就像自己定制了一个可以印出任意大小五角星的印章。

第 11 行至第 21 行代码段为主程序，在循环体内每次确定画笔起点和五角星大小之后，就调用印章（自定义函数）印出（绘制）五角星。

根据以上分析，流程如图 2-6-2 所示。

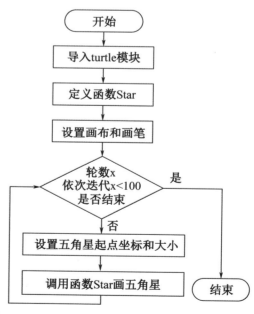

图 2-6-2 满天繁星的流程

2.6.2　绘制黄色五角星

程序设想：

1．定义一个 s 变量，初始化赋值为 30 像素，用于指定绘制图形每边的长度。参见代码第 2 行。

2．定义一个 angle 变量，计算每条边右转的角度。正五角星每个内角为 180/5 度，因此绘制一条边后，需要右转（180-（180/5））度再绘制下一条边。参见代码第 4 行。

3．t.color('yellow')语句指定画笔颜色为黄色，用于填充 t.begin_fill( )与 t.end_fill( )之间形成的封闭图形。参见代码第 5 行至第 10 行。

4．应用 for 循环，每次通过 t.forward(s)使画笔沿着当前方向移动 s 个像素长度，然后通过 t.right(angle)使画笔以当前方向为基准顺时针转动 angle 度，如此循环 5 次，即可绘制出封闭的五角星图形。参见代码第 7 行至第 9 行。

相关代码：

```
第 01 行  import turtle as t
第 02 行  s=30
第 03 行  angle=180-(180/5)
第 04 行  t.color('yellow')
第 05 行  t.begin_fill( )
第 06 行  for i in range(5):
第 07 行      t.forward(s)
第 08 行      t.right(angle)
第 09 行  t.end_fill( )
第 10 行  t.done( )
```

2.6.3　函数的定义与调用

如图 2-6-3 左边所示，将 2.6.2 绘制黄色五角星的代码封装在一个盒子里，并将盒子命名为 star，这就成为具有绘制边长 30 像素的黄色五角星功能的盒子，以后凡是需要绘制这样大小的黄色五角星，只要呼唤它的名字 star，就可以调用它。

如图 2-6-3 右边所示，在 Python 程序中把这类盒子称为函数，def 就是这类盒子也就是函数的标志，star 就成了函数名，盒子中封装的代码则称为函数体。通过 star( )即可调用该函数，每调用一次，即执行一次函数体代码，完成绘制黄色五角星。

因此在自定义函数时，格式如下：

def 函数名称（ ）：
　　函数体
　　return 返回值

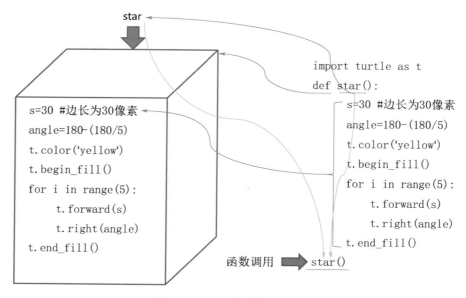

图 2-6-3　函数定义与调用

函数名称的命名规则与变量名的命名规则相同，必须用字母或者下画线开头，后面跟任意个字母或数字或下画线。

多个参数之间用逗号"，"隔开，当然函数也可以没有参数。

如果函数有返回值，最后的 return 语句将数据返回；如果函数没有返回值，则使用 return None 或省略 return 语句，此时函数均默认返回 None。

在 Python 程序设计中，函数必须先被定义才能够调用。

2.6.4　函数的参数

在 2.6.3 节中，调用 star( )，即可绘制一枚黄色五角星。只是它每条边的边长始终是 30 像素，原因就是函数体内 s=30 和 t.forward(s)这两条语句。

如果希望调用 star( )可以绘制指定大小的五角星，那么只要删除代码 s=30，主程序调用 star( )时临时告诉它 s 的大小。这就需要 star 盒子不再完全封闭，如图 2-6-4 所示，打开窗户倾听外面主程序和它说了什么，委任变量 s 为外交大臣，负责接收主程序告知的绘制大小，然后通知 star 盒子中封装的函数体代码，由 t.forward(s)按照这个大小绘制五角星。

这个外交大臣变量 s 就成了自定义函数的参数，写在函数名右侧的一对括号中，此时的函数为 star(s)，参数 s 也称为形式参数，只在该自定义函数中起作用，其有效范围为该函数。当主程序调用该函数时，不仅要呼唤它的名字，还需要告诉其值，不然调用就会失败。主程序调用时的参数是实际参数，例如主程序中：

```
size=10
star(size)
```

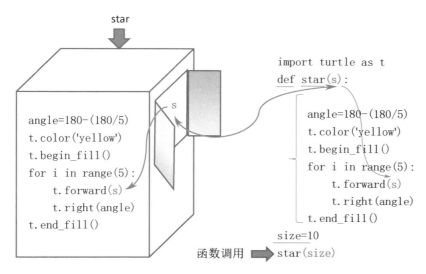

图 2-6-4　带参数的函数定义与调用

函数调用语句 star(size)，其中 size 就是实际参数，调用时由实际参数 size 向形式参数 s 单向传递数据 10，二者的名称可以相同或不同。

当然主程序也可以 star(10)，直接将 10 传递给形式参数 s。

至此自定义函数的一般完整格式如下：

def 函数名称 (参数 1, 参数 2, ……) :
　　函数体

一个函数可以有多个参数，参数之间使用逗号隔开。调用函数时，一般情况下实际参数和形式参数的个数必须一致，除非自定义函数时，设置了缺省参数，则可以不传递这个参数。例如在图 2-6-3 中，如果把右侧第 2 行代码修改为 "def **star(s=8):**"，那么最末一行主程序调用该函数的代码可以不再传递参数，直接使用 star( ) 即可调用该函数，当然也可以传递参数。

2.6.5　随机绘制五角星

2.6.1 节示例代码第 3 行到第 10 行代码段，自定义绘制黄色五角星的函数 star( )，参数为 s，用于确定五角星的边长。

第 11 行至第 21 行代码段为主程序，循环 100 次，每次随机确定画笔起点和五角星大小之后，就调用自定义函数 star( ) 绘制五角星。

随机绘制五角星让满天繁星富有活力，随机性体现在五角星的位置和五角星的大小。

五角星位置的随机性设计：示例代码第 15 行和第 16 行代码，randint（-500，500）语句产生一个-500 到 500 之间的随机整数作为 x 坐标值赋值给变量 ranx；randint（-200，200）语句产生一个-200 到 200 之间的随机整数作为 y 坐标值赋值给变量 rany。接着第 18 行的

t.goto(ranx,rany)将画笔移动到这个坐标点作为绘制起点。

五角星大小的随机性设计：示例代码第 2 行代码，from random import randint 导入随机模块的随机取整函数 randint( )。第 14 行代码，randint（0，100）语句产生一个 0 到 100 之间的随机整数作为五角星边长大小赋值给变量 size，以 star(size)调用自定义函数 star(s)绘制随机指定大小的五角星。

2.6.6 获取幸运数

star( )函数绘制五角星后返回一个随机数作为幸运数字。如图 2-6-5 所示，在 star( )函数中添加蓝色代码，其中"return num"中的 return 犹如洗衣机的出水口，对外输出 num 的值作为该函数的返回值，返回值的数据类型即 num 的类型(整型)。

如图 2-6-5 所示，在主程序中添加蓝色代码，其中"lucky=star(size)"表示每次调用 star( )函数时都将该函数的返回值赋值给变量 lucky，输出结果：

获得幸运数:7

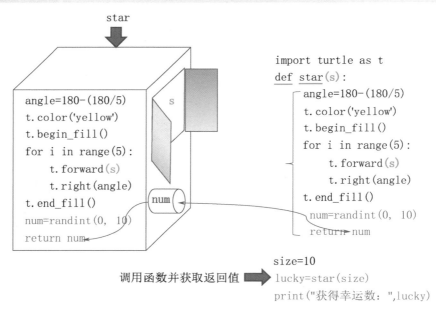

图 2-6-5　函数的返回值

当然函数的返回值的类型也可以为其他类型。例如将以上代码中"return num"修改为"return'获得幸运数:'+str(randint(0,10))"，则返回值的类型为字符串，此时主程序中删除"lucky=star(size)"，并将"print("获得幸运数：",lucky)"修改为"print(star(size))"即可调用 star( )函数并输出获取的返回值，输出结果：

获得幸运数:7

函数如果有多个返回值，则需使用逗号隔开，通常使用元组返回多个值。例如将 star( ) 函数中的 return 语句修改为：

```
return '获得幸运数:'+str(randint(0,10)),randint(0,10)
```

或者修改为：

```
return ('获得幸运数:'+str(randint(0,10)),randint(0,10))
```

主程序中"`print(star(size))`"即可调用 star( ) 函数并输出获取的返回值，例如输出结果：

```
('获得幸运数:8', 9)
```

知识小结

1. 自定义函数的格式。

2. 实际参数和形式参数。

3. random 模块的导入和随机取整函数 randint( ) 的应用。

4. 函数的返回值。

技能拓展

阅读以下程序，理解全局变量和局部变量的作用范围。

```
第 01 行  def hanshu( ):    #定义函数，函数名称 hanshu
第 02 行      y=10
第 03 行      print('全局变量: x =',x, '局部变量: y =',y)
第 04 行  x=100
第 05 行  print('全局变量: x =',x)
第 06 行  hanshu( )
第 07 行  print('全局变量: x =',x)
第 08 行  print('局部变量: y =',y)
```

输出结果：

```
全局变量: x = 100
全局变量: x = 100 局部变量: y = 10
全局变量: x = 100
Traceback (most recent call last):
  File "D:\练习\全局变量和局部变量.py", line 8, in <module>
    print('局部变量: y =',y)
NameError: name 'y' is not defined
```

在该程序中，x 为全局变量，y 为 hanshu( ) 函数体内的局部变量。全局变量在整个程序里

都有效，任何函数都可以访问该变量，其生存周期是程序的整个运行过程。因此从第 6 行调用函数的语句的输出结果可见，即使在函数体内依然可以识别全局变量 x。

然而局部变量是函数内部的变量，只在本函数体内有效，因此从第 8 行代码的输出结果可见主程序无法识别局部变量 y，认为未曾定义变量 y。不同的函数，局部变量不可以互相调用。

全局变量可以达到在各个函数体之间传递数据的目的，但会破坏函数的独立性。在实际的使用过程中，尽量多使用局部变量。

2.7 两支画笔

☞ 你将获取的能力：

能够理解类和对象的关系；

能够应用类创建对象，并调用其属性和方法完成任务。

2.7.1 案例 1：绘制线条

运行程序"2-7-1.py"，结果如图 2-7-1 所示。

图 2-7-1 绘制线条

1. 示例代码

```
第 01 行  import turtle
第 02 行  pen=turtle.Turtle( )    #创建画笔对象 pen，注意 Turtle( )中字母 T 为大写
第 03 行  pen.forward(100)        #画笔对象 pen 绘制长度为 100 像素的线条
第 04 行  turtle.done( )
```

2. 思路简析

（1）类和对象

在 Python 程序设计中，类和对象是两个重要的概念。

● 类：是对一类具有相同属性和方法的对象的抽象描述，class 关键字用于类的定义。

例如在 turtle 模块中，Turtle 类已经封装设计好，用于定义画笔对象，包含着画笔对象的所有属性和方法，例如线条颜色、宽度、移动方向等，在图 2-7-3 中如同制作画笔的模具。本例第 2 行代码调用 Turtle( )以 Turtle 类创建一个画笔对象，如图 2-7-3 所示，如同根据画笔模具生产一支画笔。

注意画笔模具只用于生产画笔，生产的画笔则用于绘图。

● 对象：是指一个在内存中开辟空间并存储数据的实体，每个对象都有一个类型、一组

属性和方法。在图 2-7-3 中，pen 是由 Turtle( ) 以 Turtle 类创建的画笔对象，如同生产的画笔都具有画笔模具的特征，它们都具有 Turtle 类的属性和方法，因此可以通过调用属性和方法进行绘图。调用的格式，结合第 3 行代码说明如图 2-7-2 所示。

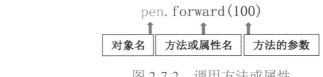

图 2-7-2　调用方法或属性

图 2-7-3　创建画笔对象 pen 和绘制线条

（2）创建的画笔对象 pen 具有哪些属性和方法

在示例代码中添加第 5 行代码 print(dir(pen))，即可查看新创建的画笔对象 pen 的属性和方法，表 2-1-1 中除 done( ) 以外还有许多，例如 color( )。

pen.color('red', 'blue')　#将画笔对象 pen 的线条颜色设置为红色，填充颜色设置为蓝色。print(pen.color( ))　#当 color( ) 方法没有参数时，可以获得画笔对象 pen 的线条颜色和填充色。

注意第 4 行代码不能写为 pen.done( )，在画笔对象 pen 中没有 done( ) 方法。done( ) 函数是针对 turtle 模块而不是针对具体的画笔对象定义的函数，因此需要以模块名进行调用。

forward( )、color( ) 等需要对象名进行调用，通常称之为方法。而 done( ) 可以通过模块名进行调用，通常称之为函数。

2.7.2　案例 2：一方一圆两支画笔

两支画笔各自绘制一方一圆，运行程序 "2-7-2.py"，结果如图 2-7-4 所示。

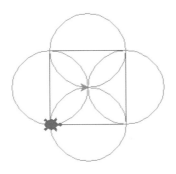

图 2-7-4　一方一圆两支画笔

1. 示例代码

```
第01行    import turtle
第02行    pen1=turtle.Turtle( )    #创建画笔对象 pen1，注意 Turtle( )中 T 字母为大写
第03行    pen2=turtle.Turtle( )    #创建画笔对象 pen2
第04行    pen1.color("blue")       #画笔对象 pen1 设置线条颜色属性
第05行    pen1.shape("turtle")     #画笔对象 pen1 设置笔触形状属性
第06行    pen2.color("red")        #画笔对象 pen2 设置线条颜色属性
第07行    pen2.shape("classic")    #画笔对象 pen2 设置笔触形状属性
第08行    pen2.penup( )            #提起画笔 pen2
第09行    pen2.goto(50,50)         #移动画笔 pen2
第10行    pen2.pendown( )          #放下画笔 pen2
第11行    for i in range(4):
第12行         pen1.forward(100)   #使用画笔对象 pen1 绘制方形
第13行         pen1.left(90)
第14行         pen2.circle(50)     #使用画笔对象 pen2 绘制圆形
第15行         pen2.left(90)
第16行    turtle.done( )           #等待用户关闭窗口
```

2. 思路简析

如图 2-7-5 所示，第 2 行、第 3 行代码 Turtle( )以 Turtle 类分别创建画笔对象 pen1 和 pen2，如同根据画笔模具分别生产了一支画笔。

第 4 行代码如图 2-7-6 所示，画笔对象 pen1 调用 color( )方法设置线条颜色为蓝色。同理，第 5 行代码画笔对象 pen1 调用 shape( )方法设置笔触形状。

第 6 行、第 7 行代码画笔对象 pen2 设置线条颜色和笔触形状。

第 9 行至第 15 行代码则分别使用画笔对象 pen1、pen2 绘制方形和圆形。

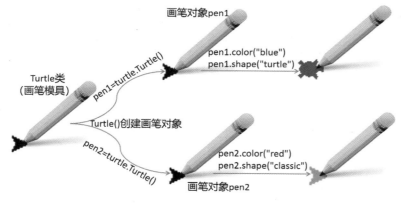

图 2-7-5　创建画笔对象和设置属性

图 2-7-6　调用方法或属性

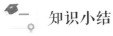 知识小结

1．类和对象的概念。

2．在 turtle 模块中应用 Turtle( )函数创建画笔对象。

3．应用创建的对象调用方法和设置属性。

技能拓展

1．以下是 2.1.1 小节的示例代码，请与本节示例代码对比阅读。

第 01 行　import turtle
第 02 行　turtle.forward(100)
第 03 行　turtle.done( )

阅读提示：

forward( )方法通常需要创建的对象进行调用，在这段代码中，虽然没有明确地创建画笔对象调用 forward( )方法，但是实际上用默认的画笔对象调用了 forward( )方法。因此在 2.1 节至 2.5 节中提到的 forward( )、pensize( )、pencolor( )、penup( )、goto(x,y)、pendown( )、left( )等实际上都不是函数，而是方法。

2．阅读与了解，在 Python 中使用 class 关键字定义一个类的语法格式如下。

class 类名：
　　#类的属性和方法定义

例如以下第 1 行至第 6 行代码定义了一个 Person 类，具有 name 属性（姓名）、age 属性（年龄）和一个用于输出基本信息的方法 say( )。__init__( )是一个特殊的构造函数，用于初始化对象的属性值。

在方法中的第一个参数 self 表示当前对象，用于访问和修改对象的属性。

第 7 行代码为使用 Person 类创建对象 p，使用类的构造函数（通常是__init__( )）给对象 p 的属性赋值。

第 8 行代码为创建的对象 p 调用 say( )方法输出信息。

```
第 01 行  class Person:
第 02 行      def __init__(self,name,age):
第 03 行          self.name=name
第 04 行          self.age=age
第 05 行      def say(self):
第 06 行          print("您好！我的名字是"+self.name+"，今年"+str(self.age)+"岁。")
第 07 行  p=Person("张三",18)
第 08 行  p.say( )
```

运行程序，输出结果：

您好！我的名字是张三，今年 18 岁。

3

词汇

3.1 永不消逝的电波

find[faɪnd] 发现，存在
temp[temp] 临时雇员
count[kaʊnt] 计数
sequence['siːkwəns] 序列，顺序
index['ɪndeks] 索引，指数
upper['ʌpə(r)] 上面的，上部的
lower['ləʊə(r), 'laʊə(r)] 下方的，降低
replace[rɪ'pleɪs] 代替，替换

变量名：
word [wɜːd] 单词，字
plainText[pleɪn'tekst] 明文，纯文本档案
cipherText ['saɪfətekst] 密文，暗文
number ['nʌmbə(r)] 数字，数量，序数

3.2 浪漫的科学礼物

photo['fəʊtəʊ] 照片
education[ˌedʒu'keɪʃn] 教育，训练
append[ə'pend] 添加，增补

insert[ɪn'sɜːt, 'ɪnsɜːt] 插入，嵌入
pop[pɒp] 弹出
clear[klɪə(r)] 清理，清除，清楚
sort[sɔːt] 分类，排序
reverse[rɪ'vɜːs] 反向，颠倒
class[klɑːs] 类

变量名：
signal['sɪgnəl] 信号，标志
password['pɑːswɜːd] 暗语，口令，密码

3.4 密码字典和集合

value['væljuː] 值，价值
item['aɪtəm] 项目，条款
default[dɪ'fɔːlt] 缺省，欠缺
none[nʌn] 没有，毫无
update[ʌp'deɪt, 'ʌpdeɪt] 更新，向……提供最新信息
key[kiː] 钥匙，密钥
iterable['ɪtəreibl] 可迭代的，可重复的
result[rɪ'zʌlt] 结果，成果，效果

第 3 章

数 据 类 型

本章节涉及的内容

- 字符串及其使用方法
- 列表及其使用方法
- 元组及其使用方法
- 字典的定义和遍历
- 集合的定义和特点

3.1 永不消逝的电波

☞ 你将获取的能力：

能够对字符串进行取值、切片和运算操作；

能够查找和遍历字符串；

能够掌握字符串相关的常用方法。

电影《永不消逝的电波》中的主人公李侠在敌人即将到来的危急时刻，他争分夺秒将情报发完，坚持到被捕前的最后一刻，如图 3-1-1 所示。李侠发送电波所使用的编码就是摩尔斯码。

摩尔斯码也称为摩斯密码，是一种时通时断的信号代码，通过不同的排列顺序表达不同的英文字母、数字和标点符号。它发明于 1837 年，是一种早期的数字化通信形式。

本节将日常的文本信息称为明文，将使用摩尔斯码编码的信息称为密文，通过对明文编码和对密文译码学习字符串、列表的运用。

摩尔斯码编码如图 3-1-2 所示。

字符	摩尔斯码符号	字符	摩尔斯码符号	字符	摩尔斯码符号	字符	摩尔斯码符号
A	·—	O	———	0	—————	:	———···
B	—···	P	·——·	1	·————	=	—···—
C	—·—·	Q	——·—	2	··———	(	—·——·
D	—··	R	·—·	3	···——	)	—·——·—
E	·	S	···	4	····—	·	·—·—·—
F	··—·	T	—	5	·····	;	—·—·—·
G	——·	U	··—	6	—····	/	—··—·
H	····	V	···—	7	——···	"	·—··—·
I	··	W	·——	8	———··	&	·—···
J	·———	X	—··—	9	————·	'	·————·
K	—·—	Y	—·——	·	·—·—·—	$	···—··—
L	·—··	Z	——··	,	——··——		
M	——			?	··——··		
N	—·			!	—·—·——		
				@	·——·—·		

图 3-1-1　永不消逝的电波　　　　　　　　　　图 3-1-2　摩尔斯码编码

3.1.1　案例：摩尔斯码解码器

在电影《永不消逝的电波》中，李侠敲下了生命中最后一段摩尔斯码密文向战友告别。

如果你是李侠的战友，接收到了他最后传来的摩尔斯码密文："···· ·— ——— ···· ·— ——— ··· ···· · ·—·· ——· ···· ··— ———"（注意每个摩尔斯码之间有空格分隔），你能将它解码破译吗？使用 Python 编写一个简易的摩尔斯码解码器来读懂这段"最后的电波"。运行资源包中的"3-1-1.py"，结果如下所示：

```
请输入你要翻译的摩尔斯码：····
翻译后的内容为： H
请输入你要翻译的摩尔斯码：·—
翻译后的内容为： A
请输入你要翻译的摩尔斯码：———
翻译后的内容为： O
······
请输入你要翻译的摩尔斯码：····
翻译后的内容为： H
请输入你要翻译的摩尔斯码：··—
翻译后的内容为： U
请输入你要翻译的摩尔斯码：———
翻译后的内容为： O
```

最终，破译结果为"HAOHAOSHENGHUO"，即"好好生活"。这短短的四个字也饱含了李侠同志对战友们的深切情感。

1. 示例代码

第 01 行　word=input("请输入你要翻译的摩尔斯码：") #输入摩尔斯码并赋值给变量 word

第 02 行　plainText="ABCDEFGHIJKLMNOPQRSTUVWXYZ"
　　　　　#使用字符串变量 plainText 有序地存储 26 个英文字母，plainText 意为明文

第 03 行　cipherText ='''|.-|-...|-.-.|-..|.|..-.|---.|....|..|.---|-.-|.-..|
　　　　　--|-.|---|.--.|--.-|.-.|...|-|..-|...-|.--|-..-|-.--|--..|'''
　　　　　#字符串变量 cipherText 存储了 26 个英文字母按序对应的摩尔斯码，每个摩尔斯码之间以"|"间隔，变量名 cipherText 意为密文

第 04 行　n=cipherText.find("|"+word+"|") #查找前后有"|"的摩尔斯码，将索引赋值给 n

第 05 行　temp=cipherText[0:n+1]　　　　#获取从开始到查找到的索引之间的字符串

第 06 行　m=temp.count("|")　　　　　　#统计变量 temp 中"|"的个数

第 07 行　print("翻译后的内容为：",plainText[m-1])

2. 思路简析

本例中明文字符 26 个英文字母存储在字符串变量 plainText 中，密文字符串 26 个英文字母对应的摩尔斯码存储在密文字符串变量 cipherText 中，且每个摩尔斯码前后加上"|"符号做间隔。如图 3-1-3 所示，明文 plainText 和密文 cipherText 中相同索引位置的元素分别是字符和对应的摩尔斯码。因此只要数一数密文 cipherText 中某个摩尔斯码前面有几个"|"符号，就可以知道在明文 plainText 中第几个字母就是对应的字母。

图 3-1-3　字符和对应的摩尔斯码

程序设想：

（1）程序中使用 input( )函数输入需要破译的摩尔斯码，现就以"...."为例；

（2）创建 plainText 和 cipherText 两个用于存储字母和对应摩尔斯码的字符串变量；

（3）为避免误读，在"...."的前后加上间隔符号"|"。使用 find( )方法查找"|....|"在 cipherText 中的位置，找到后会返回左边"|"所在位置的索引 30，将它赋值给变量 n，此时变量 n 为整型；

（4）对 cipherText 进行字符串切片，以 cipherText[0:n+1]获取索引从 0 到 n 的子串，此时为 0 到 30 的子串，即下方字符串中红色标识部分，并赋值给了临时变量 temp；

```
'''|.-|-...|-.-.|-..|.|..-.|--.|....|..|.---|-.-|.-..|--|-.|---|.--.|--.-|
.-.|...|-|..-|...-|.--|-..-|-.--|--..|'''
```

此时变量 temp 的值为"|.-|-...|-.-.|-..|.|..-.|---.|"

（5）使用 count( )方法统计变量 temp 中的"|"个数，得到值为 8，赋值给变量 m；即表示 plainText 中第 8 个字母就是对应的明文字母；

（6）在 plainText 中第 8 个字母的索引为 7，因此用 plainText[m-1]获取字母"H"并输出。至此得到摩尔斯码"...."对应的英文字母为"H"。

整体程序执行思路如图 3-1-4 所示。

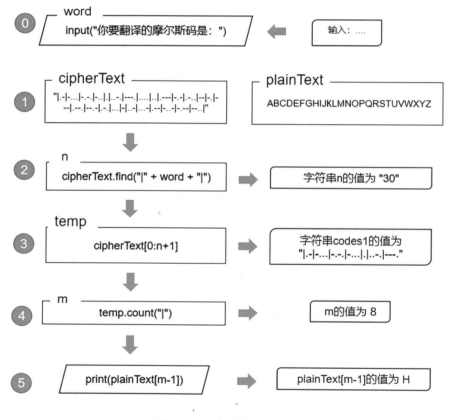

图 3-1-4　程序执行思路

3.1.2　字符串的访问和切片

在 Python 中字符串是字符的有序集合，可以通过其位置（索引）取值。索引从 0 开始递增，以此类推。如果取负值，则表示从末尾开始提取，最后一个为-1，倒数第二个为-2。如果把一个字符串想象成一列小火车，那么字符串中的每一个字符将占领一节车厢，根据某个车厢号（索引），即可获取相应的值。

例如：当变量 a 为"Python"时，如图 3-1-5 所示，a[4]为"o"。

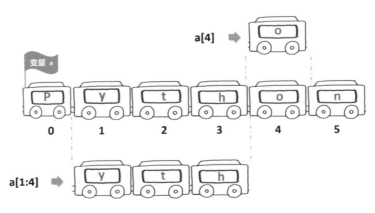

图 3-1-5　字符串的访问和切片（以"Python"为例）

切片适用于字符串和后续介绍的列表、元组等有序序列，切片使用索引来限定范围。例如字符串切片从一个大的字符串中切出小的字符串。

切片的语法格式：

$$sequence [start : end : step]$$

参数说明，以 a="Python"为例：

sequence： 为字符串、列表、元组等有序序列或相关变量。

当为字符串或字符串变量时即进行字符串切片。

start： 遵循左闭原则，为切片范围的第一个字符的索引，缺省则默认为 0（起始位）。

end： 遵循右开原则，注意切片范围的最后一个字符的索引不是 **end**，而是 **end-1**。缺省则默认为直至变量中的最后一个字符。以图 3-1-5 所示字符串为例：

例 1：a[1:4]为"yth"。

例 2：a[:3]为"Pyt"。

例 3：a[3:]为"hon"。

step： 表示读取字符时的步长，缺省则默认为 1。例如 a[0:4:2]为"Pt"。

注意字符串切片将产生新的字符串，不会修改原字符串。例如：

```
a="Python"
print("a 切片操作前所指向的内存空间地址：",id(a))
print("a[1:4]为\"",a[1:4],"\"，它的内存地址：",id(a[1:4]))
print("a 切片操作后所指向的内存空间地址：",id(a))
```

输出结果：

a 切片操作前所指向的内存空间地址：1363789118384

a[1:4]为"yth"，它的内存地址：1363789431408

a 切片操作后所指向的内存空间地址：`1363789118384`。

如图 3-1-6 所示，程序重新申请了一个内存空间，存储 a[1:4]得到的字符串"yth"，a 切片操作前后都始终指向字符串"Python"的内存空间地址。

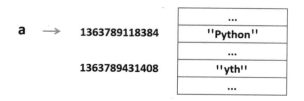

图 3-1-6　切片后的内存空间

3.1.3　字符串的运算

在 Python 中，字符串也可以像数值变量一样运算。

运算符"+"可以连接字符串。如图 3-1-7 所示，当变量 a 为字符串"Hi"，b 变量为字符串"Bob"时，执行 a + b 时，结果为"HiBob"。

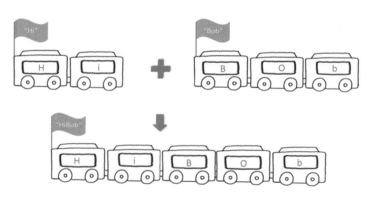

图 3-1-7　字符串连接

运算符"*"可以重复连接字符串，如图 3-1-8 所示，执行 a *3 时，结果为"HiHiHi"。

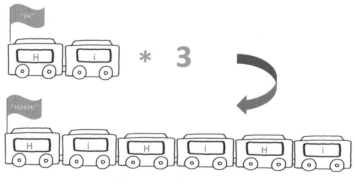

图 3-1-8　字符串连接

3.1.4　字符串的查找：find( )方法与 index( )方法

1. find( )方法和 rfind( )方法

find( )方法的语法结构如下：

```
string.find(str, beg=0, end=len(string))
```

参数：

str：指定检索的字符串。

beg：开始索引，缺省时默认为 0。

end：结束索引，缺省时默认为字符串的长度。

检测字符串中是否包含子字符串 str，如果指定 beg（开始）和 end（结束）范围，则检查子字符串是否包含在指定范围内。如果包含，则返回首次包含子字符串开始位置的索引，否则返回-1。

例 1：

```
n="Python"
print(n.find("t"))
```

输出结果：

```
2
```

例 2：3.1.1 节示例代码第 4 行 n = cipherText.find("|" + word + "|")，使用 find( )方法找到由 "|" + word + "|"组成的字符串在 cipherText 中的位置，并将返回的值赋给变量 n。

rfind( )方法类似于 find( )方法，但它是从右边开始查找。

2. index( )方法和 rindex( )方法

与 find( )类似的还有 index( )方法，它的语法结构如下：

```
string.index(str, start=0, end=len(string))
```

参数：

str：指定检索的字符串。

start：开始索引，缺省时默认为 0。

end：结束索引，缺省时默认为字符串的长度。

检测字符串中是否包含子字符串 str，如果指定 start（开始）和 end（结束）范围，则检查是否包含在指定范围内，如果包含子字符串返回首次包含子字符串开始的索引，与 find( )方法不一样的是如果没有包含子字符串则会抛出异常。

例如：

```
str1= "hello Python"
print(str1.index("o"))
```

输出结果：

4

rindex( )方法类似于 index( )方法，但它是从右边开始查找。

3.1.5 字符串的计数与长度：count( )方法与 len( )方法

1. count( )方法

语法结构如下：

```
string.count(sub, start= 0,end=len(string))
```

用于统计字符串里某个字符或子字符串出现的次数。可选参数为在字符串搜索的开始与结束位置。

参数：

sub：搜索的子字符串。

start：字符串中开始搜索的位置。缺省时为 string 的第一个字符位置，索引为 0。

end：字符串中结束搜索的位置。缺省时为 string 的最后一个字符位置的索引。

返回值：返回子字符串 sub 在字符串 string 中出现的次数。

例 1：

```
n = "hello Python"
print(n.count("o"))
```

输出结果：

2

例 2：3.1.1 节示例代码第 6 行 m = temp.count("|")，使用 count( )方法统计出了"|"的个数，并赋值给变量 m，成功推算出被查询的摩尔斯码在 plainText 中对应字母的位置。

2. len( )方法

语法结构如下：

```
len(s)
```

参数 s 指对象，包括字符串和后续章节介绍的列表和元组等。

返回对象长度或项目个数，例如可以返回字符串的长度。

例如：

```
string = "Python"
print(len(string))
```

输出结果：

```
6
```

3.1.6 字符串的其他常用函数和方法

1. max( )函数和 min( )函数

根据字符所对应的 ASCII 值，函数 max( )和 min( )分别返回字符串中值最大和最小的字符。例如：

```
n = "Python"
print(max(n))
print(min(n))
```

输出结果：

```
y
P
```

2. upper( )方法和 lower( )方法

string.upper( )方法将字符串中的小写字母全部转变为大写字母。

string.lower( )方法将字符串中的大写字母全部转变为小写字母。

例如：

```
n ="Python"
print(n.upper( ))
print(n.lower( ))
```

输出结果：

```
PYTHON
python
```

3. replace( )方法

语法结构如下：

```
string.replace(old, new[, max])
```

把字符串 string 中的 old 字符串替换成 new 字符串，从而产生新字符串，并将其作为返回值返回，注意原字符串 string 不会改变。如果指定第三个参数 max，则替换次数不超过 max 次。

参数：

old：将被替换的字符串。

new：新字符串，用于替换 old 字符串。

max：可选参数，替换次数不超过 max 次。

返回值：返回替换后产生的新字符串。

例如：

```
n = "hello Python"
print(n.replace("Python","world"))
print(n)
```

输出结果：

```
hello world
hello Python
```

知识小结

1. 字符串的访问与切片。

2. 字符串的运算符 "+" 与 "*"。

3. 字符串的查找方法 find( ) 与 index( )。

4. 字符串的计数方法 count( ) 与计算长度 len( )。

5. 字符串的其他常用函数及方法：max( )、min( )、upper( )、lower( ) 和 replace( )。

技能拓展

1. 材料阅读：编写代码

逐行输出数字 0 至 9 和其对应的摩尔斯码，输出结果如下所示：

```
0 对应的摩尔斯码为： -----
1 对应的摩尔斯码为： .----
2 对应的摩尔斯码为： ..---
3 对应的摩尔斯码为： ...--
4 对应的摩尔斯码为： ....-
5 对应的摩尔斯码为： .....
6 对应的摩尔斯码为： -....
7 对应的摩尔斯码为： --...
8 对应的摩尔斯码为： ---..
9 对应的摩尔斯码为： ----.
```

程序代码：

第 01 行　number="0123456789"　　#创建字符串变量 number，用于存储数字 0～9。

第 02 行　cipherText="-----.----..---...--...-....-....--..---.. ----."
　　　　　#创建字符串变量 cipherText，用于存储数字 0～9 对应的摩尔斯码，中间无空格。

第 03 行　for i in number:

第 04 行　　　start=5*int(i)

第 05 行　　　stop=5*int(i)+5

第 06 行　　　print(i, "对应的摩尔斯码为：",cipherText[start:stop])

阅读提示：

（1）变量 number 中的字符串为数字 0～9 顺序对应的摩尔斯码，而且数字 0～9 对应的摩尔斯码都是 5 个字符，非常有规律，如图 3-1-9 所示。参见代码第 1 行和第 2 行。

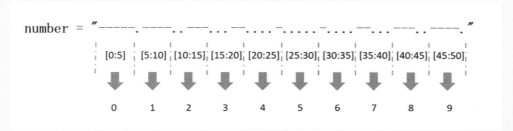

图 3-1-9　数字和摩尔斯码对应图

（2）因为 cipherText 中的摩尔斯码从 0～9 顺序排列，并且每个摩尔斯码都是 5 个字符，所以从图 3-1-9 中可知，要获取任何一个数字 i 的摩尔斯码，那么只要在 number 字符串中从索引 i*5 至 i*5+5 的范围切片，截取 5 个字符就是该数字对应的摩尔斯码。参见代码第 4 行至第 6 行。

2. 材料阅读：以 for 循环遍历字符串

以 for 循环遍历字符串的语法格式如下：

for 变量 in 字符串：
　　代码段

例如：

```
for i in 'Python':
    print ('当前的字母是 :', i)
```

输出结果：

当前的字母是 : P

当前的字母是 : y

当前的字母是 ： t

当前的字母是 ： h

当前的字母是 ： o

当前的字母是 ： n

3.2 浪漫的科学礼物

☞ 你将获取的能力：

能够定义、访问和遍历列表；

能够修改、添加和删除列表元素；

能够实现列表拼接和切片；

能够使用列表常用的函数与方法。

2019 年 4 月 23 日，正逢中国人民解放军海军 70 华诞。当晚，中国"瓢虫一号"卫星过境山西太原时闪烁着一组摩尔斯码，内容正是"加油人民海军"的拼音字母。这就是中国"瓢虫一号"卫星为人民海军送上的浪漫科学礼物。

接下来学习如何使用 Python 编程语言实现摩尔斯码与英文字母之间的转换。

图 3-2-1　浪漫的科学礼物

3.2.1 案例：摩尔斯码编码器（列表版）

设计一个简易的摩尔斯码编码器，输入一串文本信号，自动编码输出相应的摩尔斯码。运行资源包中的"3-2-1.py"程序，输入信息：JIA YOU REN MIN HAI JUN，运行程序后输出结果：

请输入文本信息：JIA YOU REN MIN HAI JUN

编码后摩尔斯码是： .---.. .- -.-----.- .-.. --.-. ...-. .---.--

1. 示例代码

第 01 行　signal = input("请输入文本信息：")　　　　　#变量名 signal 意为信号

第 02 行　plainText1 ="ABCDEFGHIJKLMNOPQRSTUVWXYZ" #变量名 plainText 意为明文

第 03 行　plainText = list(plainText1)
　　　　　#将 plainText1 的值转换为列表赋值给变量 plainText

第 04 行　cipherText = ['.-', '-...', '-.-.', '-...', '.', '..-.', '--.',
　　　　　'....', '..', '.---', '-.-', '.-..', '--', '-.', '---', '.--.',
　　　　　'--.-', '.-.', '...', '-', '..-', '...-', '.--', '-..-', '-.--',
　　　　　'--..']
　　　　　#创建列表 cipherText 意为密文，存储与 plainText 中的字符一一对应的摩尔斯码

第 05 行　plainText.append(" ")　　　　　#列表 plainText 在末尾增加一个空格元素

第 06 行　cipherText.append(" ")　　　　　#列表 cipherText 在末尾增加一个空格元素

第 07 行　password = ""
　　　　　#定义空的字符串变量 password，意为密码，存储编码后的摩尔斯码

第 08 行　for i in signal:

第 09 行　　　p = plainText.index(i)

第 10 行　　　password += cipherText[p]

第 11 行　print("编码后摩尔斯码是：", password)

2. 思路简析

本例中第 2 行代码将明文字符存储在字符串变量 plainText1 中；

第 3 行代码使用 list( )函数将字符串变量 plainText1 转换为明文列表 plainText；

第 4 行代码使用列表变量 cipherText 存储和字符串变量 plainText 中字符一一对应的摩尔斯码，即密文。

此时如图 3-2-2 所示，明文列表 plainText 和密文列表 cipherText 中相同索引位置的元素分别是字符和对应的摩尔斯码。

为了便于区分，需要借助空格符号分隔每个摩尔斯码，因此使用 append( )方法在 plainText 和 cipherText 列表的末尾均添加了空格字符。

plainText = ["a",　　"b",　　"c",　　"d",　……　"y",　"z"]

plainText[0]　plainText[1]　　　　　　　　　　plainText[25]
cipherText [0]　cipherText [1]　……　　　　cipherText [25]

cipherText = ['.-',　　'-...',　　'-.-.','-...',　……　'-.--', '--..']

图 3-2-2　明文列表 plainText 和密文列表 cipherText 中各元素的对应关系

以上在做好了明文和对应密文的准备工作后：

（1）第 8 行代码使用 for 语句遍历文本信息字符串 signal，每次循环依次取得其中一个字符，例如第一个字符 J；

（2）第 9 行代码使用 index( ) 函数获取该字符在明文列表 plainText 中的索引赋值给变量 p，例如 index('J') 为 9；

（3）由于明文列表 plainText 和密文列表 cipherText 中相同位置的元素分别是字符和对应的摩尔斯码，所以第 10 行代码中 cipherText[p] 根据这个索引 p，在密文列表 cipherText 中读取元素值，即为对应的摩尔斯码。例如 cipherText[9] 为".---"；

（4）每次循环均把获取的摩尔斯码字符串拼接赋值给变量 password，最终将"JIA YOU REN MIN HAI JUN"成功编码。流程图如图 3-2-3 所示。

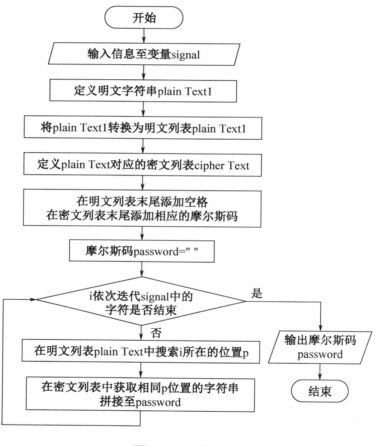

图 3-2-3　流程图

3.2.2　列表的定义与访问

1. 定义列表

列表是 Python 中内置可变有序序列，是 Python 基本数据结构之一。定义列表时，使用方括号 [ ] 将所有元素包括其中，各元素之间用逗号分隔。列表例子示意图如图 3-2-4 所示。

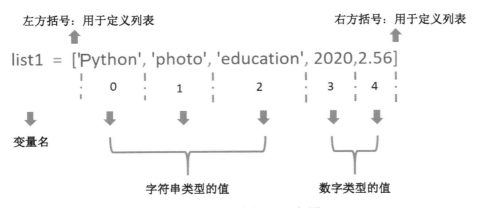

图 3-2-4　列表例子示意图

在字符串中整个字符串就像一列火车，每节车厢的内容为字符串中的单个字符。访问列表元素示意图如图 3-2-5 所示，也可以把列表比喻成一列火车，每节车厢的内容为一个列表元素。就像火车上有些车厢内为乘客，有些则为货物，各个列表元素的类型也可以不同，可以是字符串，也可以是数值等类型，还可以是列表，以及在后续介绍的元组、字典、集合等，甚至是自定义类型的对象。

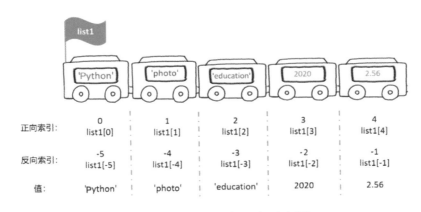

图 3-2-5　访问列表元素示意图

定义空列表可以使用[]或者 list( )两种方法，例如：

```
list1=[]                    #定义变量 list1 为空列表
list2=list( )               #定义变量 list2 为空列表
print(type(list1))          #输出变量 list1 的类型
print(type(list2))          #输出变量 list2 的类型
```

输出结果：

```
<class 'list'>
<class 'list'>
```

2. 访问列表元素

如图 3-2-5 所示，每一节车厢都有车厢号，即为列表元素位置，称为索引或下标。在正向索引中，第一个索引为 0，第二个为 1，依此类推。通过索引可以获取该位置列表元素的值，格式如下：

列表名或列表变量名 [索引]

如图 3-2-5 所示，例如：

```
list1 = ['Python', 'photo', 'education', 2020,2.56]
print ('list1[1]的值是：', list1[1])
```

输出结果：

```
list1[1]的值是：photo
```

也可以采用反向索引，如图 3-2-5 所示，注意正向索引从零开始，不是 1；反向索引是到 -1 结束，不是 0，例如：

```
list1 = ['Python', 'photo', 'education', 2020,2.56]
print ('list1[-2]的值是：', list1[-2])
```

输出结果：

```
list1[-2]的值是：2020
```

由上述内容可见，通过 list1[1]的操作，可以得到字符串'photo'。继续对该字符串进行索引操作，则可以得到该字符串的子串，例如：

```
list1 = ['Python', 'photo', 'education', 2020,2.56]
print ('list1[1][1]的值是：', list1[1][1])
```

输出结果：

```
list1[1][1]的值是：h
```

3. 列表的遍历

在 Python 中字符串、列表，以及后续介绍的元组都是序列，它们和集合、字典都是可迭代对象，只是集合和字典不支持索引、切片、相加和相乘操作。使用 for 循环可以遍历任何可迭代对象，因此可以使用一个变量逐一迭代列表中的元素，语法格式如下：

for 变量 **in** 列表：
代码段

示例代码第 8 至 10 行使用 for 语句遍历了字符串变量 signal，依次获取 signal 中的每一个字符。同样使用 for 循环可以遍历列表：

例 1：

```
codes = ['P', 'y', 't', 'h', 'o', 'n']
for i in range(len(codes)):
```

```
print('逐行输出: ', codes[i])
```

输出结果:

```
逐行输出: P
逐行输出: y
逐行输出: t
逐行输出: h
逐行输出: o
逐行输出: n
```

例2:

```
codes=[ '.-', '-...', '-.-.', '-..', '.', '..-.', '--.', '...', '..', '.---',
'-.-', '.-..', '--', '-.', '---', '.--.', '--.-', '.-.', '...', '-', '..-', '...-',
'.--', '-..-', '-.--', '--..']
for i in codes:
    print('逐行输出: ',i)
```

输出结果:

```
逐行输出:  .-
......(省略)
逐行输出:  -.--
逐行输出:  --..
```

4. index( )方法

list.index(x,start=0,end=len(list))方法：查找指定对象，从列表中找出与查找对象第一个匹配项的索引位置并返回该索引位置，如果没有找到对象则抛出异常。

参数:

x: 查找的对象。

start: 开始索引，缺省时默认为0。

end: 结束索引，缺省时默认为列表的长度。

例如:

```
list1 = ['Python', 'photo', 'education', 2020,2.56]
print(list1.index('photo'))
```

输出结果:

```
1
```

3.2.3 列表的常见操作

1. 增加列表元素

（1）使用 append( )方法在列表末尾增加元素。

list.append(obj)方法：将指定对象插入列表的末尾，没有返回值。

参数 obj 指要插入列表中的对象。

例 1：在 3.2.1 节中示例代码的第 5 行和第 6 行，均使用 append( )在列表最后增加了一个空格元素。

例 2：

```
list1 = ['Python', 'photo', 'education', 2020]
list1.append('hangzhou')
print('更新后的列表为 : ', list1)
```

输出结果：

更新后的列表为 : ['Python', 'photo', 'education', 2020, 'hangzhou']

（2）使用 insert( )方法插入列表元素。

list.insert(index, obj)方法：将指定对象插入列表的指定索引位置，没有返回值。

参数 index 指对象 obj 需要插入的索引位置；

参数 obj 指要插入列表中的对象。

例如：当想要在列表 list1 中索引为 3 的位置插入一个元素时，如图 3-2-6 所示，会将 list1 元素的索引为 3 的位置空出，添加新的元素。

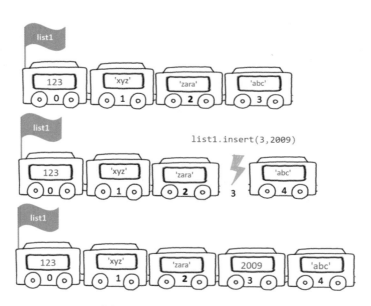

图 3-2-6　在列表中插入元素

```
list1=[123,'xyz','zara','abc']
list1.insert(3,2009)
print('新的列表为: ',list1)
```

输出结果:

新的列表为: [123,'xyz','zara',2009,'abc']

2. 修改列表元素

通过索引不仅可以访问列表元素, 还可以实现修改它的值, 例如:

```
list1 = ['Python', 'photo', 'education', 2020]
print('第三个元素为 : ', list1[2])
list1[2] = 2021                              #将 list1 列表第三个元素赋值为 2021
print('更新后的第三个元素为 : ', list1[2])
```

输出结果:

第三个元素为 : education
更新后的第三个元素为 : 2021

3. 删除列表元素

(1) 使用 pop( )方法删除列表元素。

list.pop([index=-1]) 方法: 用于移除列表中的一个元素, 并且返回该元素的值。

参数 index 可选, 默认为-1, 指列表中最后一个元素。

例如: 如图 3-2-7 所示, 对列表变量 list1 使用 pop( )方法时省略了参数 index, list1 默认移除了最后一个元素, 同时把返回值赋值给变量 list_pop, 此时变量 list_pop 为字符串型。

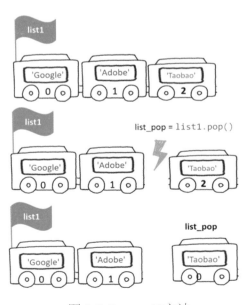

图 3-2-7　pop( )方法

```
list1=['Google','Adobe','Taobao']
list_pop=list1.pop( )
print('删除的项为 : ',list_pop)
print('新列表为 : ',list1)
```

输出结果：

删除的项为 : 'Taobao'

新列表为 : ['Google', 'Adobe']

（2）使用 del 语句删除列表元素，格式如下：

del 列表 或 列表名[索引]

例如：

```
list1 = ['Python', 'photo', 'education', 2020]
print ('原始列表 : ', list1)
del list1[2]
print ('删除元素后的列表 : ', list1)
```

输出结果：

原始列表 :['Python', 'photo', 'education', 2020]

删除元素后的列表 :['Python', 'photo', 2020]

（3）使用 clear( )方法清空列表。

list.clear( )方法：清空列表，没有返回值。

例如：

```
list1=['Google','Adobe','Taobao']
list1.clear( )
print('新的列表 list1 为 : ',list1)
```

输出结果：

新的列表 list1 为: []

4. 列表的拼接与切片

列表的拼接：与字符串类似，可以用"+"和"*"连接列表，例如：

```
list1 = [1, 3, 5, 7, 9]
list2 = [2, 4, 6, 8, 10]
list3 = list1 + list2
list4 = list1 *3
print('拼接后的列表 list3: ', list3)
print('拼接后的列表 list4: ', list4)
```

输出结果：

拼接后的列表 list3： [1, 3, 5, 7, 9, 2, 4, 6, 8, 10]

拼接后的列表 list4： [1, 3, 5, 7, 9, 1, 3, 5, 7, 9, 1, 3, 5, 7, 9]

列表的切片是截取列表中的一部分元素，与字符串切片一样（参见 3.1.2 节），格式为 sequence [start : end : step]，遵循左闭右开原则。例如：

```
list1 = ['Python', 'photo', 'education', 2020]
print('截取第 2 和第 3 个元素: ',list1[1:3])
```

输出结果：

截取第 2 和第 3 个元素: ['photo', 'education']

3.2.4　列表的常用函数和方法

列表作为 Python 中最常用的数据类型之一，有许多常用的函数和方法。

1. list( )函数

list( )函数用于将字符串或元组转换为列表。

例 1：示例代码第 3 行 plainText = list(plainText1)将字符串 plainText1 的值转换为列表赋值给列表 plainText；

例 2：

```
char="ABCDEFGHIJKLMNOPQRSTUVWXYZ"
chars = list(char)
print(chars)
```

输出结果：

```
['A', 'B', 'C', 'D', 'E', 'F', 'G', 'H', 'I', 'J', 'K', 'L', 'M', 'N', 'O',
'P', 'Q', 'R', 'S', 'T', 'U', 'V', 'W', 'X', 'Y', 'Z']
```

2. len( ) 函数

len( )函数返回对象长度或项目个数，对于字符串、列表、元组、字典和集合同样适用。例如：

```
list1 = ['Python','learning',3,5,6.2]
print(len(list1))
```

如图 3-2-8，输出结果：

5

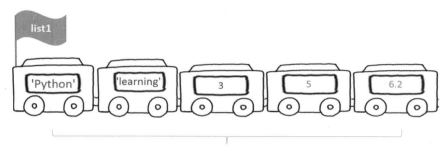

len(list1) → 5

图 3-2-8　列表长度

3. max( ) 和 min( )函数

max( ) 和 min( )函数分别返回对象的最大值和最小值，对于字符串、列表、元组、字典和集合同样适用。使用方法如下：

```
list1 = [1,3,5,6.2,9,11,0.6]
print(max(list1))
print(min(list1))
```

如图 3-2-9，输出结果：

```
11
0.6
```

max(list1) → 11

min(list1) → 0.6

图 3-2-9　最大值和最小值

4. sort([key=None, reverse=False])方法

list.sort([key=None, reverse=False]) 方法用于对原列表进行排序。

参数 key 可缺省，用于指定进行比较的元素；

参数 reverse 为排序规则，reverse = True 为降序，reverse = False 为升序。可缺省，默认为升序。

例如：如图 3-2-10 所示，list1=[11,5,6,8]，当使用 sort( )方法后，列表 list1 会将内部的元素，按照数值大小进行升序排序。

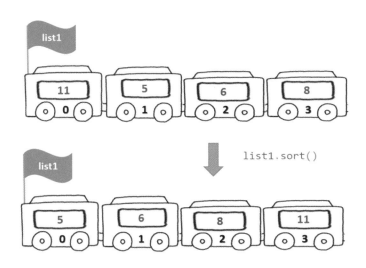

图 3-2-10　sort( )方法的应用

```
list1=[11,5,6,8]
list1.sort( )
print("排序后的列表 list1:",list1)
```

输出结果：

排序后的列表 list1：[5,6,8,11]

 知识小结

1．列表的定义、访问与遍历。

2．列表元素的更新、删除与添加。

3．列表的拼接与切片。

4．列表常用函数与方法：list( )、index( )、append( )、insert( )、pop( )、clear( )、len( )、max( )、min( )和 sort( )等。

技能拓展

1. 读取列表中的子列表

列表中的元素的数据类型可以是字符串型、数值型，还可以是列表等，因此可以在列表中嵌套子列表。

如何读取列表中的子列表的元素值呢？如图 3-2-11 所示，list1 中的第 3 个元素为列表。此时可以把它视作为火车中的火车，通过 temp = list[2]的形式将这列火车中的火车读取出来，并赋值给变量 temp。接着可以继续按照访问列表元素的方法得到变量 temp 中元素的值了。

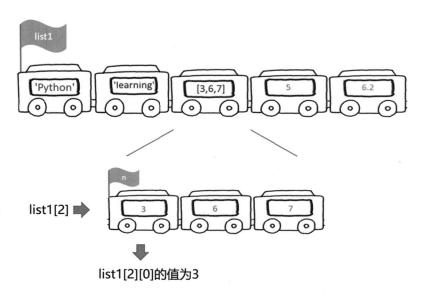

list1[2]➡

list1[2][0]的值为3

图 3-2-11　列表中的列表

```
list1 = ['Python','learning',[3,6,7],5,6.2]
temp = list1[2]
print(type(temp))    #type( )获取变量 temp 的数据类型
print(temp[0])
```

输出结果如下，其中<class 'list'>表明变量 temp 被赋值后，数据类型也为列表：

```
<class 'list'>
3
```

2. 阅读以下程序分析其输出的结果

```
a=[20,30,50,60]
b=a
b[0]=100
print(a)
print(b)
```

输出结果：

```
[100,30,50,60]
[100,30,50,60]
```

3.3　不可修改的序列

☞ 你将获取的能力：

能够定义、访问和遍历元组；

能够实现元组拼接和切片；

能够使用元组常用的函数与方法。

3.3.1　案例：摩尔斯码编码器（元组版）

在"3-2-1.py"程序的基础上，应用元组修改设计一个支持字母和数字的简易摩尔斯码编码器。运行资源包中的"3-3-1.py"程序，输入信息：happy new year 2022，运行程序输出结果：

请输入文本信息：happy new year 2022
编码后摩尔斯码是：　 ....-.--.-..--.-.-- -...- -.-..-. .-----..
---..---

1. 示例代码

第 01 行　`plainText1 = ("0","1","2","3","4","5","6","7","8","9")`

第 02 行　`plainText2 = ("a","b","c","d","e","f","g","h","i","j","k",`
　　　　　`"l","m","n","o","p","q","r","s","t","u","v","w","x","y",`
　　　　　`"z"," ")`　　　`#定义 plainText1 和 plainText2 为元组，分别存储数字和字母`

第 03 行　`plainText = plainText1 + plainText2`
　　　　　`#元组拼接后赋值给 plainText，其类型也为元组`

第 04 行　`cipherText1= ['-----', '.----', '..---', '...--', '....-', '.....',`
　　　　　`'-....', '--...','---..', '----.', '.-', '-...', '-.-.', '-..',`
　　　　　`'.', '..-.','--.', '....', '..', '.---', '-.-', '.-..', '--',`
　　　　　`'-.', '---', '.--.','--.-', '.-.', '...', '-', '..-', '...-',`
　　　　　`'.--', '-..-', '-.--', '--..'," "]`

　　　　　`#定义列表 cipherText1，存储数字、字母和空格的摩尔斯码`

第 05 行　`cipherText= tuple(cipherText1)`
　　　　　`#将列表 cipherText1 转变为元组赋值给变量 cipherText`

第 06 行　`signal= input("请输入文本信息：")`　　　`#变量名 signal 意为信息的字母和数字`

第 07 行　`password = ""`　　`#定义空的字符串变量 password，存储编码后的摩尔斯码`

第 08 行　`for i in signal:`

第 09 行　　　`p = plainText.index(i)`

第 10 行　　　`password += cipherText[p] + " "`

第 11 行　`print("编码后摩尔斯码是：",password)`

2. 思路简析

"3-2-1.py"是支持字母的简易摩尔斯码编码器，其中字符串变量存储明文字符；列表变量存储和明文字符一一对应的摩尔斯码，即密文。

现要求应用元组设计程序，并增加对数字的支持，需要经过以下步骤：

（1）整理明文。

示例代码第 1 行，定义元组变量 plainText1 存储数字 0～9；

示例代码第 2 行，定义元组变量 plainText2 存储英文字母 a～z 和空格；

示例代码第 3 行，将元组 plainText1 和元组 plainText2 拼接合并成新的元组，赋值给变量 plainText；

这样就把明文数字和字母整理完毕，变量 plainText 成为包含数字、字母和空格的元组。

（2）整理密文。

示例代码第 4 行，定义列表变量 cipherText1 存储与元组 plainText 中数字、字母和空格一一对应的摩尔斯码；

示例代码第 5 行，使用 tuple( ) 函数将密文列表 cipherText1 的值转变为元组赋值给变量 cipherText；

这样密文变量 cipherText 成为包含和明文变量 plainText 中字符一一对应的摩尔斯码的元组。

（3）对应关系。

如图 3-3-1 所示，明文元组 plainText 和密文元组 cipherText 中相同索引位置的元素分别是明文字符和对应的摩尔斯码。

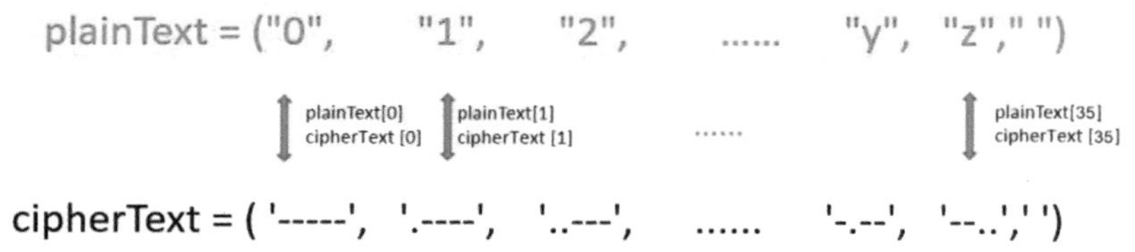

图 3-3-1　明文变量 plainText 和密文变量 cipherText 对应图

为了便于区分，需要以空格分隔每个字符。因为元组不可修改，不能添加元素，所以本例示例代码在整理明文和密文的过程中就已经在 plainText 和 cipherText 两个元组变量中添加了空格。

在做好了明文和对应密文的准备工作后：

（1）第 8 行代码使用 for 语句遍历文本信息字符串 signal，每次循环依次取得其中一个字符，例如第一个字符 h；

（2）第 9 行代码使用 index( ) 函数获取该字符在明文元组 plainText 中的索引赋值给变量 p，例如 index('h') 为 17；

（3）由于明文元组 plainText 和密文元组 cipherText 中相同位置的元素分别是字符和对应

的摩尔斯码，所以第 10 行代码中 cipherText[p]根据这个索引 p，在密文元组 cipherText 中读取元素值，即为对应的摩尔斯码。例如 cipherText[17]为 "...."；

（4）每次循环均把获取的摩尔斯码字符串拼接赋值给变量 password，最终将 "happy new year 2022" 成功编码，流程图如图 3-3-2 所示。

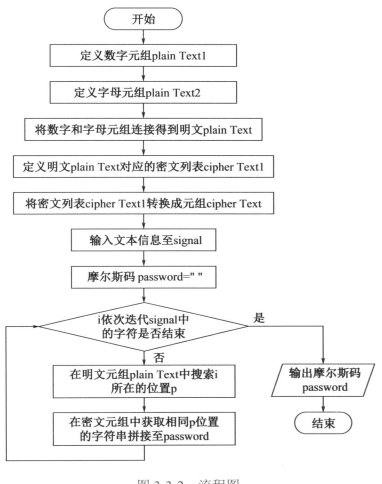

图 3-3-2　流程图

3.3.2　元组的定义与访问

1. 定义元组

元组是 Python 中内置有序不可变序列，是 Python 的基本数据结构之一。定义元组时，使用小括号( )将所有元素包括其中，各元素之间用逗号分隔。例子如图 3-3-3 所示。

与列表一样，元组也是序列，差别在于元组内的元素不能修改。如果说列表是一辆火车，可以自由调整车厢的位置和车厢内的人或物，那么元组就是一辆处处上锁的火车。元组这辆火车组装完毕后，既不能改变车厢的顺序，也不能改变车厢内原有的人或物。

同时，元组也是有序的，由于元组不可变，所以遍历元组的速度比列表要快。

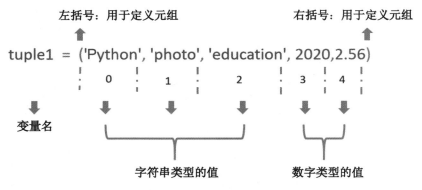

图 3-3-3　元组例子示意图

定义空元组可以使用[]或者 tuple( )两种方法，例如：

```
tuple1=( )              #定义变量 tuple1 为空元组
tuple2=tuple( )         #定义变量 tuple2 为空元组
print(type(tuple1))     #输出变量 tuple1 的类型
print(type(tuple2))     #输出变量 tuple2 的类型
```

输出结果：

```
<class 'tuple'>
<class 'tuple'>
```

2. 访问元组元素

如图 3-3-4 所示，每一节车厢都有车厢号，即为元组元素所在位置，称为索引或下标。在正向索引中，第一个索引为 0，第二个为 1，依此类推。通过索引可以获取该位置元组元素的值。

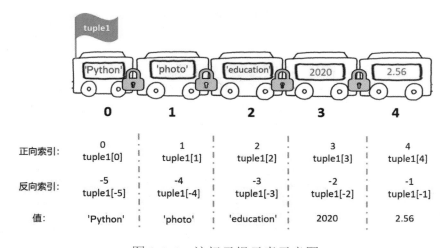

图 3-3-4　访问元组元素示意图

使用小括号( )可以创建一个元组变量，但是在对元组进行索引和切片的操作时候，还应使用中括号[ ]，格式如下：

元组名或元组变量名[索引]

如图 3-3-4 所示，例如：

```
tuple1 = ('Python', 'photo', 'education', 2020,2.56)
print ('tuple1[1]的值是: ', tuple1[1])
```

输出结果：

```
tuple1[1]的值是: photo
```

也可以采用反向索引，如图 3-3-4 所示，注意正向索引从零开始，不是 1；反向索引是到 -1 结束，不是 0，例如：

```
tuple1 = ('Python', 'photo', 'education', 2020,2.56)
print ('tuple1[-2]的值是: ', tuple1[-2])
```

输出结果：

```
tuple1[-2]的值是: 2020
```

3. 元组的遍历

元组属于有序序列，使用 for 循环可以遍历任何序列，因此可以使用一个变量逐一迭代遍历元组中的元素，语法格式如下：

for 变量 in 元组：

代码段

示例代码第 8 至 10 行使用 for 语句遍历了字符串变量 signal，依次获取 signal 中的每一个字符。同样使用 for 循环可以遍历元组：

例 1：

```
codes = ("P","y","t","h","o","n")
for i in range(len(codes)):
    print("逐行输出: ", codes[i])
```

得到结果：

```
逐行输出: P
逐行输出: y
逐行输出: t
逐行输出: h
逐行输出: o
逐行输出: n
```

例 2:

```
codes=('.-', '-...', '-.-.', '-..', '.', '..-.', '--.', '....', '..', '.---',
'-.-', '.-..', '--', '-.', '---', '.--.', '--.-', '.-.', '...', '-', '..-', '...-',
'.--', '-..-', '-.--', '--..')
for i in codes:
    print("逐行输出: ",i)
```

得到结果:

逐行输出: .-

......(省略)

逐行输出: -.--

逐行输出: --..

4. index( )方法

tuple.index(x, start=0, end=len(tuple))方法:查找指定对象,从元组中找出与查找对象第一个匹配项的索引位置并返回该索引位置,如果没有找到对象则抛出异常。

参数:

x:查找的对象

start:开始索引,缺省时默认为 0。

end:结束索引,缺省时默认为元组的长度。

例如:

```
tuple1 = ('Python', 'photo', 'education', 2020,2.56)
print(tuple1.index('photo'))
```

输出结果:

1

在本节示例代码的第 9 行 p=plainText.index(i),使用了 index( )方法查找变量 i 在元组 plainText 中的索引。

3.3.3　元组的常见操作

1. 元组的切片

元组是一个有序序列,元组的切片是截取元组中的一部分元素,参见第 "3.1.2 字符串的访问和切片",与字符串切片一样,格式为 sequence [start : end : step],遵循左闭右开原则。例如:

```
tuple1 = ('Python', 'photo', 'education', 2020,2.56)
print ('tuple1[0:2]的值是: ', tuple1[0:2])
print ('tuple1[2:]的值是: ', tuple1[2:])
print ('tuple1[-1]的值是: ', tuple1[-1])
```

输出结果：

```
tuple1[0:2]的值是：  ('Python', 'photo')
tuple1[2:]的值是：   ('education', 2020, 2.56)
tuple1[:-1]的值是：  ('Python', 'photo', 'education', 2020)
```

2. 元组的拼接

元组中的元素值不允许修改，但可以用"+"和"*"运算符对元组进行拼接。例如：

```
tuple1 = (1, 3, 5, 7, 9)
tuple2 = (2, 4, 6, 8, 10)
tuple3 = tuple1 + tuple2
tuple4 = tuple1 *3
print('拼接后的元组 tuple3: ', tuple3)
print('拼接后的元组 tuple4: ', tuple4)
```

输出结果：

```
拼接后的元组 tuple3: (1, 3, 5, 7, 9, 2, 4, 6, 8, 10)
拼接后的元组 tuple4: (1, 3, 5, 7, 9, 1, 3, 5, 7, 9, 1, 3, 5, 7, 9)
```

3. 删除元组

元组中的元素值不允许修改，因此不能删除元组中的元素，但是可以使用 del 语句删除元组，格式如下：

del　元组 或 元组名

例如：

```
tuple1 = (1, 3, 5, 7, 9)
del tuple1
```

3.3.4　元组的常用函数和方法

元组作为 Python 中常见的数据类型之一，虽然数据不能修改，但仍有着许多常用的函数与方法。

1. tuple( )函数

tuple( )函数能够将可迭代的序列转换为元组，如字符串、列表等。

例 1：

```
string1 = "123312435"
tuple1 = tuple(string1)
print(tuple1)
```

输出结果：

```
('1', '2', '3', '3', '1', '2', '4', '3', '5')
```

例 2：本例示例代码第 5 行 cipherText= tuple(cipherText1)中，tuple(cipherText1)将列表变量 cipherText1 的值转变为元组，然后赋值给变量 cipherText。

2. max( )和 min( )函数

max( )和 min( )函数分别返回对象的最大值和最小值，对于字符串、列表、字典和集合同样适用。例如：

```
tuple1 = (1,3,5,6.2,9,11,0.6)
print(max(tuple1))
print(min(tuple1))
```

输出结果：

```
11
0.6
```

3. len( )函数

与在列表中的使用方法一样，len( )函数可以用于统计元组的元素个数。例如：

```
tuple1 = (123, 'xyz', 'zara', '456, 'abc')
print(len(tuple1))
```

输出结果：

```
5
```

4. count( )方法

tuple.count( )方法可以返回指定值在元组中出现的次数，该方法在列表中同样适用。例如：

```
tuple = (1, 3, 7, 8, 7, 5, 4, 6, 8, 5)
n = tuple.count(5)
print(n)
```

输出结果：

```
2
```

 知识小结

1. 元组的定义、访问、切片与遍历。

2. 元组的拼接运算符。

3．元组的常用函数与方法：tuple( )、index( )、max( )、min( )、len( )和 count( )。

技能拓展

1．使用 type( )函数返回对象的数据类型，查看 tuple( )函数的作用，例如：

```
string1 = '123312435'
tuple1 = tuple(string1)
print('tuple1 的数据类型是：', type(tuple1))
```

输出结果：

```
tuple1 的数据类型是： <class 'tuple'>
```

<class 'tuple'>就是元组类型，可见 tuple( )函数将字符串 string1 的值转变成了元组。

2．使用 id( )函数返回对象在内存中的地址，对比列表，理解元组为不可变序列的含义，例如：

```
list1 = [1,2,3]
print('第一次得到 list1 的 id 值是：',id(list1))
list1[0]=6
print('第二次得到 list1 的 id 值是：',id(list1))
tuple1 = (1,2,3)
print('第一次得到 tuple1 的 id 值是：',id(tuple1))
tuple1 = (123)
print('第二次得到 tuple1 的 id 值是：',id(tuple1))
```

输出结果：

```
第一次得到 list1 的 id 值是： 1984104977088
第二次得到 list1 的 id 值是： 1984104977088
第一次得到 tuple1 的 id 值是： 1984104930176
第二次得到 tuple1 的 id 值是： 1984096917680
```

两次列表 list1 的 id 值相同，可见尽管列表 list1 被修改，但仍在原有的内存空间中。

两次元组 tuple1 的 id 值不相同，可见元组 tuple1 被重新赋值后，重新申请了内存空间，因此元组的不可变指的是元组原有内存空间的内容不可改变，如果需要改变元组的元素，只能申请新的内存空间。

3．阅读并运行以下代码，了解可迭代对象和迭代器对象。

```
a=(100,20,30,45,58)
print(dir(a)) #dir(a)返回一个列表，获取元组 a 可调用的属性和方法，内有__iter__( )方法
obj = iter(a) #iter(a)用于将可迭代对象元组 a 转换为迭代器，obj 意为迭代器对象
print(dir(obj))
#dir(obj)用于获取迭代器对象 obj 可调用的属性和方法，内有__iter__)和__next__( )方法
```

```
print(next(obj))
```

#此时输出 100。next(obj)用于访问迭代器对象 obj 的下一个数据项，并将迭代器指针向前移动一个位置

```
print(next(obj))
```

#此时输出 20。如果已经到达迭代器对象的末尾，那么调用 next(obj)将会抛出 StopIteration 异常

```
for i in a:
    print(i)
```

字符串、列表、元组以及后续介绍的集合、字典等都是可迭代对象（iterable），但不是迭代器对象（iterator），不能直接用于迭代器的操作，例如 next(a)不能获取下一个元素，需要 iter(a) 先将其转换为迭代器。

在"for i in a: print(i)"中，使用 for 循环遍历元组中的每一个元素，实质是在执行 for 循环时会调用元组 a 的__iter__( )方法以获取其迭代器对象，然后不断调用迭代器对象的__next__( )方法以获取下一个元素。

3.4　密码字典和集合

☞ 你将获取的能力：

能够理解键值对并定义字典；

能够遍历字典的键、值和键值对；

能够操作键值对，并掌握字典常用的函数与方法；

能够理解集合的定义和特点；

能够运用集合的特点删除重复元素。

3.4.1　案例：密码字典

在"3-3-1.py"程序的基础上，修改代码运用字典类型分别输出明文表、密文表和明文与密文对应表，运行资源包中的"3-4-1.py"程序，输出结果（因篇幅限制，将显示的明文表、密文表和对应表放在一起，并且部分结果用……表示省略）：

密码字典为：{'0': '-----', '1': '.----', '2': '..---', '3': '...--', '4': '....-', '5': '.....', '6': '-....', '7': '--...', '8': '---..', '9': '----.', 'a': '.-', 'b': '-...', 'c': '-.-.', 'd': '-..', 'e': '.', 'f': '..-.', 'g': '--.', 'h': '....', 'i': '..', 'j': '.---', 'k': '-.-', 'l': '.-..', 'm': '--', 'n': '-.', 'o': '---', 'p': '.--.', 'q': '--.-', 'r': '.-.', 's': '...', 't': '-', 'u': '..-', 'v': '...-', 'w': '.--', 'x': '-..-', 'y': '-.--', 'z': '--..', ' ': ' '}

```
0        -----      0-----
1        .----      1.----
```

2	..---	2	..---
3	...--	3	...--
4	....-	4	....-
……	……	……	
v	...-	v	...-
w	.--	w	.--
x	-..-	x	-..-
y	-.--	y	-.--
z	--..	z	--..

1. 示例代码

第 01 行　`plainText1 = ("0","1","2","3","4","5","6","7","8","9")`

第 02 行　`plainText2 = ("a","b","c","d","e","f","g","h","i","j","k","l",`
`"m","n","o","p","q","r","s","t","u","v","w","x","y","z"," ")`

第 03 行　`plainText = plainText1 + plainText2`

第 04 行　`cipherText1= ['-----', '.----', '..---', '...--', '....-', '.....',`
`'-....', '--...','---..', '----.','.-', '-...', '-.-.', '-..', '.',`
`'..-.','--.', '....', '..', '.---', '-.-', '.-..', '--', '-.', '---',`
`'.--.','--.-', '.-.', '...', '-', '..-', '...-',　　　　　'.--',`
`'-..-', '-.--', '--..',' ']`

第 05 行　`cipherText= tuple(cipherText1)`

第 06 行　`temp=zip(plainText,cipherText)`
　　　　　`#zip( )将 plainText、cipherText 的元素一一对应打包成元组`

第 07 行　`dict1 = dict(temp)`
　　　　　`#dict( )将临时变量 temp 的值(类型为 zip)转变为字典`

第 08 行　`print('密码字典为: ', dict1)`　　　　　　`#输出变量 dict1 的值, dict 意为字典`

第 09 行　`for key in dict1.keys( ):`　　　　　　`#输出明文, 变量名 key 意为键`

第 10 行　　　`print(key)`

第 11 行　`for value in dict1.values( ):`　　　　`#输出密文, 变量名 value 意为值`

第 12 行　　　`print(value)`

第 13 行　`for key,value in dict1.items( ):`　　`#输出明文和密文`

第 14 行　　　`print(key,value)`

2. 思路简析

示例代码第 1 行至第 5 行, 为 "3-3-1.py" 程序中的第 1 行至第 5 行代码, 完成了明文元组变量 plainText 和密文元组变量 cipherText 的定义, 两个变量之间相同位置的元素分别为明文字符和与其一一对应的摩尔斯码。

如图 3-4-1 所示，代码第 6 行中 zip( )函数将元组 plainText 和 cipherText 中的每个元素一一对应打包成元组，返回由这些元组组成的对象，赋值给临时变量 temp，此时临时变量 temp 的类型为 zip 型。

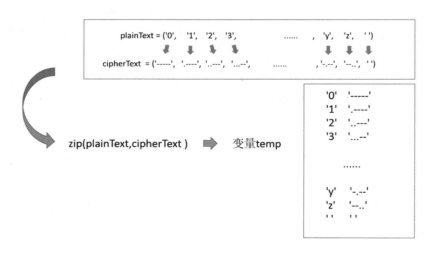

图 3-4-1   zip(plainText,cipherText)图解

然后代码第 7 行中 dict( )函数将变量 temp 的值转变为字典类型，赋值给字典变量 dict1。至此完成了将"3-3-1.py"中元组数据转变为字典类型。此时字典变量 dict1 中存储了明文字符和摩尔斯码，以及它们之间的映射关系。从代码第 8 行输出的密码字典可见一斑。

接下来是对字典变量 dict1 的各种遍历和输出：

代码第 9 行至第 10 行遍历字典变量 dict1 的键，输出明文。

代码第 11 行至第 12 行遍历字典变量 dict1 的键对应的值，输出密文。

代码第 13 行至第 14 行遍历字典变量 dict1 的每一项，一同输出明文和密文。

3.4.2　字典的定义

（1）字典（dict）也是 Python 常用的数据结构之一，它用于存放具有映射关系的数据，以键（key）和值（value）形成的键值对存储数据。

在每个键值对 key:value 中键 key 与对应值 value 用冒号":"分隔，各个键值对之间用逗号","分隔，整个字典包括在花括号 {} 中，创建字典的格式如下：

$$\text{dict} = \{\text{key1:value1, key2:value2,}\cdots\cdots\}$$

字典变量　　键　　值　　键　　值

例如：示例代码第 7 行 dict1 = dict(temp)，在字典变量 dict1 中存储了明文字符和摩尔斯码，以及它们之间的映射关系。代码第 8 行输出了字典变量 dict1 的值：

{'0': '-----', '1': '.----', '2': '..---', '3': '...--', '4': '....-', '5': '.....', ……（省略）, 'z': '--..', '':' '}

图 3-4-2 更为清晰地表示了 key 与 value 的映射关系。

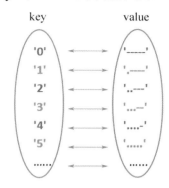

图 3-4-2　key 与 value 的映射关系

（2）定义空字典可以使用{}或者 dict( )两种方法，例如：

```
dict1={}                  #定义变量 dict1 为空字典
dict2=dict( )             #定义变量 dict2 为空字典
print(type(dict1))        #输出变量 dict1 的类型
print(type(dict2))        #输出变量 dict2 的类型
```

输出结果：

```
<class 'dict'>
<class 'dict'>
```

（3）字典的特点主要有以下 4 点。

① 不允许同一个键重复出现。创建字典时如果同一个键被赋值两次，则以最后一个赋值为准，即最后一个赋值会覆盖之前该键的值，例如：

```
dict1 = {'a': 1, 'b': 2, 'b': '3'}
print(dict1['b'])
print(dict1)
```

输出结果：

```
'3'
{'a': 1, 'b': '3'}
```

② 字典中键值对的值可以取任何数据类型，但键必须是不可变的数据，例如字符串，数字或元组，因此列表类型的元素不能够成为字典中的键。例如：

```
dict1 = {'姓名': ' Alice', 2000: '9102'}
```

③ 字典的键值对没有先后顺序关系，因而字典的存储是无序的。

④ 字典中键值对的值都需要用键进行取值，而不像字符串、列表、元组等序列可以用索

引来进行索引。

3.4.3　字典的访问与遍历

1. 字典的访问

与字符串、列表和元组等序列类型不同，字典作为映射类型数据结构，字典中键值对的值都需要用键获取与该键值对应的数据，也没有切片等读取数据的方法，取值格式如下：

字典名或字典变量名[键]

例如：

```
dict1 = {'姓名':'Bob','性别':'女','年龄':18}
print('年龄是: ', dict1['年龄'])
```

输出结果：
```
18
```

2. 字典的遍历

从示例代码第 9 行至第 14 行，可以看到字典的三种遍历方式。

（1）遍历字典中所有键值对中的键值，格式如下：

for 变量 in 字典或字典变量名.keys( ):
代码段

其中字典的 **dict.keys( )** 方法返回视图对象，内容为字典中每一个键值对中的键，使用 list(dict.keys( )) 可以获得这些值组成的列表。

例如：示例代码第 9 行至第 10 行

```
for key in dict1.keys( ):          #输出明文，变量名 key 为键的英文单词
    print(key)
```

（2）遍历字典中所有键值对中的值，格式如下：

for 变量 in 字典或字典变量名.values( ):
代码段

其中字典的 **dict.values ( )** 方法返回视图对象，内容为字典中每一个键值对中的值，使用 list(dict.values( )) 可以获得这些值组成的列表。

例如：示例代码第 11 行至第 12 行

```
for value in dict1.values( ):        #输出密文，变量名 value 为值的英文单词
    print(value)
```

（3）遍历字典中所有的键值对，格式如下：

for 变量 1，变量 2 **in** 字典或字典变量名.items( )：
　　代码段

其中字典的 **dict.items( )**方法返回视图对象，内容为字典中的每一个键值对，使用 list(dict.items( ))可以获得这些值组成的列表。

例如：示例代码第 13 行至第 14 行

```
         ┌─键 ┌─值
for key,value in dict1.items():    #输出明文和密文
         print(key,value)
```

注：dict.keys( )、dict.values ( )和 dict.items ( )返回的是字典的视图对象，意味着如果字典发生改变，视图对象也会随之改变。视图对象不是列表，不支持索引，只读，可以使用 list( )转换为列表。

应用字典的遍历就可以进一步完善示例代码，将其设计成为一个支持字母和数字的简易摩尔斯码编码器。在示例代码下方添加以下代码：

```
第 15 行    signal= input("请输入文本信息：")
第 16 行    password = " "
第 17 行    for i in signal:
第 18 行        for key, value in dict1.items( ):
第 19 行            if key==i:
第 20 行                password+=value + " "
第 21 行    print("编码后摩尔斯码是：",password)
```

可以运用字典的 get( )方法简化第 18 行至 20 行代码。

3. dict.get(key[, default=None]):

返回指定键的值，如果键不在字典中返回默认值 None 或者设置的默认值。

参数 key：字典中要查找的键。

参数 default：可缺省，如果指定键的值不存在时，返回该默认值。

因此简化代码为：

```
第 15 行    signal= input("请输入文本信息：")
第 16 行    password = " "
第 17 行    for i in signal:
第 18 行        password+=dict1.get(i) + " "
第 19 行    print("编码后摩尔斯码是：",password)
```

3.4.4 添加和修改字典的键值对

1. 添加键值对

（1）通过给新键赋值添加键值对。

例如：

```
dict1 = {'姓名':'Bob','性别':'女','年龄':18}
dict1['身高'] = 180
print('新字典 dict1：',dict1)
```

输出结果：

新字典 dict1：{'姓名':'Bob','性别':'女','年龄':18, '身高': 180}

（2）通过 update( )方法更新字典信息。

dict.update(dict2)：把字典 dict2 的键值对更新到字典 dict 里，没有返回值。更新时有两种情况：

① 有相同的键时：会使用字典 dict2 中该键对应的值。

② 有新的键时：会直接把字典 dict2 中的键值对添加到字典 dict 中。

例如：

```
dict1 = {'姓名':'Bob','性别':'女','年龄':18}
dict2 = {'年龄':20,'身高':180,'体重':60}
dict1.update(dict2)
print('新字典 dict1：',dict1)
```

输出结果：

新字典 dict1：{'姓名':'Bob','性别':'女','年龄':20, '身高':180,'体重':60}

2. 修改键值对

直接给键赋值即可修改键值对。

例如：

```
dict1 = {'姓名':'Bob','性别':'女','年龄':18}
dict1['年龄'] = 20
print('新字典 dict1：',dict1)
```

输出结果：

新字典 dict1：{'姓名':'Bob','性别':'女','年龄':20}

3. 删除键值对

（1）pop( )方法。

dict.pop(key[,default])方法：删除字典给定键 key 及对应的值，返回值为被删除的值。key 值必须给出，否则返回 default 值。

参数 key：要删除的键值。

参数 default：如果没有 key，返回 default 值。

例如：

```
dict1 = {'姓名':'Bob','性别':'女','年龄':18}
dict1.pop('性别')
print('新字典 dict1: ',dict1)
```

输出结果：

新字典 dict1: {'姓名':'Bob','年龄':18}

（2）del 语句。

使用 del 语句可以删除字典中完整的一个键值对，格式如下：

```
del  字典 或 字典名[键]
```

例如：

```
dict1 = {'姓名':'Bob','性别':'女','年龄':18}
del dict1['性别']
print('新字典 dict1: ',dict1)
```

输出结果：

新字典 dict1：{'姓名':'Bob','年龄':18}

（3）clear( )方法。

使用 dict.clear( )方法会删除字典中所有的键值对，返回一个空字典。

例如：

```
dict1 = {'姓名':'Bob','性别':'女','年龄':18}
dict1.clear( )
print('新字典 dict1: ',dict1)
```

输出结果：

新字典 dict1：{}

3.4.5 集合的定义与访问

1. 集合的定义

集合(set)中的元素无序并且不重复，是 Python 的基本数据结构之一。定义集合时，使用花括号{}将所有元素包括其中，各元素之间用逗号分隔。如图 3-4-3 所示。

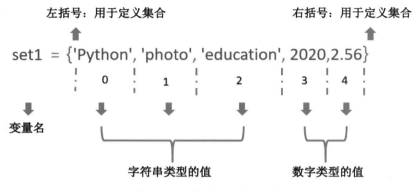

图 3-4-3 集合例子示意图

定义空集合不能使用{}，只能用 set( )创建，例如：

```
set1={}
set2=set( )                #定义变量 set2 为空集合
print(type(set1))          #输出变量 set1 的类型
print(type(set2))          #输出变量 set2 的类型
```

输出结果如下，可见 set1={}定义了一个空字典，而不是集合：

```
<class 'dict'>
<class 'set'>
```

2. 集合的特点

集合的特点：无序和不重复。

例如：

```
set1= {'Python','C','VB','Python',1,2,3,3,2,1}
print(set1)
```

输出结果：

```
{1, 2, 3, 'C', 'VB', 'Python'}
```

根据集合的特点，应用 set( ) 函数创建集合，即可除去字符串、列表或者元组中的重复元素。

set([iterable]) 函数：创建一个无序不重复元素集，返回新的集合对象，其中参数 iterable 可缺省，为可迭代对象。

例如：

```
list1=['Python','C','VB','Python',1,2,3,3,2,1]
set1=set(list1)          #使用 set( )函数将列表 list1 的值转变为集合类型
print('集合 set1: ',set1)
list1=list(set1)          #使用 list( )函数将集合 set1 的值转变为列表类型
print('新列表 list1: ',list1)
```

输出结果如下，可见已经除去重复元素：

集合 set1: {1, 2, 3, 'Python', 'VB', 'C'}

新列表 list1: [1, 2, 3, 'Python', 'VB', 'C']

3. 集合的遍历

因为集合具有无序的特点，所以不能采用索引访问集合中的元素。但是集合是可迭代对象，使用 for 循环可以遍历任何可迭代对象，因此可以使用一个变量逐一迭代遍历集合中的元素，语法格式如下：

for 变量 **in** 集合：
　　　代码段

例如：

```
plainText ={'0', '1', '2', '3', '4', '5', '6', '7', '8', '9', 'a', 'b', 'c',
'd', 'e', 'f', 'g', 'h', 'i', 'j', 'k', 'l', 'm', 'n', 'o', 'p', 'q', 'r', 's',
't', 'u', 'v', 'w', 'x', 'y', 'z', ' '}#定义集合变量 plainText，plainText 意为明文
for i in plainText:          #遍历集合 plainText
    print(i)                #输出集合中的元素
```

🎓 知识小结

1. 字典的定义与键值对。

2. 字典的三种遍历方式。

3. 访问、修改、增加和删除字典的键值对。

4. 字典的常用函数和方法：dict( )、keys( )、values( )、items( )和 get( )。

5. 集合的定义、访问与遍历。

📖 技能拓展

1. 字符串、列表、元组、字典和集合的异同

字符串、列表、元组、字典和集合的异同见表 3-4-1。

表 3-4-1　字符串、列表、元组、字典和集合的异同

类　　型	元素类型	元素可否重复	是否有序	初始化举例	可否读写	读取元素	读取元素举例
字符串（str）	字符	是	有序	'abc123'	读写	索引或切片	str1[2]
列表（list）	任意类型的对象	是	有序	[1, 'a']	读写	索引或切片	list1[1:]
元组（tuple）	任意类型的对象	是	有序	('a',1)	只读	索引或切片	tuple1[0]
字典（dict）	键值对（键不能重复）	否	无序	{'a':1, 'b':2}	读写	键	dict1['a']
集合（set）	任意类型的对象	否	无序	set([1,2])或{1,2}	读写	遍历或其他集合操作	for i in set1: 　print(i)

2. 阅读以下交互模式下的代码段，了解集合运算

程序代码段 1：

```
>>>set1 = {1,2,3,4,5}          #创建集合 set1
>>>set2 = {3,4,5,6,7}          #创建集合 set2
>>>result = set1 & set2        #"&"为交集运算
>>>print(result)
```

输出结果：

```
{3, 4, 5}
>>>result = set | set2         #"|"为并集运算
>>>print(result)
```

输出结果：

```
{1,2,3,4,5,6,7}
>>>result = set - set2         #"-"为差集运算
>>>print(result)
```

输出结果：

```
{1, 2}
>>>result = set ^ set2         #"^"为异或集运算，获取只在一个集合中出现的元素
>>>print(result)
```

输出结果：

```
{1, 2, 6, 7}
```

程序代码段 2：

```
# 如果 a 集合中的元素全部都在 b 集合中出现，那么 a 集合就是 b 集合的子集
# <= 检查一个集合是否是另一个集合的子集
# 如果集合 b 中含有子集 a 中所有元素，并且 b 中还有 a 中没有的元素，则 a 是 b 的真子集
# < 检查一个集合是否是另一个集合的真子集
>>>result = {1,2,3} <= {1,2,3}
```

```
>>>print(result)
```

输出结果：

```
True
>>> result = {1,2,3,4,5} <= {1,2,3}
>>>print(result)
```

输出结果：

```
False
>>>result = {1,2,3} < {1,2,3}
>>>print(result)
```

输出结果：

```
False
>>>result = {1,2,3} < {1,2,3,4,5}
>>>print(result)
```

输出结果：

```
True
```

4 词汇

4.1 列举法

变量名：

chicken['tʃɪkɪn] 鸡

rabbit['ræbɪt] 兔子

digit['dɪdʒɪt] 数字

unit['ju:nɪt] 单元，单独的

4.2 选择排序

变量名：

price[praɪs] 价格，价钱

max [mæks] 最大值

4.3 冒泡排序

sort[sɔ:t] 排序，分类

eval['i:vl] 评估，评价

变量名：

money ['mʌni] 钱

4.4 顺序查找法

变量名：

name [neɪm] 名称，名字

flag[flæg] 旗帜，标志旗

提示信息：

ValueError 数值错误（通常指函数中传入的参数值无效）

4.6 递推算法

变量名：

result [rɪ'zʌlt] 结果

第 **4** 章

程序算法

算法是指按一定规则解决某一问题的明确而有限的步骤，通俗来讲就是解决问题的方法和步骤。通常算法具有五个特征：确定性、有限性、输入项、输出项、可行性。掌握算法是软件工程师、计算机科学家工作的基本要求。有意识地锻炼算法思维，可以培养创新意识和实践能力，为解决生活中的难题提供更多的思路和方法，同时也将为今后的职业发展打下坚实的基础。

4.1 列举法

☞ 你将获取的能力：

能够判断能否用列举法解决问题；

能够通过循环变量构建循环或循环嵌套。

列举法又称为穷举法，算法思想是逐一列举问题所涉及的可能情况来寻找问题的解。常用于解决"是否存在"和"有多少种可能"的问题，例如密码破解、数学计算和图形搜索等问题。

算法过程：

1．确定问题中需要列举的对象或变量。

2．确定每个列举对象或变量的取值范围。

3．按照指定的顺序逐个列举并处理所有可能的情况。

4．对于每一个列举得到的结果，判断其是否符合问题的要求。

5．输出符合要求的解。

列举法通常以循环结构列举所有情况，应用场景一般具有两个特征：

1．问题所涉及的情况是有限的，例如列举 1.2 到 100.2 之间的整数。而列举 1.2 到 100.2 之间的所有数则是无限的、无法被列举的。

2．问题所涉及的条件可以定量描述，例如列出本班级身高超过 1.7 米的同学姓名。而列出班级性格活泼的同学姓名则具有不确定性（除非描述中有界定性格是否活泼的具体指标）。

4.1.1 案例 1：鸡兔同笼

鸡兔同笼问题最早在《孙子算经》中提出："今有雉兔同笼，上有三十五头，下有九十四足。问雉兔各几何？"意思是把鸡和兔放在同一个笼子里，上点头数有 35 个头，下点脚数有 94 只脚，问鸡和兔各有几只？

运行资源包中的"4-1-1.py"程序，输出结果：

鸡有 23 只，兔有 12 只。

1. 示例代码

```
第 01 行   for chicken in range(1,35):
第 02 行       rabbit=35-chicken
第 03 行       if 2*chicken+4*rabbit==94:
第 04 行           print("鸡有%d只，兔有%d只" %(chicken,rabbit))
第 05 行           break
```

2. 思路简析

该问题可以设想以鸡或兔的头数从 1 只、2 只、3 只……依次列举的方法看是否能够解决问题。结合列举法的两个特征，首先 35 个头，意味着以鸡或兔的头数从 1 只、2 只、3 只……依次列举的次数有限；其次该问题的满足条件是 35 个头，94 只脚，不论是否有解，但它是可以定量描述的，因此可以应用列举法求解。

4.1.2　列举法的代码实现

1. 以循环结构实现列举

这个代码段，以循环逐一列举各种情况，其中 chicken 为循环变量，代表鸡的数量。先分析鸡数量的取值范围，问题中鸡和兔放在同一个笼子里，上点头数有 35 个头，说明鸡最少有 1 只，最多有 34 只，即一共有 34 种可能。第一行代码 "for chicken in range(1,35):" 将循环变量 chicken 依次迭代。

由表 4-1-1 可见循环变量 chicken 依次迭代的值分别对应了这 34 种情况，实现列举。

表 4-1-1　鸡兔数量列举

各种情况	鸡的数量(只)	循环变量	兔的数量（只）	
第 1 种	1	chicken=1	rabbit=35-chicken=34	
第 2 种	2	chicken=2	rabbit=35-chicken=33	
第 3 种	3	chicken=3	rabbit=35-chicken=32	判断条件：鸡的脚数加兔的脚数共 94 只。
⋮	⋮	⋮	⋮	
第 34 种	34	chicken=34	rabbit=35-chicken=1	

2. 以条件控制找出可能情况并终止循环

循环体中 "rabbit=35-chicken" 根据每次鸡的数量得出兔子的数量，通过条件语句 "2*chicken+4*rabbit==94" 中 2*chicken+4*rabbit 计算脚的数量，一旦满足 "等于 94 只脚" 则输出结果并通过 break 语句跳出循环，当然如果没有满足条件，则 chicken 迭代为下一个值，继续循环，直至 chicken 迭代值为 34，所有情况列举完毕，循环结束。

程序流程图如图 4-1-1 所示。

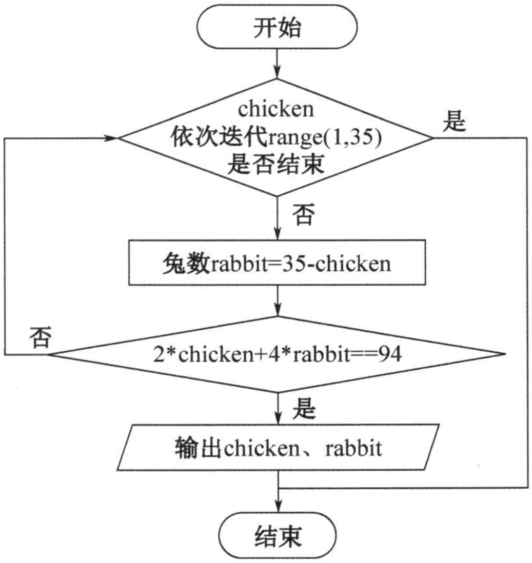

4.1.3　案例 2：开密码锁

图 4-1-1　鸡兔同笼程序流程图

某人恰逢自己生日（5 月 2 日）出门旅行，旅行箱上配了 6 位密码锁。到酒店时他忘记了密码的后两位，只记得前四个数是 1314（即 1314××），十位上的数字是奇数且密码能被 52 整除。请帮助他找回密码。

运行资源包中的 "4-1-3.py"，结果如下所示：

密码有可能是：131456

1. 示例代码

```
第01行 for tens in range(1,10,2):        #变量tens意为十位上的数字
第02行     for ones in range(10):        #变量ones意为个位上的数字
第03行         if (131400+tens*10+ones) % 52==0:
第04行             print("密码有可能是: ",131400+tens*10+ones)
```

2. 思路简析

该问题可以设想从 10、11、12、…、19，30、31、32、…、39，50、51、52、…、59，70、71、72、…、79，90、91、92、…、99，依次列举后两位的方法看是否能够解决问题。结合列举法的两个特征，首先仅后两位数字遗忘，意味着依次列举的次数有限；其次该密码能被 52 整除，这个条件是定量描述，因此可以应用列举法求解。

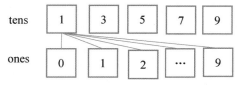

图 4-1-2　十位数和个位数的组合

3. 循环嵌套实现列举法的代码设计

定义变量 tens 表示十位上的数字，变量 ones 表示个位上的数字。如图 4-1-2 所示，十位数为奇数只有 1、3、5、7 和 9 共 5 种可能，对应每一个十位数，个位数都有 0 至 9 共 10 种可能。

根据图 4-1-2 列出表 4-1-2，以 tens 为循环变量建立外循环，以 ones 为循环变量建立内循环，可以列出两个变量所有取值的组合情况。通过 if 语句判断所有组合是否满足密码能被 52 整除，满足条件则输出结果。

表 4-1-2　十位数和个位数的各种组合

各 种 情 况	十 位 数	个 位 数	循环变量 tens、ones
第 1 种		0	tens=1；ones=0
第 2 种		1	tens=1；ones=1
第 3 种	1	2	tens=1；ones=2
⋮		⋮	tens=1；⋮
第 10 种		9	tens=1；ones=9
第 11 种		0	tens=3；ones=0
第 12 种		1	tens=3；ones=1
第 13 种	3	2	tens=3；ones=2
⋮		⋮	tens=3；⋮
第 20 种		9	tens=3；ones=9
第 21 至 30 种	5	⋮	tens=5；⋮
第 31 至 40 种	7	⋮	tens=7；⋮
第 41 至 50 种	9	⋮	tens=9；⋮

程序流程图如图 4-1-3 所示，for 循环和 while 循环都可以实现循环嵌套，在此运用 for 循环嵌套设计，代码参见示例代码。

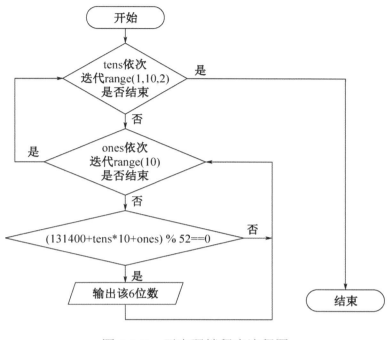

图 4-1-3　开密码锁程序流程图

思考

本例能否将变量 ones 作为外循环变量，而将变量 tens 作为嵌套其中的内循环变量？

知识小结

1．列举法的算法思想和算法过程。

2．列举法的两个特征：有限和可定性定量描述。

3．循环或循环嵌套的应用。

技能拓展

1．以下问题能否用列举法解决？能解决的请编写程序解决问题。

（1）小明同学今年 11 岁，他的妈妈今年 43 岁，多少年后妈妈的年龄是小明的 3 倍？

（2）猴子摘下若干个桃子，第一天吃了一半多一个。第二天又把剩下的桃子吃了一半多一个，以后每天都吃前一天的桃子的一半多一个，到第十天猴子想吃时，只剩下一个桃子。问：猴子第一天一共摘了多少个桃子？

（3）小明 17 岁生日时种了 3 棵树，以后每年过生日都去种树，而且每年都要比前一年多种 2 棵树，那么他多少岁可以种到或者超过 100 棵树？

（4）有一根长 600cm 的钢筋，需要截成长度为 69cm、39cm、29cm 三种规格的短料，在三种规格的短料至少各截 1 根的前提下，如何截取才能使所余下的材料最少？

2."水仙花数"是指一个三位数，其各位数字立方和等于该数本身。例如：$153=1^3+5^3+3^3$，因此 153 是一个"水仙花数"。请列出所有的水仙花数。

要点提示：

（1）可以在 for 循环中运用 range(100,1000)实现三位数的取值遍历。

（2）设法获取三位数中的个、十和百位上的数字。

4.2　选择排序

☞ 你将获取的能力：

能够理解最值算法；

能够理解选择排序算法流程；

能够应用列表嵌套。

中国诗词总决赛又称擂主争霸赛。在擂主争霸赛中，5 名选手作为挑战者依次与守擂擂主比拼，擂主守擂成功则继续与下一位挑战者对战，若守擂失败，则立新擂主，由新擂主与尚未参加比赛的挑战者比拼，直至所有挑战者都参加过比赛，此时的擂主为最终赢家。

最值算法通常是指计算一组数据中最大值或最小值的算法。算法思想为将第 1 个数据作为当前最大值（最小值），在依次和每个数据比较时，更新当前最大值（最小值），直到遍历完所有数据。该过程如同打擂台，将第 1 个数据作为擂主，其余数据依次和它比较，比它大（小）的数作为新擂主，剩余数据依次和新擂主比较，重复这个过程直至遍历所有数据，擂主即为最大值（最小值）。

算法过程：

1.初始化最大值（最小值）为一组数据中的第一个元素。

2.遍历各个数据，比较每个数据与当前最大值（最小值）的大小关系。

3.如果当前数据比当前最大值（最小值）大（小），则将当前数据设为最大值（最小值）。

4.重复步骤 2 和步骤 3，直到所有数据都被比较。

5.返回最大值（最小值）。

4.2.1　案例 1：最贵的价格——寻找擂主

近年来，人工智能、物联网、区块链等技术在我国得到广泛应用，推动着民用科技快速发展，为全球科技市场带来新的机遇和挑战。小金同学打算购买一个充电宝，他调研了一组国产品牌充电宝的相关数据，见表 4-2-1。

表 4-2-1　一组国产品牌充电宝的相关数据

商品名称	品　　牌	价格（元）	商　家　名　称	商品发货地
充电宝	华为	160	sy 旗舰店	深圳
充电宝	罗马仕	150	罗马仕数码旗舰店	上海
充电宝	品胜	178	品胜摩力鼎专卖店	深圳
充电宝	小米	168	小米数码专营店	深圳
充电宝	爱国者	180	爱国者数码专卖店	东莞

设计程序帮他找出表中最贵的充电宝价格是多少。

运行资源包中的"4-2-1.py"，结果如下所示：

最贵的充电宝价格为：180

1. 示例代码

```
第 01 行   price=[160,150,178,168,180]        #变量 price 为多种价格组成的列表
第 02 行   max=price[0]                        #变量 max 用于存储最贵的价格
第 03 行   for i in range(1,len(price)):
第 04 行       if price[i]>max:
第 05 行           max=price[i]
第 06 行   print("最贵的充电宝价格为：",max)
```

2. 思路简析

如同轮番打擂台寻找最大值。将第 1 个数据 160 作为擂主，如图 4-2-1 所示，第一轮比赛挑战者 150 比 160 小，则擂主不变；第二轮比赛挑战者 178 比 160 大，则擂主更新为 178；各个挑战者依次和当前擂主比较数值大小，直到遍历所有数据。

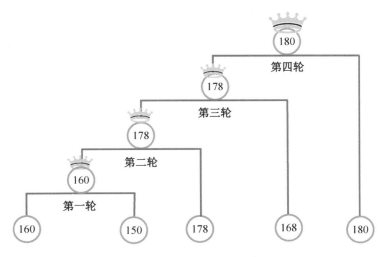

图 4-2-1　轮番打擂的过程

求最大值程序流程图如图 4-2-2 所示。

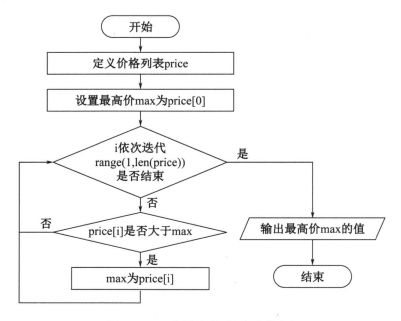

图 4-2-2　求最大值程序流程图

4.2.2　案例 2：价格排序——寻找每一轮的擂主

选择排序是一种简单直观的排序算法。算法思想是将待排序的序列分成已排序序列和未排序序列，每次从未排序序列中选择最小（或最大）的元素，和未排序序列的第 1 个元素交换位置后列入已排序序列，直到整个序列有序为止。

算法过程：

1．将原始序列视为未排序序列。

2．从未排序序列中找到最小（或最大）的元素，与未排序序列的第 1 个元素交换位置。然后将这个未排序序列中的第 1 个元素列入已排序序列，其余仍为未排序序列。

3．继续从未排序序列中找到最小（或最大）的元素，与未排序序列的第 1 个元素交换位置。

4．重复进行第 2、3 步，直到所有元素都有序为止。

找到最高价和最低价后，小金同学想对所有充电宝的价格降序排序，运行资源包中的"4-2-2.py"程序，结果如下所示：

价格降序：[180,178,168,160,150]

1. 示例代码

第 01 行　price = [160,150,178,168,180]　　　#变量 price 为多种价格组成的列表
第 02 行　for i in range(len(price)-1):　　　#循环轮数为列表元素的个数减 1

第 03 行　　　　x=i　　　　　　　　#变量 x 用于存储本轮擂主的索引，准擂主为本轮第 1 个元素

第 04 行　　　for j in range(i+1,len(price)):#寻找本轮擂主（最高价格）

第 05 行　　　　　if price[j]>price[x]:　　　#当元素的值大于本轮擂主时

第 06 行　　　　　　　x=j　　　#该元素成为本轮新擂主，变量 x 存储新擂主的索引

第 07 行　　　if x!=i:　　　#如果本轮擂主的索引发生变化，说明出现了新擂主

第 08 行　　　　　price[x],price[i]=price[i],price[x]#本轮第 1 个元素和新擂主互换

第 09 行　print("价格降序：",price)

2．思路简析

（1）选择排序算法分析。

将所有价格的数值定义为一个列表，一共 5 个元素，选择排序过程如图 4-2-3 所示。

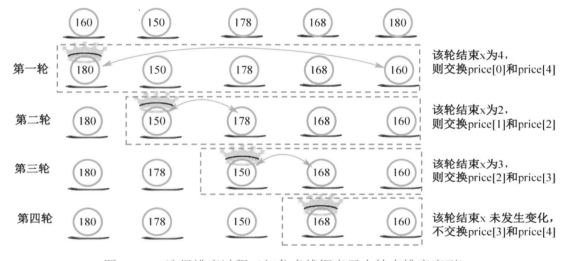

图 4-2-3　选择排序过程（红色虚线框表示本轮未排序序列）

寻找第一轮擂主： 当前尚未有已排序序列，未排序序列为 price[0]至 price[4]。

未排序序列中第 1 个元素 price[0]作为准擂主，变量 x 用于存储本轮擂主的索引，因此 x 为 0；

从 price[1]开始遍历列表，凡是有比准擂主 price[0]大的，则更新擂主的索引（x=j）；

如果擂主索引发生了变化（if x!=i），意味着出现了新擂主，那就将新擂主 price[x]和未排序序列中第 1 个元素 price[0]交换,从而将本轮新擂主存放于本轮未排序序列的第一个元素 price[0]中，之后 price[0]作为已排序序列，其余仍为未排序序列。

寻找第二轮擂主： 当前已排序序列为 price[0]，未排序序列为 price[1]至 price[4]。

本轮未排序序列的第一个元素 price[1]作为准擂主，变量 x 用于存储本轮擂主的索引，因此 x 为 1；

从 price[2]开始遍历列表，凡是有比准擂主 price[1]大的，则更新擂主的索引（x=j）；

如果本轮擂主索引发生了变化（if x!=i），意味着出现了新擂主，那将新擂主 price[x]和未排序序列中第 1 个元素 price[1]交换，从而将本轮新擂主存放于本轮未排序序列的第一个元素 price[1]中，之后 price[0]、price[1]作为已排序序列，其余仍为未排序序列。

寻找第三轮擂主：当前已排序序列为 price[0]至 price[1]，未排序序列为 price[2]至 price[4]。同上方法找出本轮未排序序列擂主存放于 price[2]中。

寻找第四轮擂主：当前已排序序列为 price[0]至 price[2]，未排序序列为 price[3]至 price[4]。同上方法找出本轮未排序序列擂主存放于 price[3]中。

至此列表中所有元素实现从大到小排序完毕。如果要从小到大排序，则每一轮寻找最小值作为擂主即可。

选择排序程序流程图如图 4-2-4 所示。

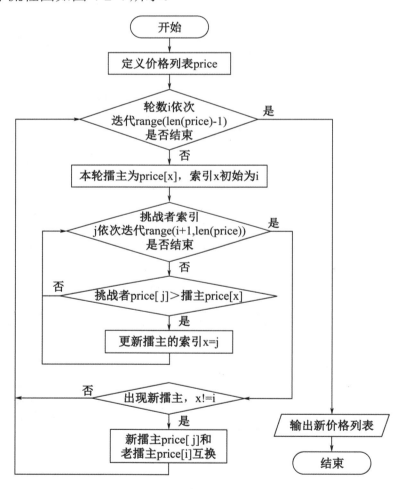

图 4-2-4　选择排序程序流程图

（2）代码设计。

上述分析中列表有 5 个元素，共需要 4 轮寻找擂主；经分析如果列表有 n 个元素，则需要(n-1)轮寻找擂主。将每一轮未排序序列的擂主存放于这轮未排序序列的第 1 个位置，这就构成了外循环。内循环则寻找本轮擂主。

4.2.3　案例 3：关联品牌信息的价格排序——寻找每一轮穿着盔甲的擂主

实现价格降序排序后，小金同学想同时显示与价格对应的充电宝品牌，了解各品牌充电宝价格之间的差异。

运行资源包中的"4-2-3.py"，程序运行结果如下：

[['爱国者', 180], ['品胜', 178], ['小米', 168], ['华为', 160], ['罗马仕', 150]]

1. 示例代码

第 01 行 price=[["华为",160],["罗马仕",150],["品胜",178],["小米",168],["爱国者",180]]
第 02 行 for i in range(len(price)-1):
第 03 行 　　　x=i　　　　　#变量 x 用于存储本轮擂主的索引，准擂主为本轮第 1 个元素
第 04 行 　　　for j in range(i+1,len(price)):
第 05 行 　　　　　if price[j][1]>price[x][1]:
第 06 行 　　　　　　　x=j
第 07 行 　　　if x!=i:
第 08 行 　　　　　price[i],price[x]=price[x],price[i]
第 09 行 print(price)

2. 思路简析

（1）设计思路。

只要在上一节价格排序基础上，将价格和品牌信息捆绑在一起就可以实现，如图 4-2-5 所示。

（2）实现方法——列表嵌套。

在列表中嵌套子列表，指的是列表的元素也是一个列表。

第 1 行示例代码：

price=[["华为",160],["罗马仕",150],["品胜",178],["小米",168],["爱国者",180]]

结合图 4-2-6 的（a）图，将所有品牌定义为一个列表，每个品牌定义为子列表。

如图 4-2-6 的（b）图所示这个大柜子如同 price 列表，每一层大抽屉如同 price 列表的一个元素，也是一个列表，称为子列表；这个大抽屉内有左右两个储物格，分别放置"品牌"和"价格"，如同子列表中的两个元素。例如 price 列表中第 1 个元素 price[0]为["华为",160]，price[0][0]为"华为"，price[0][1]为 160。

在这个大柜子中如果将大抽屉上下调换位置，则其中放置的"品牌"和"价格"也将一并随着大抽屉改变位置。

参照上一节选择排序算法进行价格排序，排序依据为 price[x][1]，排序对象则是 price[x]。

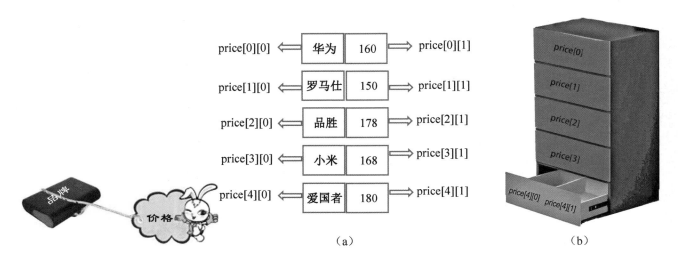

（a）　　　　　　　　　　　　（b）

图 4-2-5　捆绑在一起的　　　　　　图 4-2-6　列表嵌套
　　　价格和品牌信息

知识小结

1．最值算法的算法思想和算法过程。

2．选择排序的算法思想和算法过程。

3．列表与子列表。

技能拓展

4.2.3 的示例代码应用列表嵌套实现了价格和品牌的关联。Python 中的字典由一系列的键值对组成，每个键都与一个值相关联，每个键值对之间以逗号隔开。应用字典实现价格和品牌的关联，代码更易于理解，如图 4-2-7 所示。

第 01 行　price=[{"品牌":"华为","价格":160},{"品牌":"罗马仕","价格":150},{"品牌":"品胜","价格":178},{"品牌":"小米","价格":168},{"品牌":"爱国者","价格":180}]

第 02 行　for i in range(len(price)-1):

第 03 行　　　　x=i

第 04 行　　　　for j in range(i+1,len(price)):

第 05 行　　　　　　if price[j]["价格"]>price[i]["价格"]:

第 06 行　　　　　　　　price[i],price[j]=price[j],price[i]

第 07 行　print(price)

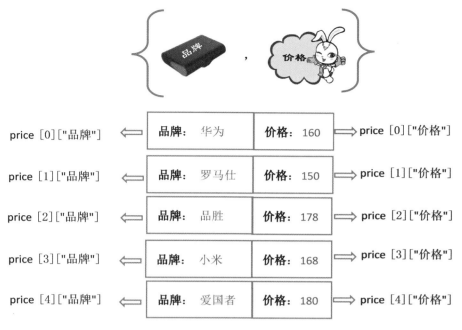

图 4-2-7　应用字典关联价格和品牌

要点提示：

（1）本例中列表元素的类型为字典。对每个充电宝创建了一个字典，每个字典都包含品牌和价格两个元素，当然还可以包含更多元素用于描述充电宝的其他信息。

（2）访问字典元素，例如 price 列表中第 1 个元素 price[0] 为{"品牌":"华为","价格":160}，price[0]["品牌"]为"华为"，price[0]["价格"]为 160。

2．参照 4.2.3 的示例代码，请思考如果小金同学想实现价格降序排序，同时查看该充电宝的发货地址信息，该如何设计代码。

4.3　冒泡排序

☞ 你将获取的能力：

能够理解冒泡排序的算法思想；

能够利用原理分析代码；

能够确定冒泡排序的循环控制变量；

能够确定循环控制变量的取值范围。

冒泡排序是一种简单的排序算法，算法思想是不断比较相邻数据，当前一个数据大于（小于）后一个数据时两者位置互相交换，反之则保持不变。最终越大（小）的数据会通过交换慢慢"下沉"到序列底端,越小(大)的数据会"浮"到序列顶端,如同碳酸饮料中的二氧化碳气泡上浮到顶端。

算法过程:

1．从未排序序列的起始位置开始,比较相邻的两个数据,如果前面的数据比后面的数据大,则交换它们的位置。

2．继续往后比较每一对相邻数据,重复执行第 1 步,直到把未排序序列中最后一个数据和倒数第二个数据比较为止。如此确保序列中最大的数据已经"下沉"到了当前未排序序列的最后一个位置,列入已排序序列。

3．重复上述过程,但只比较未排序序列中的数据,直到所有数据都被排序为止。

4.3.1 案例:乡村农业年产值排序——应用冒泡排序

青山、绿水、蓝天造就绿色生态,山间、田野、池塘共绘乡村美好愿景。2022 年浙江省淳安县农业总产值达到 41.40 亿元,年均递增 1.6%。茶叶、柑橘、有机鱼、蚕丝、无核柿、石笋干等都是各乡镇的优势产品。以王阜乡为例,2022 年该乡农业总产值为 2 亿元,各村农业年产值情况一览表见表 4-3-1。受篇幅所限,本例以表 4-3-1 中前 6 行的年产值数据为例讲解冒泡排序的实现过程。

表 4-3-1　王阜乡各村农业年产值情况一览表

序　号	乡村名称	年产值(百万元)	优势产品
1	郑中村	15	山核桃、茶叶
2	管家村	20	山核桃、覆盆子
3	长川村	9	山核桃、覆盆子
4	新畈村	14	无核柿、山核桃、覆盆子
5	柳塘村	10	蚕丝、山核桃
6	华坪村	12	柑橘、茶叶
7	王阜村	15.5	蚕丝、山核桃、覆盆子
8	马山村	17	山核桃、中药材、茶叶
9	胡家坪	7	山核桃、中药材
10	金家岙村	6	山核桃、茶叶
11	闻家村	14.5	山核桃、茶叶
12	金紫村	17.5	野菊花、中药材、茶叶
13	山川村	16.5	野菊花、中药材、茶叶
14	横路村	13.5	山核桃、中药材、茶叶
15	严家坪村	12.5	山核桃、中药材、覆盆子

运行资源包中的"4-3-1.py"，输出结果：

```
(冒泡排序)第 1 轮：  [15, 9, 14, 10, 12, 20]
(冒泡排序)第 2 轮：  [9, 14, 10, 12, 15, 20]
(冒泡排序)第 3 轮：  [9, 10, 12, 14, 15, 20]
(冒泡排序)第 4 轮：  [9, 10, 12, 14, 15, 20]
(冒泡排序)第 5 轮：  [9, 10, 12, 14, 15, 20]
年产值排序为：[9, 10, 12, 14, 15, 20]
```

1. 示例代码

第 01 行 money=[15,20,9,14,10,12]

第 02 行 n=len(money)

第 03 行 for i in range(n-1):

第 04 行 　　for j in range(n-1-i):

第 05 行 　　　　if money[j]>money[j+1]:

第 06 行 　　　　　　money[j],money[j+1]=money[j+1],money[j]

第 07 行 　　print("(冒泡排序)第",i+1,"轮：",money)

第 08 行 print("年产值排序为：",money)

2. 思路简析

（1）冒泡排序法分析（以升序为例）。

本次分析采用表 4-3-1 中前 6 行的年产值数据，将它们定义为一个列表。冒泡排序过程如图 4-3-1 所示。

第 1 轮：该列表为未排序序列，从第 1 个元素 j=0 开始逐一对比 money[j]和 money[j+1] 这两个相邻元素，如前一项大于后一项则交换位置，直到 money[4]和 money[5]比较完毕。第 1 轮结束将最大数 20 下沉到底端 money[5],形成新列表为[15, 9, 14, 10, 12, 20]。此时 money[5] 为最大数，列入已排序序列，未排序序列为 money[0]至 money[4]。

第 2 轮：再一次从未排序序列的第 1 个元素 j=0 开始逐一对比 money[j]和 money[j+1]这 两个相邻元素，如前一项大于后一项则交换位置，直到 money[3]和 money[4]比较完毕。第 2 轮结束将这轮中最大数 15 下沉到当前未排序序列的底端 money[4],形成新列表：[9, 14, 10, 12, 15, 20]。此时 money[4]作为本轮最大数，列入已排序序列，未排序序列为 money[0]至 money[3]。

第 3 轮：同上操作得到本轮最大数 14，下沉到当前未排序序列的底端 money[3]，形成新 列表：[9, 10, 12, 14, 15, 20]。此时 money[3]作为本轮最大数，列入已排序序列，未排序序列 为 money[0]至 money[2]。

第 4 轮：同上操作得到本轮最大数 12，下沉到当前未排序序列的底端 money[2]，形成新列表：[9, 10, 12, 14, 15, 20]。此时 money[2]作为本轮最大数，列入已排序序列，未排序序列为 money[0]至 money[1]。

第 5 轮：同上操作得到本轮最大数 10，下沉到当前未排序序列的底端 money[1]，形成新列表：[9, 10, 12, 14, 15, 20]。此时 money[1]作为本轮最大数，列入已排序序列，未排序序列只有 money[0]，排序结束。

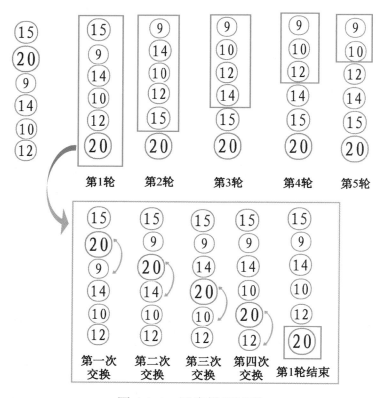

图 4-3-1　冒泡排序过程

冒泡排序程序流程图，如图 4-3-2 所示。

（2）代码设计（以升序为例）。

上述分析中列表中有 6 个元素，共需要 5 轮冒泡排序，经分析如果列表有 n 个元素，则需要 n-1 轮冒泡排序，这就构成了外层循环。

每一轮又需要依次比较相邻两个元素的大小，最终将本轮当前未排序序列的最大值下沉到未排序序列的底端，这就构成了内循环。因此冒泡排序需要运用双重循环实现。

本例中第 3 行代码 for 循环中循环变量 i 负责控制 5 轮外循环。第 4 行代码 for 循环中循环变量 j 负责控制本轮内循环，协同 range(n-1-i)确定了本轮参与比较的元素范围。第 4～7 行是内循环的循环体代码，实现在本轮未排序序列中将最大数下沉到未排序序列的底端。

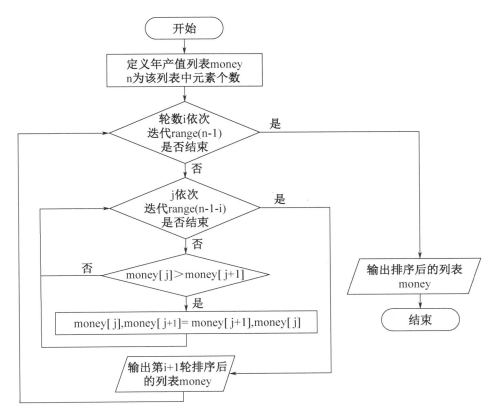

图 4-3-2　冒泡排序程序流程图

4.3.2　冒泡排序优化

观察"4-3-1.py"的运行结果，发现在第 3 轮时排序实际已经完成，后面的几轮排序，列表中各元素的顺序没有变化。改进方法：如果发现在某一轮排序中，一次交换也没有发生，说明已经排序完成，即可跳出循环。因此引入了一个状态标志变量 flag，每轮排序开始赋值为 True，一旦排序中发生元素交换，则 flag 被设置为 False。程序在 1 轮排序后如果 flag 仍为 True，则说明本轮排序一次交换也没有发生，直接跳出外层循环，排序结束。

修改代码如下：

```
第 01 行  money=[15,20,9,14,10,12]
第 02 行  n=len(money)
第 03 行  for i in range(n-1):
第 04 行      flag=False
第 05 行      for j in range(n-i-1):
第 06 行          if money[j]>money[j+1]:
第 07 行              money[j],money[j+1]=money[j+1],money[j]
第 08 行              flag=True
第 09 行      print("(调试信息)第",i+1,"轮：",money)
第 10 行      if not flag:
第 11 行          break
第 12 行  print("年产值排序为：",money)
```

知识小结

1. 冒泡排序的算法思想和算法过程。

2. 冒泡排序的代码优化。

技能拓展

Python 的内置函数 sorted( )和方法 sort( )

用 sorted( )函数对本节案例中 15 个村农产品年产值数据进行排序，代码如下：

第 01 行 money=[15,20,9,14,10,12,15.5,17,7,6,14.5,17.5,16.5,13.5,12.5]
第 02 行 b=sorted(money) #默认为升序，若 b=sorted(money, reverse=True) 则为降序排列
第 03 行 print(b)

运行程序 sorted.py，输出结果：

```
[6, 7, 9, 10, 12, 12.5, 13.5, 14, 14.5, 15, 15.5, 16.5, 17, 17.5, 20]
```

用 sort( )方法对本节案例中 15 个年产值数据进行排序，代码如下：

第 01 行 money= [15,20,9,14,10,12,15.5,17,7,6,14.5,17.5,16.5,13.5,12.5]
第 02 行 money.sort( )
        #默认为升序，money.sort(reverse=True) 为降序排列，
        money.sort(reverse=False) 则为升序排列
第 03 行 print(money)

运行程序 sort.py，输出结果：

```
[20, 17.5, 17, 16.5, 15.5, 15, 14.5, 14, 13.5, 12.5, 12, 10, 9, 7, 6]
```

要点提示：

（1）方法 sort( )与内置函数 sorted( )的区别：

1）sort( )是应用在列表的方法，sorted( )是可以对所有可迭代的对象进行排序操作的函数。

2）列表的 sort( )方法对列表进行操作，内置函数 sorted( )则不对原数据进行操作，本例中返回一个新的列表。

（2）sorted( )的语法格式：

```
sorted(iterable, key=None, reverse=False)
```

参数说明：

iterable：可迭代对象。

key：指定可迭代对象中的一个元素进行排序。

reverse：指排序规则，其中 reverse=True 为降序，reverse=False 为升序（默认）。

例如：应用 sorted( )函数实现本节各乡村名称和年产值按照年产值降序排列，代码如下：

第 01 行　money=[["郑中村",15],["管家村",20],["长川村",9],["新畈村",14],["柳塘村",10],["华坪村",12],["王阜村",15.5],["马山村",17],["胡家坪",7],["金家岙村",6],["闻家村",14.5], ["金紫村",17.5],["山川村",16.5],["横路村",13.5],["严家坪村",12.5]]

第 02 行　b=sorted(money,key=lambda info:info[1],reverse=True)

第 03 行　print(b)

运行程序，输出结果：

[['管家村', 20], ['金紫村', 17.5], ['马山村', 17], ['山川村', 16.5], ['王阜村', 15.5], ['郑中村', 15], ['闻家村', 14.5], ['新畈村', 14], ['横路村', 13.5], ['严家坪村', 12.5], ['华坪村', 12], ['柳塘村', 10], ['长川村', 9], ['胡家坪', 7], ['金家岙村', 6]]

注：lambda 是 Python 语言中的一个关键字，用于定义一个匿名函数。本例中 lambda 表达式被用作 sorted( )函数的 key 参数，告诉函数对每个子列表按照第二个元素进行排序。

4.4　顺序查找法

☞ 你将获取的能力：

能够理解顺序查找法的算法思想和算法过程；

能够运用顺序查找法解决问题。

查找是指在大量的信息中寻找一个特定的信息。顺序查找法也称为线性查找法，是一种简单的查找算法，适用于对未排序或已排序的序列进行查找。其算法思想是从头到尾逐个查找与要查找的数据相等的数据。

算法过程：

1. 从第一个数据开始，逐个将每个数据与要查找的数据进行比较，直到找到与它相等的数据或查找完所有数据为止；

2. 如果查找完所有数据还没有找到与要查找的数据相等的数据，则给出查找不到的结论。

4.4.1　案例：查询客户是不是会员——应用顺序查找法

输入客户姓名，应用顺序查找法，在会员列表中查找并输出其是否为会员，运行资源包中的 "4-4-1.py" 程序，根据提示输入王一凡，输出结果：

['刘炳晨','黄心乐','吴庆','王一凡','张洪伟']

请输入要查找的客户姓名：王一凡

王一凡是会员，在会员列表中第 3 个位置

再次运行程序，根据提示输入吴庆乐，输出结果：

['刘炳晨','黄心乐','吴庆','王一凡','张洪伟']

请输入要查找的客户姓名：吴庆乐

信息不存在，不是会员。

1. 程序代码

第 01 行　list=['刘炳晨','黄心乐','吴庆','王一凡','张洪伟']

第 02 行　print(list)

第 03 行　flag=0　#初始化标志变量 flag 为 0

第 04 行　name=input('请输入要查找的客户姓名：')

第 05 行　for i in range(len(list)):#利用 for 循环遍历该列表，实现顺序查找。

第 06 行　　　if name==list[i]:

第 07 行　　　　　print('{0}是会员，在会员列表中第{1}个位置'.format(name,i))

第 08 行　　　　　flag=1　　　　　　　#此时列表中找到输入的客户姓名，故将 flag 赋值为 1

第 09 行　　　　　break　　　　　　　#若找到该客户姓名，则跳出循环

第 10 行　if flag==0:

第 11 行　　　print('信息不存在，不是会员。')

2. 思路简析

这里对列表的遍历是一种顺序遍历，把列表 list 看成一列火车，那么顺序查找的过程就像沿着火车车厢一节一节地找人，如图 4-4-1 所示。例如查找客户"王一凡"，就沿着火车（列表 list）的每节车厢（每个元素），从第 0 号车厢（list[0]）开始，依次判断每节车厢（每个元素）中的人（值）是否是"王一凡"。

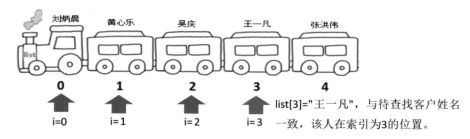

图 4-4-1　顺序查找的过程

列表是一种有序序列，对有序序列的遍历可以通过 for…in…语句实现，例如示例代码第 5 行，其中 len(list)函数可以获得列表的长度即列表中的元素个数，本例中的列表 list 有 5 个元素，len(list)值为 5。查看每一节车厢时都比对一下车厢中的人是不是要找的人，只要在 for

循环体内添加 if 语句进行判断即可。

程序流程图如图 4-4-1 所示。

顺序查找法的优点是数据在查找前不需要进行任何的处理与排序，缺点是查找速度较慢。例如本例中如果要找客户"刘炳晨"，则只需 1 次比较；如果要找的客户姓名不在列表中，则需要对列表中的每个数据进行比较，列表中元素数量越大，比较的次数也就越多，因此顺序查找法是一种适用于数据量较少的查找方法。

4.4.2　index( )与 find( )方法

在列表中查找元素可以通过 index( )方法实现，如果能找到该元素则返回值为查找对象的索引位置，如果没有找到则抛出异常。

例 1：

第 01 行　list=['刘炳晨','黄心乐','吴庆','王一凡','张洪伟']

第 02 行　print(list.index('王一凡'))　#结果 3

第 03 行　print(list.index('王凡'))
　　　　　#报错：ValueError: '王凡' is not in list

运行程序，输出结果：

3
ValueError: '王凡' is not in list

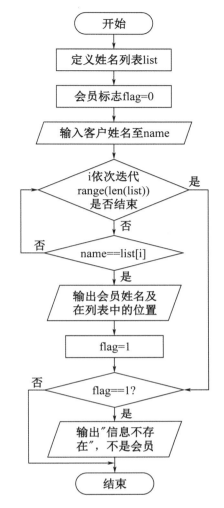

图 4-4-1　顺序查找法流程图

在字符串中查找子字符串可以通过字符串的 find( )方法实现。如果找到子字符串，则返回开始的索引，否则返回-1。

例 2：

第 01 行　str='python'

第 02 行　char=input('请输入待查字母:')

第 03 行　print(str.find(char))

运行程序，输出结果：

请输入待查字母:t
2

例 3：

第 01 行　str='刘炳晨,黄心乐,吴庆,王一凡,张洪伟'

第 02 行　print(str.find('王一凡'))

第 03 行　print(str.find('王凡'))

运行程序，输出结果：

```
11
-1
```

需要注意 index( )与 find( )并不是以顺序查找的方式实现的。表 4-4-1 是遍历与查找相关方法的对比。

表 4-4-1　遍历与查找相关方法的对比

	for...in...语句遍历	查找并返回索引
字符串	√	find( )、index( )方法
列表	√	index( )方法
元组	√	index( )方法
集合	√	×
字典	√	×

知识小结

1．顺序查找法的算法思想和算法过程。

2．用 for...in...循环结构实现顺序查找。

3．index( )方法与 find( )方法的使用。

技能拓展

根据以下客户列表 book 设计程序，实现输入客户姓名即可查询此客户电话的功能。

book=[['刘炳晨','13335671567'],['黄心乐','13678123567'],['吴庆','15167825168'],['王一凡','15168284062'],['张洪伟','18612784536']]

运行程序，根据提示输入王一凡，输出结果：

请输入客户姓名：王一凡

王一凡客户电话是：15168284062

再次运行程序，根据提示输入王凡，输出结果程序：

请输入客户姓名：王凡

客户不在列表中

参考代码：资源包中的"查询客户电话.py"程序。

```
第 01 行   book=[['刘炳晨','13335671567'],['黄心乐','13678123567'],
            ['吴庆','15167825168'],['王一凡','15168284062'],
            ['张洪伟','18612784536']]
第 02 行   name=input('请输入客户姓名:')
第 03 行   flag=0
第 04 行   for i in range(len(book)):
第 05 行       if name== book [i][0]:
第 06 行           flag=1
第 07 行           phone= book [i][1]
第 08 行   if flag==1:
第 09 行       print('{0}客户电话是：{1}'.format(name,phone))
第 10 行   else:
第 11 行       print('客户不在列表中')
```

4.5　二分查找法

☞ **你将获取的能力：**

能够理解二分查找法的算法思想和算法过程；

能够应用二分查找法解决问题。

二分查找法也称为折半查找法，算法思想是基于分治思想，在有序序列中查找指定数据，将有序序列分成左右两半的两个子序列来递归地查找目标数据所在的位置，每次将目标数据与当前子序列中间位置的数据进行比较，以确定接下来要搜索的子序列。

算法过程：

1．将该序列升序（降序）排列成为有序序列；

2．初始化查找区域的左边界 left 和右边界 right 分别为第一个数据和最后一个数据的位置；

3．当 right>=left 时，执行以下步骤：

（1）计算中间位置 mid：mid = (left + right) // 2；

（2）若目标数据等于中间位置的数据，则返回该位置，结束查找；

（3）若目标数据小于中间位置的数据，则在左半部分继续查找，即将 right 更新为 mid-1；

（4）若目标数据大于中间位置的数据，则在右半部分继续查找，即将 left 更新为 mid+1。

4．当 right<left 时，则已遍历所有数据，仍未找到目标数据，提示找不到该数据。

4.5.1 案例：查找列表中的数字——应用二分查找法

已知列表 list 为[10,4,15,2,6,8,14,12,16,18,20]，输入任意数字，运用二分查找法在列表中查找并返回查找结果。运行资源包中的"4-5-1.py"程序，根据提示输入 8，输出结果：

```
排序后的列表为[2, 4, 6, 8, 10, 12, 14, 15, 16, 18, 20]
请输入要查找的数：8
找到该数，在列表中第 4 个位置
```

再次运行程序，根据提示输入 9，输出结果：

```
排序后的列表为[2, 4, 6, 8, 10, 12, 14, 15, 16, 18, 20]
请输入要查找的数：9
找不到该数
```

1. 示例代码

第 01 行　`list=[10, 4, 15, 2, 6, 8, 14, 12, 16, 18, 20]`

第 02 行　`listsort=sorted(list)`　　　　　　#对列表中的值按从小到大的顺序进行排序

第 03 行　`print('排序后的列表为{}'.format(listsort))`

第 04 行　`findvalue=eval(input('请输入要查找的数：'))`

第 05 行　`left=0`　　　　　　　　　　#left 为查找区域的左边界的位置（索引）

第 06 行　`right=len(listsort)-1`　　　　#right 为查找区域的右边界的位置（索引）

第 07 行　`while right>=left:`

第 08 行　　`mid=(left+right)//2`　　　　#mid 为查找区域中间位置（索引）

第 09 行　　`if listsort[mid]==findvalue:`

第 10 行　　　`print('找到该数，在列表中第{0}个位置'.format(mid+1))`

第 11 行　　　`break;`

第 12 行　　`elif listsort[mid]>findvalue:`

#中间值大于目标数，说明应在中间值的左边查找，于是将区域的右边界 right 设置为 mid-1

第 13 行　　　　`right=mid-1`

第 14 行　　`else:`

#中间值小于目标数，说明应在中间值的右边查找，于是将区域的左边界 right 设置为 mid+1

第 15 行　　　　`left=mid+1`

第 16 行　`if right<left:`　　　　　　#右边界的位置小于左边界的位置则表示找不到该数

第 17 行　　`print('找不到该数')`

2. 思路简析

（1）什么是二分查找法？

首先看下方猜数游戏的猜数过程。甲乙两人一组，乙在 0～100 之间选择一个整数数字，请甲猜，每次给出大了或者小了的提示，直至甲猜到数字。

例如甲出一个整数 56，让乙猜这个数，猜数过程如图 4-5-1 所示。

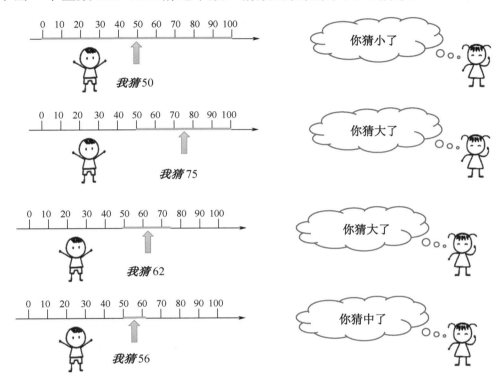

图 4-5-1　猜数过程示意图

从图中数轴上红色段标记的变化可以看到，每次根据乙的提示，甲都能缩小猜测范围，其中奥妙在于数轴上的数字从左到右升序排列；从图中数轴的蓝色箭头标记可以看到，乙每次都只猜新范围内的中间位置的数字。因此二分法的本质特征就是排序、缩小范围，只猜中间数。

（2）在示例代码中：

① 第 2 行利用 sorted( ) 函数对列表进行升序排序。

② 第 5、6 行定义查找区间左右边界的索引位置。

③ 第 7 行到第 15 行利用 while 循环和 if 选择语句实现二分查找。其中第 8 行获取中间位置数据的索引位置，在第 9、12、14 行中将得到的中间位置的数据和要查找的数据进行比较，相等则输出结果，不相等则改变查找范围。

4.5.2 二分查找法的实现过程

已经升序排序的列表，数据从左到右越来越大。示例代码第 5、6 行定义了查找区间左右边界的位置（索引）。第 8 行 mid=(left+right)//2 可以获取中间数据的位置（索引）。

假设要找的目标数为 8，结合程序流程图，查看整个二分查找法的实现过程：

步骤 1：如图 4-5-2 所示，初始 left=0,right=10,因 right >= left 则 mid 取两者中间，mid=（left+right）//2=（0+10）//2=5

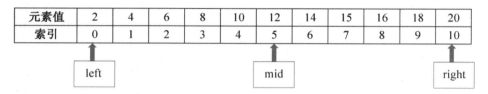

图 4-5-2　二分查找步骤 1

步骤 2：此时获得的中间数为 listsort[mid]即 listsort[5]=12，大于目标数 8，因此目标数只会在中间数的左边。于是 right=mid-1=4，接下来的查找区域就确定为索引 0 到 4 的区域，此时 left=0,right=4,mid=（left+right）//2=(0+4)//2=2，中间数 listsort[mid]=listsort[2]=6，如图 4-5-3 白色区域所示。

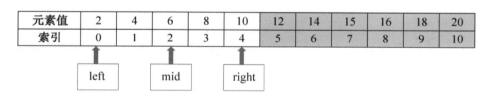

图 4-5-3　二分查找步骤 2

步骤 3：由于中间数为 6，小于目标数 8，因此目标数只会在中间数的右边。于是 left=mid+1=2+1=3,接下来的查找区域就确定为索引 3 到 4 的区域,如图 4-5-4 白色区域所示。此时 left=3, right=4,mid=(left+right)//2=(3+4)//2=3，即中间位置与 left 重叠，中间数 listsort[mid]=listsort[3]=8，与目标数 8 相等，即找到目标数 8，输出这个元素的索引 3，退出循环，结束查找。

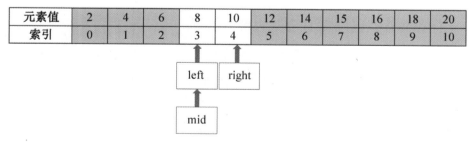

图 4-5-4　二分查找步骤 3

假如目标数为9，至此还会发生什么情况呢？

此时中间数 listsort[mid]=listsort[3]=8，比目标数 9 小，目标数只会在中间数的右边。于是 left=mid+1=3+1=4，即中间位置、left、right 三者重叠，接下来的查找区域就确定为索引 4 的区域，如图 4-5-5 白色区域所示。

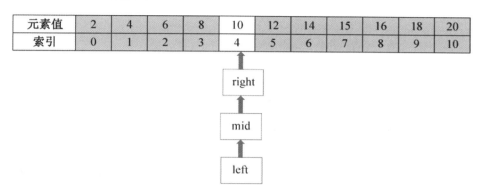

图 4-5-5　假如目标数为 9，此时 mid=right=left=4

此时 left=4,right=4,因 right>=left,mid=(left+right)//2=(4+4)//2=4，中间数 listsort [mid]= listsort[4]=10，

中间数 10 大于目标数 9，虽然人为可判断已经没有可以查找的数据了，但是程序不知道，程序继续判断目标数一定在中间数的左边，于是调整右边界，right=mid-1=3，如图 4-5-6 所示。

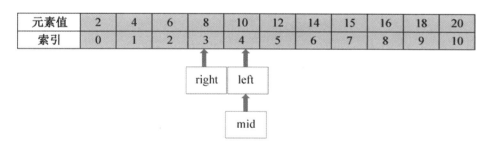

图 4-5-6　假如目标数为 9，此时 right=3,mid=left=4

此时 right=3，mid=left=4，因 right<left，退出循环，结束查找，程序提示找不到该数。

二分查找法的程序流程图如图 4-5-7 所示，有两种情况可以终止查找：

1．找到目标数，例如示例代码第 9 至 11 行；

2．当查找范围的左右边界相互越过对方时，表示已经查找完所有数据仍找不到数据。因无法预计需要的循环次数，故采用 while 循环结构，例如示例代码第 7 行。

二分查找法的优点是比较次数少，查找速度快，缺点是要求待查序列为有序序列，并且插入或删除操作较难，因此适用于不经常变动而查找频繁的有序序列。

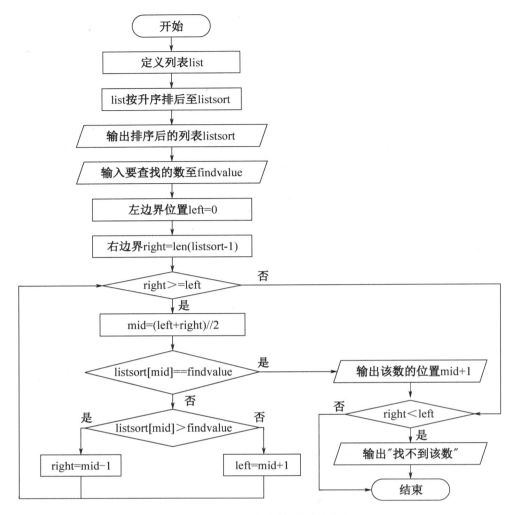

图 4-5-7　二分查找法流程图

 知识小结

1. 二分查找法的算法思想和算法过程。

2. 用 while 循环结构实现二分查找法。

3. sorted( )的使用。

技能拓展

应用二分查找法模拟实现用户登录界面功能。输入用户名和密码，并判断是否正确，均正确则输出"欢迎登录"，否则给出错误提示。运行资源包中的"login.py"程序，运行结果如下所示：

用户名输入错误，运行效果如下：

```
请输入用户名：jelly
请输入密码：quq
```

该用户名不存在

用户名正确、密码错误，运行效果如下：

请输入用户名：lucy

请输入密码：quq

密码输入错误

用户名和密码均正确，运行效果如下：

请输入用户名：lucy

请输入密码：wuq

欢迎登录

程序代码

```
第 01 行  list=[['jack','liubc'],['rose','huangxl'],['lucy','wuq'],
         ['jerry','wangyf'],['dave','zhanghw']]
         #jack、rose、lucy、jerry、dave 五位用户的用户名和密码列表
第 02 行  listsort=sorted(list,key=lambda info:info[0],reverse=False)
         #将列表按照用户名降序排序
第 03 行  name=input("请输入用户名：")
第 04 行  pwd=input("请输入密码：")
第 05 行  left=0
第 06 行  right=len(listsort)-1
第 07 行  while right>=left:
第 08 行      mid=(left+right)//2
第 09 行      if listsort[mid][0]==name:
第 10 行          break;
第 11 行      elif listsort[mid][0]>name:
第 12 行          right=mid-1
第 13 行      else:
第 14 行          left=mid+1
第 15 行  if right<left:
第 16 行      print("该用户名不存在")
第 17 行  else:
第 18 行      if listsort[mid][1]!=pwd:
第 19 行          print("密码输入错误")
第 20 行      else:
第 21 行          print("欢迎登录")
```

4.6 递推算法

☞ 你将获取的能力：

能够理解递推的概念；

能够建立简单的递推公式；

能够确定递推算法中的初始条件和结束条件。

递推算法是一种基于已知条件推导出未知量的算法，广泛应用于计算机科学、数学、物理等领域中。算法思想是一种逐步推演的思想，通过定义初始条件和递推公式，在已知的条件下，依次计算得到未知的数值或变量。

算法过程：

1. 定义初始条件：确定问题的起点，即已知的数值或变量。

2. 设定递推公式：根据问题描述，找到递推的规律，并将其表示为一组数学公式。

3. 进行递推计算：利用递推公式，从初始条件开始，逐步计算得到后续的数值或变量。

4. 判断是否满足终止条件：当计算到一定程度时，需要判断是否已经得到了所要求的结果，如果满足终止条件，则停止递推计算，输出结果；否则，返回到第三步，继续进行递推计算，直到满足终止条件为止。

4.6.1 案例1：求阶乘（递推版）

输入任意一个整数，运用递推算法求出该数的阶乘值。运行资源包中的"4-6-1.py"程序，运行结果如下所示：

```
请输入一个整数：5
5!=120
```

1. 示例代码

```
第 01 行   n=eval(input("请输入一个整数："))
第 02 行   result=1
第 03 行   if n!=0:
第 04 行       for i in range(1,n+1):
第 05 行           result=i*result
第 06 行   print("{0}!={1}".format(n,result))
```

2. 思路简析

（1）**初始状态**：由于 1！=1，第 2 行代码 result=1 成为递推的起点，也就是初始状态。

（2）**确立终点**：第 1 行和第 4 行代码则确立了递推的终点。

（3）**构建递推关系式**：

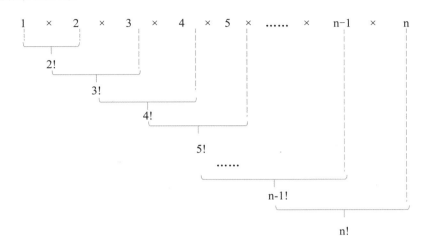

图 4-6-1　递推关系式

结合图 4-6-1 可见：

1！=1

2！=1！*2

3！=2！*3

4！=3！*4

5！=4！*5

......

可以得到递推关系式：

$$n！=(n-1)！*n \quad 其中 n>=2，1!=1$$

（4）**构建循环体。**

1）**寻找公共结构**

为了进一步探索每次递推运算中的相同操作，整理 n！的运算过程如图 4-6-2 所示。

图 4-6-2 中的虚线框①、虚线框②、虚线框③、虚线框④……依次清晰地呈现了递推运算的过程，而且每一个虚线框内的图形结构完全相同，说明可以设计循环代码，实现自动重复每个虚线框内的运算过程。

每个虚线框内都具有相同的图形结构，如图 4-6-3 所示，反映三个数据之间的运算关系。就把这个图形结构作为公共结构，分别用红色、蓝色和绿色边框进行标识和区分，则在计算

n!时，各色框的功能和对应变量如图 4-6-4 所示，其中：

蓝色框：存储(n-1)!的数值，对应变量 num1

绿色框：存储数值 n，对应变量 num2

红色框：存储蓝色框内数值*绿色框内数值的结果，即 n!，对应变量 result

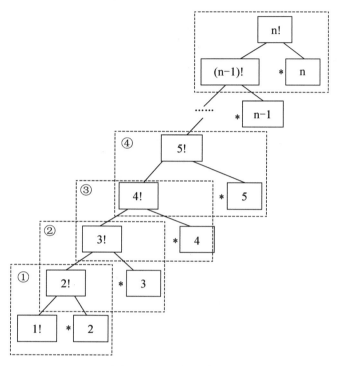

图 4-6-2　递推过程

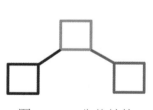

图 4-6-3　公共结构

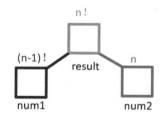

图 4-6-4　对应变量

2）寻找递推变化

从图 4-6-2 中虚线框①→虚线框②→虚线框③→虚线框④……可见递推过程从时间顺序上具有先后关系，这意味着公共结构中的三个色框依次被每一个虚线框所使用。如同图书馆等公共场所的储物柜，先后被不同的人使用。

观察图 4-6-5 中丽丽打开储物柜的情景，阅读情景语言、储物柜与三个公共色框的对照关系（见表 4-6-1）。

图 4-6-5　借助情景、寻找递推变化

表 4-6-1　对照关系

情 景 语 言	储 物 柜	三个公共色框	
"啊！里面还放着衣服。"	表明储物柜的初始状态，里面还放着前一个使用者的衣服	每个色框都有初始状态，存储着前一次递推运算时的数据	尚处于初始状态的色框的边框用虚线表示
"请管理员帮忙拿走，我要放一叠书。"	表明储物柜一旦被重新存放，当初里面的衣服就没有了，将存放一叠书本	每个色框一旦被重新赋值，之前的数据就无法访问了，将存储新的数据	被重新赋值的色框的边框从此用实线表示

现进一步分析图 4-6-2 中虚线框②中的运算过程：

三个公共色框的初始状态都还存储着图 4-6-2 中虚线框①运算后的数据，如图 4-6-6 所示，为了避免指代不清，讲解中各色框内没有显示阶乘运算后的数值。

图 4-6-6　初始状态（虚线边框）　　　　图 4-6-7　第一步

对照图 4-6-4，根据各色框的功能分工，现在需要计算 3！，根据递推关系 3！=2！×3，则：

第一步：蓝色框需存储上一次递推运算的结果，即 (n-1)!=2！的数值，由于目前红色框还处于初始状态，还存储着上一次递推运算的结果，即 2！的数值，所以只需要将目前红色框内的数值赋值给蓝色框即可。图 4-6-7 中用橙色箭头示意了这个赋值过程，此时蓝色框内的数值已经是 2！，并用实线边框表示它已经被重新赋值，它在初始状态的数值已经无法访问。

第二步：绿色框存储数值 n，该数值来自示例代码中自动递增变量 i，随着递推次数依次增大，此时为 3。图 4-6-8 中用橙色箭头示意了这个赋值过程，此时绿色框内的数值为 3，并用实线边框表示它已经被重新赋值。

第三步：红色框存储"蓝色框内数值×绿色框内数值"的结果，即 2！×3=3！对应的数值。图 4-6-9 中用实线边框表示它此时已经被重新赋值。

图 4-6-8　第二步　　　　　　　　　　　　　图 4-6-9　第三步

分析图 4-6-2 中虚线框③、虚线框④等的运算过程，均有相同的步骤，因此设计代码为：

```
for i in range(2,n+1):
```

☐ = ⌐　　　#第一步：红框的初始状态数值赋值给蓝框，蓝框被赋值后蓝框边框变为实线

☐ = i　　　#第二步：绿框被赋值后绿框边框变为实线

☐ = ☐ * ☐　　　#第三步：红框被赋值后红框边框变为实线

对照图 4-6-4，根据各色框的对应变量，程序代码为：

```
for i in range(2,n+1):
    num1=result;        #注意此处 result 尚处于初始状态，存储着上一次运算的数据
    num2=i;
    result=num1*num2    #注意此 result 被重新赋值为运算得到的新值
```

代码简化为：

```
for i in range(2,n+1):
    result=result *i    #注意赋值运算符右边参与运算的 result 处于初始状态，存储着上
```
一次运算的数据，而左边被重新赋值的 result 则存储当前运算得到的新值

因此递推算法是通过已知条件，利用特定关系得出中间推论，直至得到结果的算法。在使用递推算法解决问题时，问题可以划分成先后多个状态；除初始状态外，其他各个状态都可以用固定的递推关系式来表示。在实际问题中，不会直接给出递推关系式，而是需要通过分析各种状态，找出递推关系。综上所述，设计递推算法的要点为：

（1）分析初始状态，确定初始值；

（2）分析和明确终点，设置递推循环的条件；

（3）分析中间过程，构建递推关系式；

（4）将递推关系式构建为循环体。

4.6.2　案例 2：爬楼梯

运用递推算法求解爬楼梯问题。假设一段楼梯共有 **6** 级台阶，小明一步最多能上 2 级台阶，那么小明走完这段楼梯一共有多少种方法？运行资源包中的"4-6-2.py"程序，运行结果如下所示：

一共有 13 种方法

1. 示例代码

```
第01行  s1=1                        #到一级台阶的方法数
第02行  s2=2                        #到二级台阶的方法数
第03行  s=s1+s2                     #到三级台阶的方法数
第04行  for i in range(4,7):        #从第四级台阶爬到第六级台阶
第05行      s1=s2
第06行      s2=s
第07行      s=s1+s2
第08行  print("一共有{0}种方法".format(s))
```

2. 思路分析

（1）初始状态：到达第 1 级台阶的方法种数只有 1 种，到达第 2 级台阶的方法种数有 2 种。

（2）确立终点：到达第 6 级台阶。

（3）构建递推关系式：

从第 6 级台阶上往回看，有 2 种方法可以上来，分别是：

第一种：从第 5 级台阶上一步迈 1 级台阶上来；

第二种：从第 4 级台阶上一步迈 2 级台阶上来。

因此到达第 6 级台阶的方法种数=到达第 5 级台阶的方法种数+到达第 4 级台阶的方法种数。

同理到达第 5 级台阶的方法种数=到达第 4 级台阶的方法种数+到达第 3 级台阶的方法种数。

因此找到递推关系式为：

到达第 n 级台阶的方法种数=到达第 n-1 级台阶的方法种数+到达第 n-2 级台阶的方法种数。

用 $f(n)$ 表示到达第 n 级台阶的方法种数，$f(n-1)$ 表示到达第 n-1 级台阶的方法种数，$f(n-2)$ 表示到达第 n-2 级台阶的方法种数，可以描述递推关系式如下：

$$f(n)=f(n-1)+f(n-2)$$

（4）构建循环体。

1）寻找公共结构

为了进一步探索每次递推运算中的相同操作，把到达第 6 级台阶的方法种数计算过程整理如下：

图 4-6-10 中的虚线框①、虚线框②、虚线框③、虚线框④依次清晰地呈现了递推运算的过程，而且每一个虚线框内的图形结构完全相同，说明可以设计循环代码，实现自动重复每个虚线框内的运算过程。

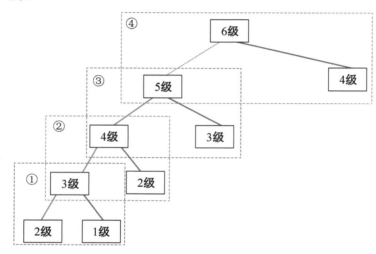

图 4-6-10   递推过程

每个虚线框内都具有相同的图形结构，反映三个数据之间的运算关系，分别用红色、蓝色和绿色边框进行标识和区分。把这个图形结构作为公共结构，如图 4-6-11 所示。则在计算 f(n)时，各色框的功能和对应变量（如图 4-6-12 所示）分别为：

蓝色框：存储 f(n-1)表示到达第 n-1 级台阶的方法种数，对应变量 sum2。

绿色框：存储 f(n-2)表示到达第 n-2 级台阶的方法种数，对应变量 sum1。

红色框：存储蓝色框内数值+绿色框内数值的结果，即 f(n) 表示到达第 n 级台阶的方法种数，对应变量 sum。

图 4-6-11   公共结构

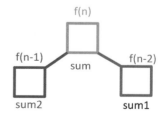

图 4-6-12   对应变量

2）寻找递推变化

分析图 4-6-10 中虚线框②中的运算过程，三个色框的初始状态都还存储着图 4-6-10 中虚线框①运算后的数据，如图 4-6-13 所示，为了避免指代不清，讲解中各色框内用 f(n)函数形式代表运算后的数值。

图 4-6-13　初始状态（虚线边框）　　　　　图 4-6-14　第一步

对照图 4-6-12，根据各色框的功能分工，现在需要计算到达第 4 级台阶的方法种数，即 f(4)，根据递推关系 f(4)=f(3)+f(2)，则：

第一步：绿色框需存储到达第 2 级台阶的方法种数 f(2)的数值，而蓝色框现为初始状态，保留着 f(2)这个数值，只需要将它赋值给绿色框即可。图 4-6-14 中用橙色箭头示意了这个赋值过程，赋值后绿色框内的数值是 f(2)，并用实线边框表示绿色框已经被重新赋值，它在初始状态的数值将无法访问。

第二步：蓝色框需存储上一次递推运算的结果，即到达第 3 级台阶的方法种数 f(3)的数值，由于目前红色框还处于初始状态，还存储着上一次递推运算 f(3)的数值，所以只需要将目前红色框内的数值赋值给蓝色框即可。图 4-6-15 中用橙色箭头示意了这个赋值过程，此时蓝色框内的数值已经是 f(3)，并用实线边框表示蓝色框已经被重新赋值，它在初始状态的数值也将无法访问。

第三步：红色框存储"蓝色框内数值+绿色框内数值"的结果，即到达第 4 级台阶的方法种数 f(4)。图 4-6-16 中用实线边框表示它已经被重新赋值。

图 4-6-15　第二步　　　　　　　图 4-6-16　第三步

分析图 4-6-10 中虚线框③、虚线框④的运算过程，均有相同的步骤，因此设计代码为：

```
for i in range(4,7):
```

#第一步：蓝框的初始状态数值赋值给绿框，绿框被赋值后绿框边框变为实线

#第二步：红框的初始状态数值赋值给蓝框，蓝框被赋值后蓝框边框变为实线

#第三步：红框被赋值后红框边框变为实线

结合各种色框对应的变量，程序代码为：

```
for i in range(4,7):
    sum1=sum2        #注意 sum1 处于初始状态，存储着 f(n-2)的数值
    sum2=sum         #注意 sum2 处于初始状态，存储着 f(n-1)的数值
    sum=sum1+sum2    #注意此 sum 被重新赋值为运算得到的新值
```

在本例中能否先执行第二步，再执行第一步？

先执行第二步，如图 4-6-17 橙色箭头所示，红色框处于初始状态，将其中的 f(3)赋值给蓝色框，蓝色框边框用实线表示，其初始状态的值 f(2)将无法访问。再执行第一步时，蓝色框已经无法提供给绿色框 f(2)的数值。因此不能对换步骤。

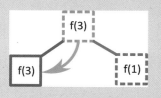

图 4-6-17　先执行第二步

知识小结

1．递推算法的算法思想和算法过程。

2．通过已知条件归纳出简单的递推公式。

3．设计递推算法的要点。

4．应用程序实现递推算法。

技能拓展

1．使用递推算法设计程序求解爬楼梯问题。假设一段楼梯共有 10 级台阶，小明一步最多能上 3 个台阶，那么小明走完这段楼梯一共有多少种方法？

运行资源包中的"爬楼梯 3 阶递推.py"程序，输出结果：

一共有 274 种方法

程序代码如下：

```
第 01 行   a=1
第 02 行   b=2
第 03 行   c=4
第 04 行   add=a+b+c
第 05 行   for i in range(5,11):
第 06 行       a=b
第 07 行       b=c
第 08 行       c=add
第 09 行       add=a+b+c
```

第 10 行　print("一共有{0}种方法".format(add))

2．铺骨牌问题：有一个 2×n 的长方形方格，用一种 1×2 的骨牌铺满方格，当 n 为 20 时一共有多少种铺法？

> **要点提示：**
>
> 如果第一个骨牌是竖排列，则剩下 n-1 个骨牌需要排列；如果第一个骨牌是横排列，则整个方格至少有 2 个骨牌是横排列，因此剩下 n-2 个骨牌需要排列，由此得到递推式为：$f(n)=f(n-1)+f(n-2)$（n>2）。

4.7　递归算法

☞ **你将获取的能力：**

能够理解递归的概念；

能够确定递归算法起始和终止条件；

能够写出简单的递归关系式。

递归算法是一种通过将大问题分解成更小的子问题来解决大问题的方法。算法思想是将一个问题分解为相似但规模更小的子问题，直到可以直接求解为止。

递归算法的过程包括两个要素：递归条件和递归操作。递归条件是指在处理当前问题时需要判断是否已经达到了无须再次递归求解的要求，如果满足递归条件，则直接返回结果或执行某些操作；否则，执行递归操作，将原问题分解为更小的子问题，并对每个子问题进行递归处理，最终将所有子问题的结果合并起来得到原问题的解。

算法过程：

1．确定递归条件：判断当前问题是否需要继续递归求解，如果不需要，直接返回结果或执行某些操作。

2．分解问题：将原问题分解为若干个更小的子问题。

3．递归处理：对每个子问题进行递归处理，直到达到递归条件。

4．合并结果：将每个子问题的结果合并起来，得到原问题的解。

4.7.1　案例 1：求阶乘（递归版）

输入任意一个整数，利用递归算法求出该数的阶乘值。运行资源包中的"4-7-1.py"程序，运行结果如下所示：

请输入一个整数值：8
8!=40320

1. 示例代码

第 01 行　def fac(n):
第 02 行　　　if n<=1:
第 03 行　　　　　return 1
第 04 行　　　else:
第 05 行　　　　　return n*fac(n-1)
第 06 行　n=eval(input("请输入一个整数值："))
第 07 行　result=fac(n)
第 08 行　print("{0}!={1}".format(n,result))

2. 思路简析

（1）递归现象。

这是一个古老的故事：从前有座山，山里有座庙，庙里有个老和尚，老和尚在给小和尚讲故事："从前有座山，山里有座庙，庙里有个老和尚，老和尚在给小和尚讲故事：'从前有座山，山里有座庙，庙里有个老和尚，老和尚在给小和尚讲故事：……'"。

图 4-7-1　故事里的故事

如图 4-7-1 所示，故事里有着同样的故事，这同样的故事里又继续有着同样的故事，直到遇见某个故事里的老和尚对小和尚说"故事结束了，睡觉吧"，这就成为最后一个故事，这个故事结束后，前一个故事也接着结束，再往前一个故事也接着结束，直到最初刚开始的故事结束，这就是递归现象。

其中"故事结束了，睡觉吧"就成为这个递归终止的边界条件。

（2）示例代码分析。

示例代码第 1 行到第 5 行自定义了一个函数 fac（n），需要注意的是函数体内第 5 行代码

return n*fac(n-1)，其中 fac(n-1)调用了该函数自己。

假设 n=5，即计算 5!，第 7 行代码 result=fac(5)调用该函数时，就形成了如图 4-7-2 所示层层调用的情形，fac(1)=1 则如同故事里最后一个老和尚对小和尚说"故事结束了，睡觉吧"，直接返回数值 1，n=1 成为这个递归终止向下传递的边界条件。

详细过程如下：

第①步 此时 n=5　调用 fac(5) 得 fac(5)=5* fac(4)

第②步 此时 n=4　调用 fac(4) 得 fac(4)=4* fac(3)

第③步 此时 n=3　调用 fac(3) 得 fac(3)=3* fac(2)

第④步 此时 n=2　调用 fac(2) 得 fac(2)=2* fac(1)

第⑤步 此时 n=1　调用 fac(1) 得 fac(1)=1

第⑥步 返回 fac(1)=1 此时 n=2 得 fac(2)= 2* fac(1)=2*1=2

第⑦步 返回 fac(2)=2 此时 n=3 得 fac(3)= 3* fac(2)=3*2=6

第⑧步 返回 fac(3)=6 此时 n=4 得 fac(4)= 4* fac(3)=4*6=24

第⑨步 返回 fac(4)=24 此时 n=5 得 fac(5)= 5* fac(4)=5*24=120

由此得到 fac(5)=120

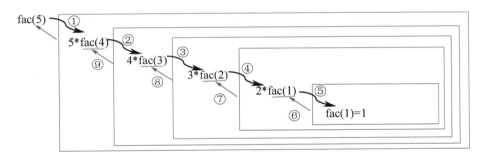

图 4-7-2　递归调用

函数在定义时直接或间接调用函数自己，这是程序设计中递归算法的典型特征。设计递归算法时，需要注意两个要点：

1. 递归关系式

本例递归关系式为：fac(n)= n*fac(n-1)，将求 fac(n)的解转化为求 fac(n-1)的解。但是要注意和递推算法的区别：

如果以循环结构，加上 result=i*result（参见 4.6.1）形式设计代码则采用的是递推算法；

如果以函数 fac(n)的返回值为 n*fac(n-1)，即在函数 fac(n)的函数体内调用了函数 fac(n-1)，则采用的是递归算法。

2. 边界条件

本例边界条件为：fac(1)=1

4.7.2 案例2：兔子问题

在 1228 年的《算经》修订版上载有如下"兔子问题"：如果每对兔子（一雄一雌）每月能生殖一对小兔子（也是一雄一雌，下同），每对兔子第一个月没有生殖能力，但从第二个月以后便能每月生一对小兔子。假定这些兔子都没有死亡现象，那么从第一对刚出生的兔子开始，12 个月以后会有多少对兔子呢？运行资源包中的"4-7-2.py"程序，运行结果如下所示：

12 个月共有 144 对兔子

1. 示例代码

```
第01行  def fun(n):
第02行      if n==1 or n==2:
第03行          return 1
第04行      else:
第05行          return fun(n-1)+fun(n-2)
第06行  print("12 个月共有{0}对兔子".format(fun(12)))
```

2. 思路简析

（1）第 1 行到第 4 行自定义了一个递归函数 fun(n)。

（2）第 5 行调用递归函数并格式化输出。

3. 要点精讲

（1）寻找递归关系。

如图 4-7-3 所示为兔子繁衍的情况。兔子繁衍数量见表 4-7-1。

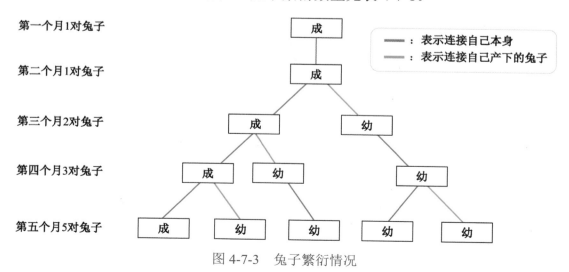

图 4-7-3　兔子繁衍情况

表4-7-1　兔子繁衍数量一览表

所经过的月数	1	2	3	4	5	6	7	8	9	10	11	12
兔子的总对数	1	1	2	3	5	8	13	21	34	55	89	144

从表4-7-1兔子繁衍数量一览表可见，1、1、2、3、5、8、13、21、34、55、89、144……兔子总对数的变化过程正好构成了斐波那契数列，其特点是从第三项数字开始，每一项等于前面相邻两项之和，由此可以得到：

$$fun(n) \begin{cases} 1, & \text{当n=1时} \\ 1, & \text{当n=2时} \\ fun(n-1)+fun(n-2), & \text{当n>2时} \end{cases}$$

（2）编写递归函数。

一要确定递归关系：fun(n)=fun(n-1)+fun(n-2)，则代码为：

```
def fun(n):
    return fun(n-1)+fun(n-2)
```

二要确定边界条件：根据fun(1)=1，fun(2)=1，则边界条件为：n=1或者n=2
因此修改代码为：

```
def fun(n):
    if n==1 or n==2:
        return 1
    return fun(n-1)+fun(n-2)
```

知识小结

1．递归算法的算法思想和算法过程。

2．通过已知条件归纳出递归算法的两个关键点：递归关系和边界条件。

3．应用程序实现递归算法。

 技能拓展

一个人赶着一群鸭子去每个村庄卖，每经过一个村子卖去所赶鸭群的一半又一只。这样他经过了七个村子后还剩两只鸭子，问他出发时共赶多少只鸭子？经过每个村子卖出多少只鸭子？

运行资源包中的"Ducks.py"程序，输出结果：

总共510只鸭子
第1个村卖出256.0只鸭子

第 2 个村卖出 128.0 只鸭子

第 3 个村卖出 64.0 只鸭子

第 4 个村卖出 32.0 只鸭子

第 5 个村卖出 16.0 只鸭子

第 6 个村卖出 8.0 只鸭子

第 7 个村卖出 4.0 只鸭子

程序代码如下：

第 01 行　def fac(n):

第 02 行　　　if n==1:　#最后一个村子剩下的鸭子

第 03 行　　　　　return 2

第 04 行　　　else:

第 05 行　　　　　return (fac(n-1)+1)*2　#上一个村子剩下的鸭子

第 06 行　s=fac(8)

第 07 行　print('总共{}只鸭子'.format(s))

第 08 行　for i in range(1,8):

第 09 行　　　print('第{0}个村卖出{1}只鸭子'.format(i,s/2+1))

第 10 行　　　s=s/2-1

5 词汇

5.1 爬取一张网页

request[rɪ'kwest] 请求，要求
content['kɒntent , kən'tent] 内容
decode[ˌdiː'kəʊd] 译码、解码
interpreter[ɪn'tɜːprətə(r)] 解释程序
install[ɪn'stɔːl] 安装
package['pækɪdʒ] 包，软件包
successfully[sək'sesfəlɪ] 成功地，顺利地
uninstall[ˌʌnɪn'stɔːl] 卸载
standard['stændəd] 标准
encoding[ɪn'kəʊdɪŋ] 编码
apparent[ə'pærənt] 显然的，明白易懂的
patch[pætʃ] 修补

提示信息：
ModuleNotFoundError 模块未能找到的错误提示

5.2 读懂一张网页

HTML（Hyper Text Markup Language）
　　超文本标记语言
CSS（Cascading Style Sheets） 层叠样式表
title['taɪtl] 标题
head[hed] 头部
body['bɒdi] 主体，躯干

width[wɪdθ] 宽度
height[haɪt] 高度
span[spæn] 跨度，范围
video['vɪdiəʊ] 视频
image['ɪmɪdʒ] 图像
background['bækgraʊnd] 背景，底色

5.3 正则表达式

align[ə'laɪn] 排列；校准
center['sentə(r)] 居中
result[rɪ'zʌlt] 效果，结果
pattern['pætn] 模式，方式
row[rəʊ, raʊ] 一行，一排
match[mætʃ] 匹配

5.4 文件读写

file[faɪl] 文件，文件夹
read[riːd , red] 读
close[kləʊz , kləʊs] 关，关闭
mode[məʊd] 方式，模式
none[nʌn] 空，没有
seek[siːk] 寻找
offset['ɒfset] 偏置，抵消，补偿
whence[wens] 由此

第 5 章

数据采集

本章节涉及的内容

- 第三方库的安装与导入
- requests 库的使用方法
- 网页的基本结构
- 正则表达式语法及其使用方法
- 文件的读取与写入

在 Python 语言的库中，分为 Python 标准库和 Python 第三方库。强大的标准库奠定了 Python 发展的基石，丰富的第三方库满足了开发者更多的需求，促进 Python 日益壮大。广泛学习第三方库，可以提高开发者的专业能力和技术水平，拓展职业发展方向，使其更适应快速变化的技术和市场需求。

Python 标准库在安装 Python 时一并被安装，Python 第三方库则需要下载后安装到 Python 的安装目录下才能使用，开发者可以在官网查询、下载和发布 Python 库或包，资源见信息文档。

本章将以网络爬虫为例，学习下载安装第三方库，体验它的强大与便捷，用少量的代码快速实现相对复杂的功能。

5.1 爬取一张网页

☞ 你将获取的能力：

能够安装第三方库；

能够使用 requests 库爬取网页。

选用一台计算机（假设 IP 地址为 192.168.0.1）作为本地 Web 服务器，选用 IIS、Apache、Nginx 等任意一款 Web 服务器软件，将"D:\web"文件夹作为根文件夹发布网站。将本节资源包中的"xslx"文件夹拷贝至"D:\web"文件夹中，至此完成搭建本地 Web 服务器并发布用于程序测试的实验网站。

在浏览器中输入网址"http://192.168.0.1/xslx/xxpc/index.html"，可以看到如图 5-1-1 所示的网页页面，按 F12 键可以查看该网页源代码，如图 5-1-2 所示，源代码经过浏览器解析即可呈现网页页面，它们之间的关系可以表示为：

网页页面=网页源代码+浏览器解析

版权所有 © 2023 《Python程序设计基础》教材编写组 保留所有权利

图 5-1-1　网页页面

在 Python 中，使用第三方库 requests 库可以获取网页源代码。它的导入方式和标准库一样，使用 import 语句即可。

5.1.1　案例：获取一张网页的源代码

使用第三方库 requests 库获取网页"http://192.168.0.1/xslx/xxpc/index.html"的源代码。在 5.1.2 小节安装第三方库 requests 库后，运行资源包中的"5-1-1.py"程序，图 5-1-1 网页页面的源代码如图 5-1-2 所示。

```
1    <!doctype html>
2  ▼ <html>
3  ▼ <head>
4        <meta charset="utf-8">
5        <title>电影评分</title>
6        <link rel="stylesheet" href="style.css">
7    </head>
8  ▼ <body>
9  ▼    <div id="header">
10           <img src="images/bt.jpg" width="1040" height="300px" />
11 ▼        <div class="menu">
12 ▼            <ul>
13                  <li><a href="#">首页</a></li>
14                  <li><a href="#">今日放映</a></li>
15                  <li><a href="#">电影介绍</a></li>
16                  <li><a href="#">电影欣赏</a></li>
17                  <li><a href="#">会员中心</a></li>
18                </ul>
19            </div>
20        </div>
21 ▼    <div id="banner">
22 ▶        <div class="left-column"> ...
29 ▶        <div class="center-column"...
36 ▶        <div class="right-column">...
50        </div>
51 ▼    <div class="content">
52 ▼        <div class="text-container">
53               <p>影片风云</p>
54            </div>
55 ▼        <div class="custom-list">
56 ▼            <div class="list-item">
57                  <a href="video/one.mp4"><img src="images/one.jpg" width="200"></a>
58                  <div align="center">我和我的祖国</div>
59                  <div align="center">评分: 10分</div>
60                </div>
61 ▼            <div class="list-item">
62                  <a href="video/two.mp4"><img src="images/two.jpg" width="200"></a>
63                  <div align="center">平凡英雄</div>
64                  <div align="center">评分: 9分</div>
65                </div>
66 ▼            <div class="list-item">
67                  <a href="video/three.mp4"><img src="images/three.jpg" width="200"></a>
68                  <div align="center">妈妈</div>
69                  <div align="center">评分: 8.5分</div>
70                </div>
71 ▶            <div class="list-item"> <a...
76 ▶            <div class="list-item"> <a...
81            </div>
82        </div>
83 ▶ .  <div class="footer"> 版权所有 ...
86    </body>
87    </html>
```

图 5-1-2　图 5-1-1 网页页面的源代码

1. 示例代码

第 01 行 `import requests`　　　　　　　　　　#导入 requests 库

第 02 行 `url='http://192.168.0.1/xslx/xxpc/index.html'` #设置变量 url 保存网址

第 03 行 `req=requests.get(url)`　　　　　　　#获取网页源代码

第 04 行 `html=req.content.decode( )`　　　　#编码转换

第 05 行 `print(html)`　　　　　　　　　　　#输出网页源代码

2. 思路简析

使用 requests 库爬取一张网页，只要简单四步：

（1）导入：导入第三方库 requests 库，参见示例代码第 1 行。

（2）获取响应：通过 requests.get( )方法获得网页源代码，参见示例代码第 3 行。

（3）编码转换：示例代码第 4 行中 req.content 得到的是二进制编码，通过 req.content. decode( )方法，转换二进制编码，使之能正确显示英文与汉字。

（4）打印输出：打印输出网页源代码，参见示例代码第 5 行。

5.1.2　安装第三方库 requests 库

在 PyCharm 中直接打开并运行资源包中的"5-1-2.py"程序，运行出错，提示信息如下：

```
Traceback (most recent call last):
File "D:/PycharmProjects/lianxi/5-1-2.py", line 1, in <module>
import requests
ModuleNotFoundError: No module named 'requests'
```

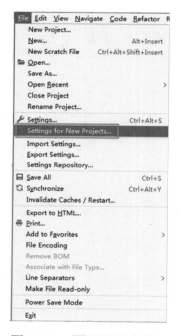

原来是缺少 requests 库导致出错，需要自行安装爬取网页常用的第三方库 requests 库。所有第三方库的安装方法基本相同，常见的有以下两种：

方法一：图形界面安装

1．在 PyCharm 中安装 requests 库。打开 PyCharm，单击"File"（文件）菜单，选择"Settings for New Projects..."命令，如图 5-1-3 所示。

2．如图 5-1-4 所示，选择"Project Interpreter"（项目编译器）命令，右侧选择当前使用的编译器版本，然后单击右侧的加号，弹出如图 5-1-5 所示窗口。

3．如图 5-1-5 所示，先在搜索框输入：requests（注意，一定要输入完整，不然容易出错），然后单击左下角的"Install Package"（安装库）按钮。

图 5-1-3　图形界面安装 1

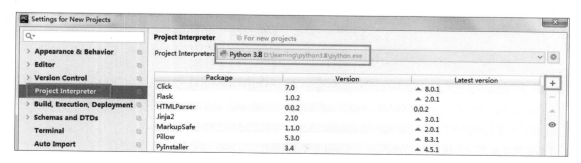

图 5-1-4　图形界面安装 2

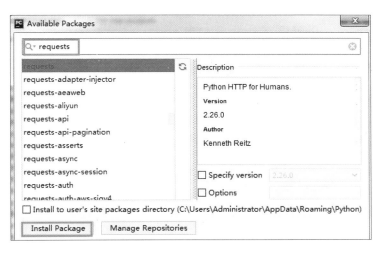

图 5-1-5　图形界面安装 3

4. 安装完成后，如图 5-1-6 所示，会在"Install Package"按钮上方显示"Package 'requests' installed successfully"（库已成功安装）；如果安装失败将会显示其他提示信息。

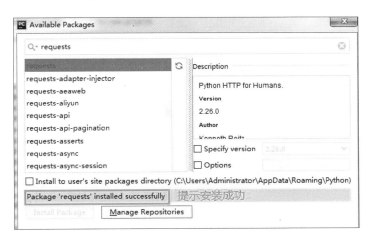

图 5-1-6　图形界面安装 4

方法二：命令安装

1. 打开 cmd 窗口，在提示符右侧输入：where python，将列出 Python 程序所在的目录。

2. 在 Python 程序所在的目录下，运行以下命令：

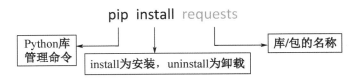

pip 是 Python 标准库（The Python Standard Library）中的一个包，是 Python 库管理工具。目前在 Python 官方的安装文件里，会默认安装 pip 包。它是一个命令行程序，可以从命令提示符运行。

安装完 requests 库后，即可直接运行示例代码。

5.1.3 requests.get( )和 requests 的常用方法

1. requests.get(url):获取网页源代码

参数 url：需要获取的网页的链接地址。

返回值为包含网页源代码的 Response 对象。

因此示例代码 req=requests.get(url)，将 requests.get(url)的返回值赋值给变量 req，于是 req 成为 Response 对象，具有表 5-1-1 中的属性。

表 5-1-1　Response 对象 req 具有的属性

属　　性	说　　明
req.status_code	http 请求的返回状态，若为 200 则表示请求成功
req.text	返回页面内容，汉字以 Unicode 编码
req.content	返回页面内容，以二进制编码
req.encoding	从 http header 中分析出的响应内容的编码方式
req.apparent_encoding	从内容中分析出的响应内容的编码方式

2. req.content.decode( )的作用

第 4 行代码 html=req.content.decode( )中 req.content 返回二进制编码的响应内容，需要使用 decode( )方法将其解码为字符串。如果将示例代码第 4 至 5 行修改为：

```
html=req.content
print(html)
```

从输出结果可见无法正常输出汉字，需要使用 req.content.decode( )方法将获得的 http 响应内容转变编码，实现正确显示英文和汉字。

在使用 decode( )方法将其解码为字符串时，需要指定正确的字符编码格式，以确保正常解码。如果没有指定编码格式，则会使用操作系统的默认编码格式进行解码。例如，如果请求响应的编码格式是 ISO-8859-1，则需要使用 req.content.decode('ISO-8859-1')来将二进制数据解码成字符串，如果使用 req.content.decode( )则可能导致乱码等问题。如果请求响应的编码格式是 utf-8，则可以使用 req.content.decode('utf-8')方法将其转换为 utf-8 编码的字符串。

因此，html = req.content.decode( )的作用是将请求得到的响应内容从二进制编码转换为字符串并存储在变量 html 中，实质是存储在变量 html 所指的内存地址空间中。

3. requests 库的主要方法

requests 库的主要方法见表 5-1-2。

表 5-1-2　requests 库的主要方法

方　　法	说　　明
requests.request( )	向网页提交一个请求，可以实现下方六种函数的功能 例如：requests.request("GET","www.phei.com.cn")等同于 requests.get ("www.phei.com.cn")
requests.get( )	获取网页的主要方法
requests.head( )	获取网页头部信息的主要方法
requests.post( )	向网页提交 post 请求的方法
requests.put( )	向网页提交 put 请求的方法
requests.patch( )	向网页提交局部修改请求的方法
requests.delete( )	向网页提交删除请求的方法

5.1.4　常见的第三方库

常见的第三方库见表 5-1-3。

表 5-1-3　常见的第三方库（参考资源见信息文档）

应 用 领 域	库 名 称	说　　明
网络爬虫	requests	简洁且简单的处理 HTTP 请求的库
	bs4	处理 HTTP 请求，并能获取网页中信息的库
数据分析	numpy	开源数值计算扩展库
文本处理	pdfminer	从 PDF 文档中提取各类信息的库
图形界面	PyQt5	成熟的商业级 GUI 库
Web 开发	Django	最流行的开源 Web 应用框架
游戏开发	Pygame	面向游戏开发入门的库
数据可视化	Matplotlib	提供数据绘图功能的库，主要进行二维图表数据展示
机器学习	Scikit-learn	简单且高效的数据挖掘和数据分析工具

知识小结

1．通过 PyCharm 图形界面安装第三方库。

2．通过 pip 命令安装第三方库。

3．导入第三方库 requests 库。

4．requests.get( )方法。

5．requests.get(url).content.decode( )。

技能拓展

1．练习安装爬取网页的第三方库 bs4 库。

2．获取电子工业出版社网页。

5.2 读懂一张网页

☞ 你将获取的能力：

能够理解网页的基本结构；

能够识别 html 常用标签和 CSS 样式的定义。

5.2.1 案例：5.1.1 节获取的网页源代码

网页源代码（如图 5-1-2 所示），经过浏览器解析即可生成如图 5-1-1 所示的网页页面。读懂其中的网页结构、掌握常用的 HTML 标签和 CSS 样式定义的格式，对学习如何在获取的网页源代码中提取需要的信息非常重要。

5.2.2 认识网页基本框架

每一张网页通常具有以下基本结构：

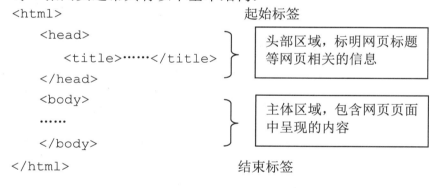

对照图 5-1-2 中的网页源代码，其中

1. 第 3 至 7 行为头部区域，第 5 行标明网页标题页。

2. 第 8 至 86 行为网页的主体区域。第 55 至 81 行为影片风云栏目中的影片列表。第 59、64、69、74、79 分别为各部影片的评分情况。

5.2.3 常用的 HTML 标签

HTML 就是一位伟大的设计师，他将设计的教学大楼分隔成多个楼层，每个楼层中分隔设计了不同的功能区域，有教室、实训室、办公室、图书室、活动室和卫生间等，还分别做了指示牌，并给大楼内陈列的物品贴上了分类标签，例如实训室中的无人机、骨骼模型、植物标本等。在一张空白网页中，HTML 通常运用标签<div>……</div>分隔页面，划分功能区进行页面布局，运用相应的 HTML 标签定义网页中需要呈现的文字、图片和视频等元素。类似<div>……</div>这样成对出现的标签称为双标签，其格式为：

　　　　<标签名　属性 1=属性值　属性 2=属性值　……>对象或内容</标签名>

例 1：图 5-1-2 中第 13 行代码，定义菜单栏中菜单项"首页"的超链接，具体分析详见图 5-2-1。

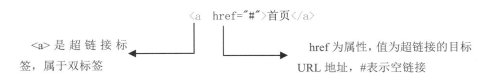

图 5-2-1　定义菜单栏中菜单项"首页"的超链接

例 2：图 5-1-2 中第 10 行代码，在页面中插入如图 5-2-2 所示的图像

```
<img src="images/bt.jpg" width="1040" height="300px" />
```

这行代码中<img>是图像标签，它属于单标签，以/>的形式自我封闭不需要结束标签。其中属性 src 的值"images/bt.jpg"指定了要显示的图像的来源。属性 width 和 height 的值分别指定图像的宽度为 1040 像素，高度为 300 像素。

图 5-2-2　插入图像

各种标签通过不同的排列和嵌套形成了风采各异的页面，常用的 HTML 标签见表 5-2-1。

表 5-2-1　常用 HTML 标签

标　　签	说　　明
<html></html>	标签中间的元素是网页
<head></head>	网页头部信息
<title></title>	网页的标题
<body></body>	用户可见内容
<div></div>	网页内容块
<p></p>	段落
<ul></ul>	定义无序列表
<li></li>	列表项目

标　　签	说　　明
`<a href=""></a>`	超链接
`<hn></hn>`	标题，n 为数字 1 至 6
`<span></span>`	行内元素（内联元素）标签
`<img>`	插入一幅图片，无结束标签
`<video>`	定义视频，比如影片片段或其他视频流

5.2.4　了解 CSS 样式定义

HTML 定义了网页的结构，CSS（Cascading Style Sheets，即层叠样式表）则定义了网页元素的样式，其中"样式"指网页中文字大小、颜色、元素间距、排列等格式。

与 HTML 不同的是，CSS 是一位服装设计师。在 HTML 设计的教学楼里，新学期开始，同学们都积极报名参加社团活动，各社团开始挑选服装。

服装设计师 CSS 设计了多种服装样式给大家选择。女子合唱团选择了如图 5-2-3 所示 a 样式的服装，女子健美操社团则选择了 b 样式的服装。

这样凡是女子合唱团成员都穿 a 样式的服装，整体风格统一。如果有女子健美操社团成员想中途转入女子合唱团，只需要挑选 a 样式的服装即可。

面料：聚酯纤维
领口：衬衫立领领口
领结：可拆格子蝴蝶结
图案：刺绣图案
服饰工艺：机绣
颜色：

a 样式

面料：纯棉
领口：圆口
图案：刺绣图案
服饰工艺：机绣
颜色：

b 样式

图 5-2-3　服装样式

同理，首先在网页中定义一种 CSS 样式，然后分别选中需要设计为相同效果的元素，应用这种样式，使风格保持一致。

为了代码简洁明了，便于维护和修改，可将代码中的样式和页面文字设计分离。例如在图 5-1-2 的第 6 行和第 7 行代码中插入以下代码，其中".style1"定义的样式为添加粗细为 2px 的红色实线边框；".style2"定义的样式为红色加粗字体。

```
<style>
    .style1{border: 2px solid red;}
    .style2{color:red;font-weight: 500;}
</style>
```

节日来临之际，为了烘托喜庆气氛，只需在页面元素上应用 ".style1" 和 ".style2" 样式即可。例如修改图 5-1-2 的第 51 至 70 行代码，其中红色代码表示在图片上应用 ".style1" 样式，修饰边框；蓝色代码表示在文字上应用 ".style2" 样式，修饰文字。页面效果如图 5-2-4 所示，图中右侧两部影片图片及文字没有应用以上样式，故维持原状。

影片风云

图 5-2-4　服装样式

```
<div class="content">
    <div class="text-container">
        <p class="style2">影片风云</p>
    </div>
    <div class="custom-list">
        <div class="list-item">
        <a href="video/one.mp4"><img src="images/one.jpg" width="200"
class="style1"></a>
            <div align="center" class="style2">我和我的祖国</div>
             <div align="center" class="style2">评分：10 分</div>
        </div>
        <div class="list-item">
            <a href="video/two.mp4"><img src="images/two.jpg" width="200"
class="style1"></a>
            <div align="center" class="style2">平凡英雄</div>
            <div align="center" class="style2">评分：9 分</div>
        </div>
        <div class="list-item">
            <a href="video/three.mp4"><img src="images/three.jpg"
width="200" class="style1"></a>
        <div align="center" class="style2">妈妈</div>
        <div align="center" class="style2">评分：8.5 分</div>
    </div>
```

知识小结

1. 网页的基本结构。

2. HTML 常用标签。

3. CSS 样式的定义与应用。

技能拓展

分析网页页面（http://192.168.0.1/xslx/xxpc/index.html）

5.3　正则表达式

☞ 你将获取的能力：

能够使用 re 模块中的函数查找匹配的字串；

能够理解正则表示式的作用；

能够表达较为简单的正则表示式的模式字符串。

使用 requests 库爬取网页源代码后，代码中包含了大量的信息，正则表达式可以快捷地找到需要的信息，例如影片的评分、下载地址等。正则表达式就是由特定字符组成，具有一定规则的字符串，它可以表示一类字符串。如图 5-3-1 所示，就像盖板上的镂空部分是具有一定大小的三角形，这就是一种规则，一旦盖板盖在玩具盒上，虽然盒内玩具截面尺寸基本相同，但只有三角形玩具才有可能从盖板上漏出。

下面是著名诗人余光中的一首诗《乡愁》，现设计如图 5-3-2 所示的遮罩模型，除"一"和"的"这两字外，还有两处镂空，镂空部分表示可以是任意文字。试着用这个遮罩模型在这首诗中找找符合条件的文字有哪些，结果如下：

图 5-3-1　儿童玩具

图 5-3-2　遮罩模型

乡愁

作者：余光中

小时候，

乡愁是 ▮一枚小小▮的▮邮票▮，

我在这头，

母亲在那头。

长大后，

乡愁是 ▮一张窄窄▮的▮船票▮，

我在这头，

新娘在那头。

后来啊，

乡愁是 ▮一方矮矮▮的▮坟墓▮，

我在外头，

母亲在里头。

而现在，

乡愁是 ▮一湾浅浅▮的▮海峡▮，

我在这头，

大陆在那头。

也就是 ▮一▮　▮的▮　▮ 在这首诗中代表的字符串有：

"一枚小小的邮票"、

"一张窄窄的船票"、

"一方矮矮的坟墓"、

"一湾浅浅的海峡"。

于是设计程序时只要告知程序从这首诗中按照 ▮一▮　▮的▮　▮ 搜索和提取字符串，就可以自动提取这些字符串。

▮一▮　▮的▮　▮ 就可以理解为正则表达式。如果把遮罩模型设计为 ▮　▮在▮　▮海▮，结果又是怎样呢？

可见正则表达式使用某种预定义的模式去匹配一类具有相同特点的字符串，主要用于处理字符串，可以快速、准确地完成查找、替换等处理要求，在文本编辑与处理、网络爬虫等场合有着很重要的应用。在 Python 中，re 模块提供了正则表达式操作所需的功能。

5.3.1 案例：提取影片评分

在影片宣传网页的源代码中有许多影片评分信息。运用正则表达式在如下源代码中自动提取影片评分分值：

```
<div align="center">独行月球</div>
<div align="center">评分：8 分</div>
```

运行资源包中的"5-3-1.py"程序，输出结果为：

```
['8']
```

1. 示例代码

第 01 行　import re　　　　　　　　　#导入 re 模块
第 02 行　content=''' 独行月球
　　　　　<div align="center">评分：8 分</div>'''
　　　　　#变量 content 意为内容，保存网页源代码中和影片评分相关的代码
第 03 行　result=re.findall('\d',content)#变量 result 意为结果，以正则表达式提取评分值
第 04 行　print(result)　　　　　　　　#输出结果

2. 思路简析

程序设想：

（1）示例代码第 1 行导入 re 模块后即可应用 re 模块中的相关函数和正则表达式。

（2）re 模块中 re.findall(pattern,string)函数：

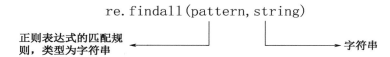

功能：在字符串中找到正则表达式所匹配的所有子串，并以列表类型返回，如果没有找到匹配的，则返回空列表。

（3）要从代码第 2 行字符串变量 content 中把评分分值提取出来，设计匹配数字的正则表达式是关键。

由于在字符串变量 content 中评分分值均为 0 至 9 的一位整数，而正则表达式的模式为'\d'可以匹配 0 至 9 中任意一个数字字符，所以设计正则表达式为'\d'。

正则表达式模式是正则表达式的一部分，它定义了要匹配的字符串的模式，例如'\d'。正则表达式通常会包含一个或多个正则表达式模式，用于匹配字符串。

运行程序就会输出：['8']

5.3.2　正则表达式一：乡愁

正则表达式是一种特殊的字符串，通常以"r"为字符串前缀，表示该正则表达式中的字符都是原始字符，不会被解释为转义字符，例如"\"。表 5-3-1 列出了常见的正则表达式模式。

表 5-3-1　常见的正则表达式模式 1（re 表示某个正则表达式模式或组合）

模　式	描　　述
(re)	()表示分组，可以把匹配 re 模式的多个字符组合成一个整体并提取出来
^	从字符串的开头开始匹配
.	匹配除了换行符"\n"以外的任意一个字符 当 re.DOTALL 标记被指定时，则可以匹配包括换行符的任意字符
re{n}	用于指定 re 模式（可以是字符、字符集合或分组）必须连续出现 n 次才能匹配成功，其中 n 是正数
re*	匹配 0 个或多个 re 模式的表达式
re+	匹配 1 个或多个 re 模式的表达式
\d	匹配一个数字字符，等价于[0-9]
\d+	匹配一个或多个连续的数字字符
re?	匹配 0 个或 1 个由定义的字符串，非贪婪方式
[^...]	匹配不在[ ]中的字符，例如[^abc] 匹配除'a'、'b'、'c'外的字符
[...]	匹配[ ]中的任意一个字符，例如[abc] 匹配'a'、'b'或'c'

例 1：将示例代码修改为：

第 01 行　import re
第 02 行　content='乡愁是一枚小小的邮票'
第 03 行　result=re.findall(r'^乡愁(.)',content)
第 04 行　print(result)

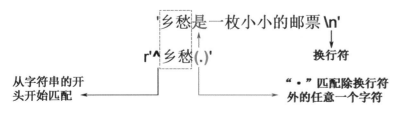

图 5-3-3　图解 r'^乡愁(.)'

从图 5-3-3 可知，"^"要求从字符串"乡愁是一枚小小的邮票"开始处就进行匹配，前两个汉字必须为"乡愁"，"( )"表示要输出的匹配的文本，其中的符号"."匹配除换行符外的任意一个字符，因此匹配结果为字符串中的"是"，即输出结果为：

['是']

如果把"r'^乡愁(.)'"改为"r'^乡愁(..)'",则输出结果为：

['是一']

如果把"r'^乡愁(.)'"改为"r'^乡愁(...)'",则输出结果为：

['是一枚']

由此可见一个"."匹配除换行符外的任意一个字符，多个"."则匹配相应个数的字符。

如果把"r'^乡愁(.)'"改为"r'^乡愁(.{3})'"，则输出结果为：

['是一枚']

可见此处"{3}"用于表示 3 个"."，因此输出了字符串中"乡愁"之后的 3 个字符。

如果把"r'^乡愁(.)'"改为"r'^乡愁(.*)'"，则输出结果为：

['是一枚小小的邮票']

"re*"匹配 0 个或多个的 re 模式。可见此处".*"用于表示 0 个或多个"."，即可以匹配任意个字符，包括没有字符的情况，因此输出了字符串中"乡愁"之后的所有字符。

如果把"r'^乡愁(.)'"改为"r'[^乡愁]'"，则输出结果为：

['是', '一', '枚', '小', '小', '的', '邮', '票']

可见"[^乡愁]"应用了"[^...]"模式，匹配字符串"乡愁是一枚小小的邮票"中除"乡愁"外的字符，返回类型为列表。

例 2：将示例代码修改为：

```
第 01 行  import re
第 02 行  content='''乡愁
第 03 行  作者：余光中
第 04 行  小时候
第 05 行  乡愁是一枚小小的邮票
第 06 行  我在这头
第 07 行  母亲在那头
第 08 行  长大后
第 09 行  乡愁是一张窄窄的船票
第 10 行  我在这头
第 11 行  新娘在那头
第 12 行  后来啊
第 13 行  乡愁是一方矮矮的坟墓
第 14 行  我在外头
第 15 行  母亲在里头
第 16 行  而现在
```

第 17 行　乡愁是一湾浅浅的海峡
第 18 行　我在这头
第 19 行　大陆在那头'''
第 20 行　result=re.findall(r'作者：(.*)',content)
第 21 行　print(result)

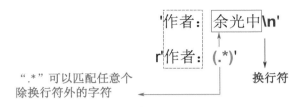

图 5-3-4　图解 r'作者：(.*)'

从图 5-3-4 可知，content 字符串中就一处包含"作者："，".*"可以匹配任意个除换行符外的字符，因此遇见换行符当前匹配过程就结束了，即输出结果为：

['余光中']

若要实现类似 ![一___的___] 的方法在这首诗中提取以下字符串：

"一枚小小的邮票"、
"一张窄窄的船票"、
"一方矮矮的坟墓"、
"一湾浅浅的海峡"。

则将代码中的"r'作者：(.*)'"修改为"r'(一.*的.*)'"即可。

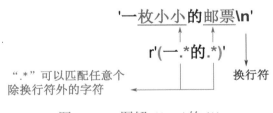

图 5-3-5　图解 r'(一.*的.*)'

从图 5-3-5 可知，"()"中为要匹配的文本，从"一"开始，在"的"前后均可匹配任意个除换行符外的字符，即输出结果为：

['一枚小小的邮票', '一张窄窄的船票', '一方矮矮的坟墓', '一湾浅浅的海峡']

5.3.3　正则表达式二：提取影片名称与评分

网页页面中影片评分部分源代码如图 5-3-6 所示。

```
<div class="list-item">
    <a href="video/one.mp4"><img src="images/one.jpg" width="200"></a>
    <div align="center">我和我的祖国</div>
    <div align="center">评分：10 分</div>
</div>
<div class="list-item">
    <a href="video/two.mp4"><img src="images/two.jpg" width="200"></a>
    <div align="center">平凡英雄</div>
    <div align="center">评分：9 分</div>
</div>
<div class="list-item">
    <a href="video/three.mp4"><img src="images/three.jpg" width="200"></a>
    <div align="center">妈妈</div>
    <div align="center">评分：8.5 分</div>
</div>
```

图 5-3-6　网页页面中影片评分部分源代码

现将 5.3.1 节示例代码中的变量 content 修改为图 5-3-6 中网页页面中影片评分相关源代码片段，查看能否实现自动提取评分分值。

第 01 行　`import re`

第 02 行　`content='''<div class="list-item">`

第 03 行　　`<a href="video/one.mp4"><img src="images/one.jpg" width="200"></a>`

第 04 行　　`<div align="center">我和我的祖国</div>`

第 05 行　　`<div align="center">评分：10 分</div>`

第 06 行　`</div>`

第 07 行　`<div class="list-item">`

第 08 行　　`<a href="video/two.mp4"><img src="images/two.jpg" width="200"></a>`

第 09 行　　`<div align="center">平凡英雄</div>`

第 10 行　　`<div align="center">评分：9 分</div>`

第 11 行　`</div>`

第 12 行　　`<div class="list-item">`

第 13 行　　`<a href="video/three.mp4"><img src="images/three.jpg" width="200"></a>`第 14 行　　`<div align="center">妈妈</div>`

第 15 行　　`<div align="center">评分：8.5 分</div>`

第 16 行　`</div>'''`

第 17 行　`result=re.findall('\d',content)`

第 18 行　`print(result)`

程序运行后，输出结果为：

```
['2','0','0','1','0','2','0','0','9','2','0','0','8','5']
```

这个结果与预期的结果['10', '9', '8.5']大相径庭。因为"\d"一次仅能匹配 0 到 9 任意一个数字，所以"width="200""中的数字被误认为是评分分值而被一个一个地提取出来，在"评分：10 分"中的"10"也被一个一个地提取为"1"和"0"。

如图 5-3-7 所示，可以清楚看到提取的每个数字来源于源代码的位置。

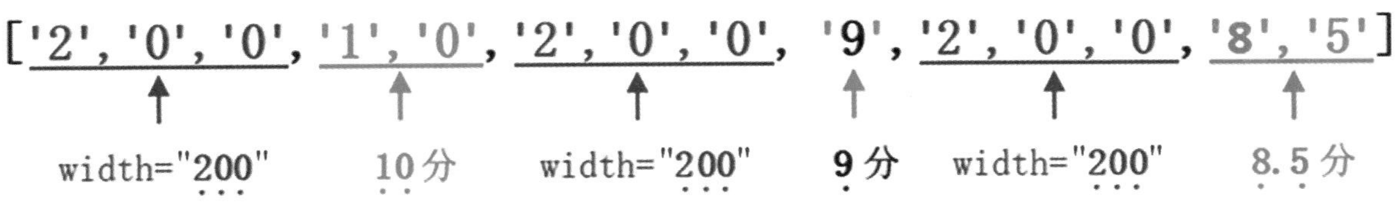

图 5-3-7　提取的数字与源代码的对应图

为了实现正确自动提取评分分值，观察"评分：10 分""评分：9 分""评分：8.5 分"，可以将正则表达式的模式设计为"评分：分"，于是将 result=re.findall('\d',content)中的"\d"修改为"r'评分：\d 分'"，输出结果为：

```
['评分：9 分']
```

为什么只提取了源代码中影片"平凡英雄"的评分？原因在于"\d"只匹配任意一个数字，"r'评分：\d 分'"只能匹配"评分："和"分"之间为一个数字的子串，继续修改"r'评分：\d 分'"为"r'评分：.*分'"，输出结果为：

```
['评分：10 分', '评分：9 分', '评分：8.5 分']
```

为了只提取分值，使用"( )"，进一步修改为"r'评分：(.*)分'"，输出结果为：

```
['10', '9', '8.5']
```

为了带上单位"分"，将"( )"的范围扩大，再次修改为"r'评分：(.*分)'"，输出结果为：

```
['10分', '9分', '8.5分']
```

如果只要提取带小数点的评分值，则可修改为"r'评分：(\d+[.]\d*分)'"，输出结果为：

```
['8.5分']
```

如图 5-3-8 所示，"[.]"决定了匹配的子串中必须含有小数点；"\d+"决定了小数点前可以是一位或者多位数字，而且只能是数字；"re*"匹配 0 个或多个的 re 模式，"\d*"决定了小数点后可以没有数字，如果有则只能是数字。因此'10 分'、'8 分'都不匹配，唯有'8.5 分'可匹配，当然也可以是'10.0 分'、'6.分'和'0.58 分'等。

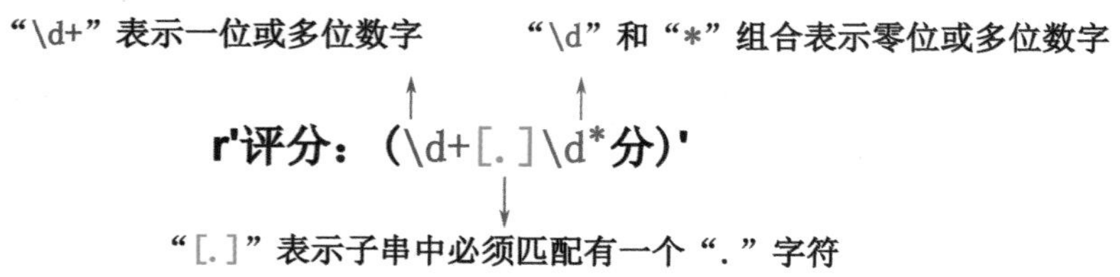

"\d+" 表示一位或多位数字　　　"\d" 和 "*" 组合表示零位或多位数字

r'评分：(\d+[.]\d*分)'

"[.]" 表示子串中必须匹配有一个 "." 字符

图 5-3-8　图解 r'评分：(\d+[.]\d*分)'

如果希望'10 分'、'9 分'和'8.5 分'都能匹配，只要将 "[.]" 和 "*" 配合使用，就可以表示小数点可有可无，修改为 "r'评分：(\d+[.]*\d*分)'"，输出结果为：

['10 分', '9 分', '8.5 分']

若希望将影片名称和相应的评分从源代码中同时提取出来，观察源代码中的目标字符子串：

我和我的祖国

评分：10 分

平凡英雄

评分：9 分

妈妈

评分：8.5 分

它们的结构相同，于是将代码中的正则表达式修改如下，即可提取影片名称和相应的评分。

r'<div align="center">(.*?)</div>'

( ) 中为需要提取的内容；

".*" 组合表示任意个任意字符（除换行符）；

? 为非贪婪模式，提取满足前面正则表达式的最小子串。

输出结果为：

['我和我的祖国', '评分：10 分', '平凡英雄', '评分：9 分', '妈妈', '评分：8.5 分 ']

此处 "?" 为非贪婪模式，提取满足正则表达式的最小子串。本例中变量 content 中的字符串内每行代码之后都有换行符，".*" 无法匹配换行符，因此 "?" 在本例中作用不明显，将代码中的正则表达式修改为"r'<div align="center">(.*)</div>'"，运行程序后输出结果不变。

为了进一步理解 "?" 的作用，现将上述代码中变量 content 字符串中的换行符删除并简化，修改后代码如下：

第 01 行　`import re`

第 02 行　`content='''<tdwidth="200" valign="top"><div align="center">我和我的祖国</div><div align="center">评分：10 分</div></td>'''`

第 03 行　`result=re.findall(r'<div align="center">(.*?)</div>',content)`

第 04 行　`print(result)`

运行程序，输出结果为：

['我和我的祖国', '评分：10 分']

如果删除"?"，将 result=re.findall(r'<div align="center">(.*?)</div>',content)修改为：

result=re.findall(r'<div align="center">(.*)</div>',content)

运行程序，则输出结果为：

['我和我的祖国 评分：10 分']

贪婪模式与非贪婪模式匹配内容对比如图 5-3-9 所示，贪婪模式按照尽可能大的模式匹配子串，因此在变量 content 字符串中匹配</div>时，遇见</div>之后发现还有</div>，就忽略了</div>，从而将范围扩大到</div>，这样图中红色虚线框内的内容就成了输出结果。

而非贪婪模式则用尽可能小的模式匹配子串，在变量 content 字符串中匹配</div>时，遇见</div>之后就与之匹配，这样图中蓝色虚线框内的内容就成了第一次匹配的子串。re.findall( )继续在后续的"<div align="center">评分：10 分</div>"中查找匹配的子串，于是"评分：10 分"就成了第二次匹配的子串，因此最终输出结果为['我和我的祖国','评分：10 分']。

图 5-3-9　贪婪模式与非贪婪模式匹配内容对比图

5.3.4　正则表达式三：在网页中提取影片的链接地址

要在网页中提取影片的链接地址，首先观察网页的相关源代码，例如以下代码片段：

```
<div class="list-item">
    <a href="video/one.mp4"><img src="images/one.jpg" width="200"></a>
    <div align="center">我和我的祖国</div>
    <div align="center">评分：10 分</div>
</div>
<div class="list-item">
    <a href="video/two.mp4"><img src="images/two.jpg" width="200"></a>
    <div align="center">平凡英雄</div>
    <div align="center">评分：9 分</div>
</div>
```

分析其中要提取的影片链接地址为代码中 href 的属性值，即如下双引号内的字符串，注

意不包含双引号：

```
"video/one.mp4"
"video/two.mp4"
```

可见红色框内的内容相同，于是匹配字符串时，凡是以"video/"开头的字符串都将成为目标字符串，继续匹配下一个字符，直到遇到字符是双引号则停止匹配，这样就可以把一对双引号内的字符串提取出来，因此正则表达式可以设计为：

$$r'video/[\^"]+'$$

> "[\^"]"表示匹配除双引号""外的任意字符，+ 表示前面的字符至少出现一次或更多次。
>
> 该正则表达式匹配以"video/"开头，并且后面紧跟着一个或多个非双引号字符的文本，直到遇见""结束匹配。

于是代码设计为：

```
第 01 行  import requests,re                          #导入 requests 库和 re 模块
第 02 行  url="http://192.168.0.1/xslx/xxpc/index.html"   #设置变量 url 为网址
第 03 行  req= requests.get(url)                       #获取网页源代码
第 04 行  req1= req.content.decode( )                  #编码转换
第 05 行  result=re.findall(r'video/[^"]+',req1)
第 06 行  print(result)
第 07 行  for i in result:
第 08 行      print("http://192.168.0.1/" + i)
```

运行程序，注意在图 5-1-2 第 21 行缩略的代码段中还有一个"video/zero.mp4"，因此输出结果为：

```
['video/zero.mp4','video/one.mp4','video/two.mp4','video/three.mp4','video/
four.mp4','video/five.mp4']
http://192.168.0.1/video/zero.mp4
http://192.168.0.1/video/one.mp4
http://192.168.0.1/video/two.mp4
http://192.168.0.1/video/three.mp4
http://192.168.0.1/video/four.mp4
http://192.168.0.1/video/five.mp4
```

知识小结

1. re.findall(pattern,string[,flags])的使用。

2. 正则表达式的使用。

📖 技能拓展

1．re 模块中的常用函数

说明：以下函数中参数 pattern 为正则表达式的字符串；参数 string 为待匹配的字符串；参数 flags 为可选项，控制匹配方式，如是否区分大小写、多行匹配等。

（1）re.findall(pattern,string[,flags])

在待匹配的字符串中找到正则表达式所匹配的所有子串，并以列表类型返回，如果没有找到匹配的，则返回空列表。例如示例代码第 3 行。

（2）re.match(pattern,string[,flags])

从待匹配的字符串的开始位置起匹配正则表达式，返回一个匹配的 re.match 类对象，而不是匹配的内容，通过调用 span( )函数可以获得匹配结果的位置，通过调用 group( )函数可以获得匹配结果。如果没有找到匹配的，则返回 None。

（3）re.search(pattern,string[,flags])

从待匹配的字符串中搜索匹配正则表达式的第一个位置，返回一个匹配的 re.match 类对象，而不是匹配的内容，通过调用 span( )函数可以获得匹配结果的位置，通过调用 group( )函数可以获得匹配结果。如果没有找到匹配的，则返回 None。

（4）re.split(pattern,string[,maxsplit][,flags])

参数 maxsplit 可选，意为分隔次数；

该函数将待匹配的字符串按照正则表达式匹配结果进行分割，并以列表类型返回，如果没有找到匹配的，则返回一个含原字符串的列表。例：re.split('[b]', 'abcd'),以 b 为分隔符分割字符串'abcd'得到['a','cd']。

（5）re.sub(pattern,repl,string[,count][,flags])

参数 repl 意为用于替代的字符串；

参数 count 可选，意为模式匹配后替换的最大次数，默认值为 0 表示替换所有的匹配子串；

该函数在待匹配的字符串中替换所有匹配正则表达式的子串，返回替换后的字符串。

（6）re.finditer(pattern,string[,flags])

在待匹配的字符串中找到正则表达式所匹配的所有子串，并以迭代类型返回匹配结果，每个迭代元素是匹配的子串的对象。例：it=re.finditer('[ab]', 'This is a beautiful girl')返回<callable_iterator object at 0x02DA7370>。查看元素需要迭代生成一个列表的方式[i.group( ) for i in it]，得到：['b', 'a', 'a']。

有关参数 flags 的说明，参见表 5-3-4。

2. 正则表达式

正则表达式还有一些除表 5-3-1 以外的常见模式、应用举例、常见标志分别见表 5-3-2～5-3-4。其中 re 表示某个正则表达式模式或组合。

表 5-3-2　正则表达式的常见模式 2

模　式	说　明
$	匹配字符串的末尾
re{n,}	匹配 n 个 re 模式。例如，o{2,}不能匹配"Bob"中的"o"，但能匹配"foooood"中的所有 o。"o{1,}"等价于"o+"。"o{0,}"则等价于"o*"
re{n,m}	匹配 n 到 m 次由 re 模式定义的片段，贪婪方式
a|b	匹配 a 或 b
\w	匹配包括下画线的任何单词字符。等价于'[A-Za-z0-9_]'
\W	匹配任何非单词字符。等价于'[^A-Za-z0-9_]'
\s	匹配任何空白字符，包括空格、制表符、换页符等。等价于[\f\n\r\t\v]
\S	匹配任何非空白字符。等价于[^\f\n\r\t\v]
\D	匹配一个非数字字符。等价于[^0-9]
\A	匹配字符串开始
\Z	匹配字符串结束，如果是存在换行，只匹配到换行前的结束字符串
\z	匹配字符串结束
\n, \t,	匹配一个换行符，匹配一个制表符

表 5-3-3　正则表达式的应用举例

举　例	描　述
[Pp]ython	匹配"Python"或"python"
[gf]ood	匹配"good"或"food"
[aeiou]	匹配中括号内的任意一个字母
[0-9]	匹配任何数字。类似于[0123456789]
[a-z]	匹配任何小写字母
[A-Z]	匹配任何大写字母
[a-zA-Z0-9]	匹配任何字母及数字
[^aeiou]	匹配除 aeiou 字母外的所有字符
[^0-9]	匹配除数字外的字符

表 5-3-4　正则表达式的常见标志

标　志	说　明
re.I	表示不区分大小写
re.M	表示多行模式，^和$的位置匹配每一行的开始和结束
re.S	表示行尾的换行符被当作普通字符对待
re.U	表示在搜索文本时，将字符匹配和大小写转换依赖于当前的本地化环境
re.X	表示忽略正则表达式中的空白字符
re.Y	表示忽略正则表达式中的空白字符和注释

5.4　文件的读写

🔆 你将获取的能力：

能够理解文件的读写过程并掌握文件读写的方法；

能够保存和输出采集的数据。

从网页爬取数据之后，通常要把这些数据存储起来，以便以后使用。如图 5-4-1 所示 Python 可以将数据写入文件或数据库，并从中读取出来。使用 Python 标准库就可以读写 txt 和 csv 等文件。本节主要介绍读取和写入 txt 文件，操作前请将资源包中的"练习"文件夹复制粘贴到 D 盘根目录下。

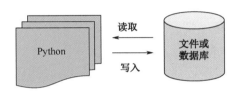

图 5-4-1　读写文件

5.4.1　案例 1：从影评文件中读取内容

读取并输出"D:\练习\影评.txt"文件中的内容，运行资源包中的"5-4-1.py"程序，输出结果：

我和我的祖国，评分：10 分

平凡英雄，评分：9 分

妈妈,评分：8.5 分

1.　示例代码

```
第 01 行 file= open('D:\\练习\\影评.txt','r')    #打开文件，file 为文件英文
第 02 行 content=file.read()                    #读取文件，content 意为内容
第 03 行 print(content)                         #输出内容
第 04 行 file.close()                           #关闭文件
```

2.　思路简析

（1）读取或写入文件的过程可谓三部曲：

打开文件　读写文件　关闭文件

（2）open('D:\\练习\\影评.txt', 'r')函数的作用为以只读的方式打开"D:\练习\影评.txt"文件。创建一个 file 对象，将文件内容赋值给变量 file。

字符串参数'D:\\练习\\影评.txt'中的\为转义字符，因此\\表示路径分隔符\。

5.4.2 file 对象和相关方法

1. open(file[,mode][,encoding=None])函数

打开一个文件，创建一个 file 对象。

参数 file：文件名

参数 mode：可省略，具体说明见表 5-4-1。

表 5-4-1　参数 mode 说明

mode	说　　明
r	以只读方式打开文件。这是默认模式。文件必须存在，不存在抛出错误
rb	以二进制格式打开一个文件用于只读
r+	打开一个文件用于读写。文件指针将会放在文件的开头。读完就追加
w	打开一个文件只用于写入。如果该文件已存在则将其覆盖。如果该文件不存在，则创建新文件
w+	打开一个文件用于读写。如果该文件已存在则将其覆盖。如果该文件不存在，则创建新文件
a	打开一个文件用于追加。如果该文件已存在，文件指针将会放在文件的结尾。也就是说，新的内容将会被写到已有内容之后。如果该文件不存在，则创建新文件进行写入
a+	打开一个文件用于读写。如果该文件已存在，文件指针将会放在文件的结尾。文件打开时会是追加模式。如果该文件不存在，则创建新文件用于读写

参数 encoding：可省略，默认为 None。该参数为编码方式，支持的中文编码有：utf-8、gbk 和 gb2312，其中 uft-8 为国际通用的编码方式。文件的读写操作默认使用系统编码，可以通过调用 sys.getdefaultencoding( )来查看系统默认编码。

例 1：解析 5.4.1 节示例代码第 1 行，如图 5-4-2 所示。

图 5-4-2　open( )函数

2. file 对象

open 函数创建了 file 对象，表 5-4-2 列出了 file 对象的常用方法。

表 5-4-2 file 对象的常用方法

方 法	说 明
file.close( )	关闭文件，释放文件对象
file.next( )	返回文件下一行
file.read([size])	从文本文件中读取 size 个字符，如果省略则表示读取所有内容
file.readable( )	可以读取
file.readline( )	从文本文件中读取一行内容，包括"\n"字符
file.readlines([sizeint])	读取所有行并返回列表，若 sizeint>0，则是设置一次读多少字节，目的是减轻读取压力
file.seek(offset[, whence])	设置文件当前位置
file.tell( )	返回文件当前位置
file.write(str)	把字符串 str 写入文件，返回的是写入的字符长度
file.writelines(sequence)	向文件写入一个序列字符串列表，如果需要换行则要自己加入每行的换行符

例 1：将"我和我的祖国 ，评分：10 分"写入"D:\练习\影评数据.txt"文件。

程序设想：

按照读写文件三部曲，首先以写的方式打开"D:\练习\影评数据.txt"文件，就可以使用 file.write(str)方法写入数据，最后关闭文件，释放文件对象。

设计代码为：

```
第 01 行 content='我和我的祖国 ，评分：10 分'        #定义字符串
第 02 行 file=open('D:\\练习\\影评数据.txt','w')      #打开文件
第 03 行 file.write(content)                          #写入内容
第 04 行 file.close( )                                #关闭文件
```

注意：

以 w 方式打开"D:\练习\影评数据.txt"文件，如果该文件已存在则将其覆盖。如果要往该文件添加内容，则需要以 a 或 a+的方式打开"D:\练习\影评数据.txt"文件。

5.4.3 with 语句

打开文件后，必须关闭文件释放内存空间，否则就会一直占用系统资源，而且还可能导致其他安全隐患。为了简化这一步骤，使用 with 语句可以自动在读写文件后关闭文件。

以 5.4.2 小节中的例 1 为参考，将其代码修改为：

```
第 01 行 content='我和我的祖国 ，评分：10 分'               #定义字符串，content 为内容
第 02 行 with open('D:\\练习\\影评数据.txt', 'w') as file:   #打开文件
第 03 行     file.write(content)                            #写入内容
```

其中变量 file 为打开文件后生成的 file 对象，注意第 3 行代码需要缩进。

5.4.4 案例2：保存并读取在网页中提取的影片链接地址

要求将 5.3.5 小节在网页中提取的影片链接地址写入"D:\练习\链接地址.txt"文件，然后读取该文件并输出文件内容。

程序设想：

1．在网页中提取影片的链接地址，参见代码第 1 行至第 5 行；

2．将提取到的影片链接地址分行写入"D:\练习\链接地址.txt"文件，参见代码第 7 行至第 9 行；

3．使用 file.readline( )方法逐行读取"D:\练习\链接地址.txt"文件内容并输出，参见代码第 11 行至第 15 行。

程序代码：

```
第01行    import requests,re
第02行    url="http://192.168.0.1/xslx/xxpc/index.html"
第03行    req= requests.get(url)                        #获取网页源代码
第04行    req1= req.content.decode( )                   #编码转换
第05行    result=re.findall(r'video/[^"]+',req1)
第06行    print('***将查找到的链接地址写入文件***')      #变量名 result 意为结果
第07行    with open('D:\\练习\\链接地址.txt', 'w') as file:  #打开文件
第08行        for i in result:
第09行            file.write("http://192.168.0.1/"+i+'\n')
                                                       #写入内容，\n 为换行符
第10行    print('***数据写入完毕，现读取"链接地址.txt"中的内容***')
第11行    with open('D:\\练习\\影评数据.txt', 'r') as file:  #打开文件
第12行        content=file.readline( )                    #读取文件中一行内容
第13行        while content:                             #若 content 非空，则输出并读取文件下一行
第14行            print(content)
第15行            content= file.readline( )
```

运行程序，输出结果：

```
***将查找到的链接地址写入文件***
***数据写入完毕，现读取"链接地址.txt"中的内容***
http://192.168.0.1/video/zero.mp4
http://192.168.0.1/video/one.mp4
http://192.168.0.1/video/two.mp4
http://192.168.0.1/video/three.mp4
http://192.168.0.1/video/four.mp4
http://192.168.0.1/video/five.mp4
```

知识小结

1. 读取或写入文件的过程。

2. open(file[,mode][,encoding=None])函数。

3. file 对象和相关方法。

4. 读写文件的 with 语句。

技能拓展

把以下内容通过程序写入"成绩.txt"文件中，然后自动读取该文件，计算并输出每位学生 4 门科目的总成绩。

姓名	语文	英语	数学	Python
小王	90	88	99	100
小李	60	70	45	70
小张	77	66	56	98
小赵	85	86	81	89

6 词汇

6.1 创建文件夹

Backspace['bækspeɪs] 退格键
change [tʃeɪndʒ] 改变
current ['kɜːrənt] 目前的
directory[dəˈrektərɪ] 目录
exist[ɪgˈzɪst] 存在

提示信息:
FileNotFoundError: [WinError 3] 系统找不到指定
  的路径: 'D:\\xslx\\梁羽生小说\\大唐系列'

found[faʊnd] 找到，发现

6.2 整理文件与文件夹

move[muːv] 移动
archive[ˈɑːrkaɪv] 存档，档案文件
base [beɪs] 基础
drive[draɪv] 驱动器

6.3 重命名批量文件

rename [ˌriːˈneɪm] 重新命名
copy[ˈkɑːpɪ] 复制

第 6 章

文件管理

本章节涉及的内容

- 创建和管理文件夹
- 遍历文件和文件夹
- 复制、移动文件和文件夹
- 删除文件和文件夹
- 重命名文件和文件夹
- 拼接和切割文件路径

6.1 创建文件夹

☞ 你将获取的能力：

能够自动创建文件夹；

能够获取及改变当前文件夹；

能够理解绝对路径和相对路径；

能够正确处理路径间隔符，正确表达路径；

能够判断文件或文件夹是否存在。

优秀的武侠小说在文化传承、价值观塑造、文学创作等方面都具有积极意义。它是我国广受喜爱的文化符号和精神标志，对人们的思想道德和文化自信等方面具有重要的实际意义。优秀的武侠小说具有浓厚的人文主义色彩，呈现了人性的美好和积极向上的精神风貌。它不仅开阔人们的审美视野，还给人以丰富的情感体验，常表现出坚毅和无畏的精神，激励着我们敢于挑战，勇于创新，为实现中华民族伟大复兴努力奋斗。具有代表性的作家有金庸、梁羽生等。其中梁羽生一生共写了 36 部武侠小说，分七大系列：

一、大唐系列：大唐游侠传，龙凤宝钗缘，慧剑心魔

二、天骄系列：飞凤潜龙，武林天骄，狂侠天娇魔女，鸣镝风云录，瀚海雄风，风云雷电

三、萍踪系列：还剑奇情录，萍踪侠影录，散花女侠，联剑风云录，广陵剑

四、天山系列：白发魔女传，塞外奇侠传，七剑下天山，江湖三女侠，冰魄寒光剑，冰川天女传，云海玉弓缘，冰河洗剑录，风雷震九州，侠骨丹心，游剑江湖，牧野流星，弹指惊雷，绝塞传烽录

五、剑网系列：剑网尘丝，幻剑灵旗

六、晚晴系列：草莽龙蛇传，龙虎斗京华

七、未成系列：女帝奇英传，武当一剑，武林三绝

小王收集了这些小说的大量文档，希望通过设计程序实现自动归类整理，他该怎么做呢？

os 模块是 Python 标准库中用于访问操作系统的重要模块，应用 os 模块可以方便管理文件和文件夹，实现文档的自动归类整理。

6.1.1 案例：根据系列名称创建文件夹

要将小王收集的梁羽生小说文档归类整理到 7 个系列中，首先得为 7 个系列创建相应的文件夹。运行程序"6-1-1.py"，结果如图 6-1-1 所示。

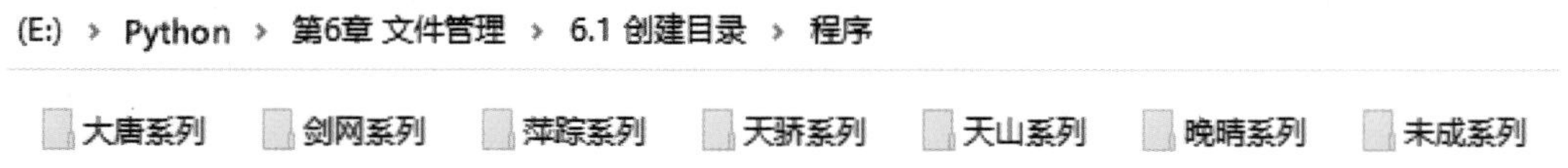

图 6-1-1　在当前工作文件夹下创建梁羽生小说系列文件夹

1. 示例代码

```
第 01 行  import os              #导入 os 模块
第 02 行  xilie = ['大唐系列','天骄系列','萍踪系列','天山系列','剑网系列','晚晴系列',
          '未成系列']            #变量 xilie 为系列的拼音，存放小说系列的名称
第 03 行  for i in xilie:        #遍历 xilie 列表
第 04 行      os.mkdir(i)        #创建目录
```

2．思路简析

导入 os 模块后，通过 for 循环依次读取列表 xilie 中 7 个小说系列的名称，使用 os 模块的 mkdir( )函数为每个系列创建对应的文件夹。

6.1.2　os 模块中的常用函数

1．os.mkdir(path)函数

os.mkdir(path)是 os 模块中用于创建文件夹的函数，mkdir 是 make directory 的缩写，参数 path 为路径。

例如 os.mkdir('大唐系列')，会在当前文件夹下创建"大唐系列"文件夹。

2．怎样理解当前文件夹

（1）绝对路径。

绝对路径是从盘符开始指明文件或文件夹所处位置的完整路径，例如"E:\Python\第 6 章 文件管理\6.1 创建目录\程序\大唐系列"。

（2）相对路径。

相对路径是以当前文件夹为参考位置，指明文件或文件夹所处的相对位置。

下面以图 6-1-1 "E:\Python\第 6 章 文件管理\6.1 创建目录\程序\大唐系列"文件夹为例，说明它的相对路径。

如果当前文件夹为"E:\Python\第 6 章 文件管理\6.1 创建目录\程序"，则它的相对路径就是"大唐系列"。

如果当前文件夹为"E:\Python\第 6 章 文件管理"，则它的相对路径就是"6.1 创建目录\程序\大唐系列"。

os.mkdir(path)函数中的参数 path 可以使用绝对路径或相对路径。使用绝对路径时，需要确定路径中各级文件夹是否已经存在。使用相对路径时必须知道当前工作文件夹的路径，才能准确描述目标文件夹的相对路径。

3．怎样改变当前工作文件夹

改变当前工作文件夹的函数为 os.chdir(path)，为证明文件夹是否已经切换，需要使用 os.getcwd( )函数获取当前工作文件夹。

os.getcwd( )：

功能：获取当前文件夹的路径。

说明：getcwd 为 get current work directory 的缩写。

os.chdir(path)：

功能：改变当前文件夹为参数 path 指定的文件夹。

说明：chdir 为 change directory 的缩写。

（1）示例代码

```
第01行   import os
第02行   print(os.getcwd( ))
第03行   os.chdir('D:\\ ')                #\\为转义字符，表示\
第04行   os.mkdir('大唐系列')
第05行   os.chdir('大唐系列')
第06行   print(os.getcwd( ))
```

输出结果：

```
E:\Python\第 6 章 文件管理\6.1 创建目录\程序\大唐系列
D:\大唐系列
```

（2）思路简析

第 2 行显示的是原始的当前工作文件夹，第 3 行把当前工作文件夹切换到"D:\"，第 5 行又把当前工作文件夹切换到新建的"大唐系列"文件夹，第 6 行显示结果。

4. os 模块常见函数

os 模块提供的函数都比较实用，表 6-1-1 列举的是 os 模块的常用函数及功能，具体使用方法将在后面章节中一一说明。

表 6-1-1　os 模块的常用函数及功能

序　号	函　数　名	功　　能
1	mkdir(path)	在指定位置创建新文件夹
2	makedirs(path)	创建级联文件夹，自动补全路径中残缺的文件夹
3	getcwd( )	返回表示当前文件夹的字符串
4	chdir(path)	改变当前文件夹为指定 path 对应的文件夹
5	listdir(path)	返回一个包含 path 中所有直接子文件夹和文件的名称列表
6	walk(path)	遍历文件夹树中每一个子文件夹
7	rename(src,dst)	将源文件或文件夹 src 重命名为目标文件或文件夹 dst
8	replace(src,dst)	将源文件或文件夹 src 替换为目标文件或文件夹 dst。如果目标存在，则替换
9	remove(path)	删除文件 path，如果是文件夹，则提示出错
10	rmdir(path)	删除空文件夹 path，如文件夹不为空，则提示出错

6.1.3　路径间隔符

路径间隔符指的是文件夹之间或文件和文件夹之间的间隔符"\"，观察以下例子，分析例 2 错误的原因。

例 1：

```
print('D:\梁羽生小说')
```

输出结果：

```
D:\梁羽生小说
```

例 2：

```
print('D:\xslx\梁羽生小说')        #文件夹名"xslx"为"学生练习"的拼音缩写
```

输出结果：

```
print('D:\xslx\梁羽生小说')
       ^
SyntaxError: (unicode error) 'unicodeescape' codec can't decode bytes in
position 2-3: truncated \xXX escape
```

报错的大意是出现了语法错误，由于'\x'为转义字符，所以解码器无法正常解码。

例 1 正常，例 2 出错，同样的'\'，不一样的结果，这是为什么呢？

原来计算机在运行例 2 代码时，如下方红框所示，将\xslx 理解为具有特殊意义的转义字符\xXX，参见表 6-1-2。'\x'是转义字符，具有特定含义，其后 XX 应该为十六进制数，显然不能是 sl 这样的字母，因此报错，如图 6-1-2 所示。

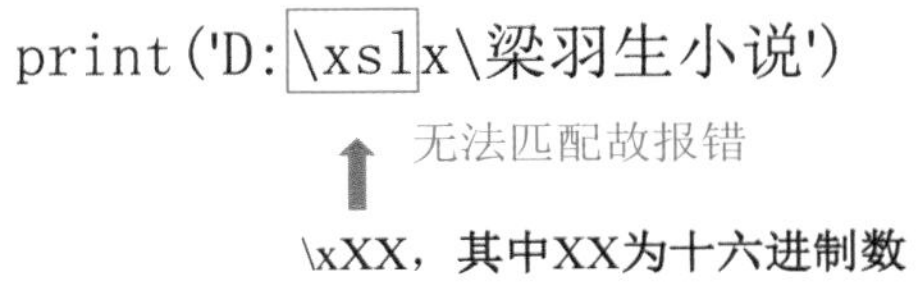

print('D:\xsl x\梁羽生小说')

↑　无法匹配故报错

\xXX，其中XX为十六进制数

图 6-1-2　例 2 报错解析

表 6-1-2　常见的转义字符

转义字符	描述	转义字符	描述
\	在行尾时表示续行符	\v	纵向制表符
\\	反斜杠符号	\t	横向制表符
\'	单引号	\f	换页
\"	双引号	\oXX	\o 表示后面的 XX 为八进制数，如：\o16
\b	退格(Backspace)	\xXX	\x 表示后面的 XX 为十六进制数，如：\x0f
\000	空		
\n	换行	\other	其他的字符以普通格式输出
\r	回车		

结合表 6-1-2 理解表 6-1-3 中的应用例子。

表 6-1-3   "\" 的应用例子

代　码	输 出 结 果	说　　明
print('D:\梁羽生')	D:\梁羽生	正常输出，属于表 6-1-2 中\other 的情况
print('D:\xslx')	SyntaxError: \xXX	因\x 后面不是十六进制数 0-F 而出错
print('D:\near\tb')	D: ear b	\n 为换行符 \t 为制表符

因此程序中的路径间隔符"\"需要特殊处理，这里有两种解决方案：

（1）使用'\\'代替'\'。

例如：

```
print('D:\\xslx')
```

输出结果：

```
D:\xslx
```

（2）r'字符串'。

r 为 raw 的缩写，意为"原始的"，表示后面的字符串不被理解为转义字符，例如：

```
print(r'D:\xslx\near\tb')
```

输出结果：

```
D:\xslx\near\tb
```

说明：'\x'，'\n'，'\t'为转义字符，但在该例子中并没有起作用；在文件路径和正则表达式中都会用到"r"，使后面的字符串不被转义字符干扰。

6.1.4   创建级联文件夹

如果尚未创建"D:\xslx"文件夹，现要创建"D:\xslx\梁羽生小说\大唐系列"文件夹：

```
os.mkdir(r'D:\xslx\梁羽生小说\大唐系列')
```

输出结果：

```
FileNotFoundError: [WinError 3] 系统找不到指定的路径：'D:\\xslx\\梁羽生小说\\大唐系列'
```

错误说明：

os.mkdir(r'D:\xslx\梁羽生小说\大唐系列')只能创建末级文件夹"大唐系列"，如果中间文件夹"xslx"或"梁羽生小说"不存在，则会报错。要解决这个问题，有 2 种办法：

（1）依次逐层创建文件夹。

```
os.mkdir(r'D:\xslx')
os.mkdir(r'D:\xslx\梁羽生小说')
os.mkdir(r'D:\xslx\梁羽生小说\大唐系列')
```

（2）os.makedirs(path)一次性创建多级文件夹。

os.makedirs(path)可一次性创建多级文件夹，即使中间文件夹不存在，也可自动创建补全，代码为：

```
os.makedirs(r'D:\xslx\梁羽生小说\大唐系列')
```

如果文件夹"D:\"下不存在"xslx"，要编写程序把 7 个小说系列的文件夹存放在"D:\xslx\梁羽生小说"路径下，6.1.1 节的示例程序可以改进如下：

```
第 01 行  import os
第 02 行  os.makedirs(r'D:\xslx\梁羽生小说')      #创建父文件夹 D:\xslx\梁羽生小说
第 03 行  os.chdir(r'D:\xslx\梁羽生小说')         #切换当前工作文件夹
第 04 行  xilie = ['大唐系列','天骄系列','萍踪系列','天山系列','剑网系列','晚晴系列',
         '未成系列']                             #变量 xilie 为系列的拼音，存放小说系列的名称
第 05 行  for i in xilie:                        #遍历 xilie 列表
第 06 行      os.mkdir(i)                         #使用相对路径，创建按小说系列命名的文件夹
```

输出结果如图 6-1-3 所示。

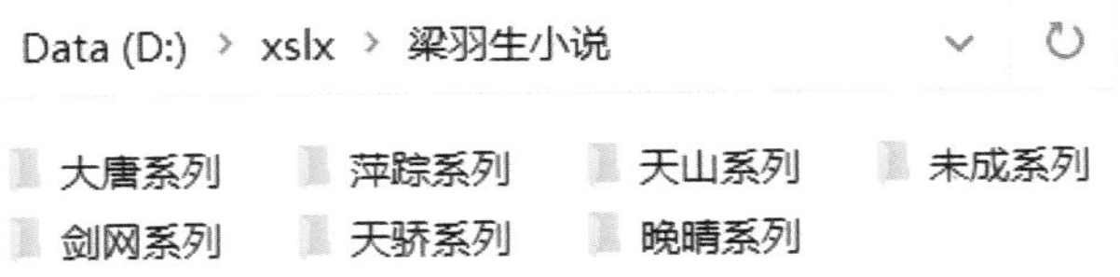

图 6-1-3　在指定位置创建小说系列文件夹

思路简析

本程序先使用 os.makedirs( )函数创建级联目录"D:\xslx\梁羽生小说"，再使用 os.chdir( )函数进入该目录，使用 os.mkdir( )函数创建各系列对应的文件夹，这里使用的是相对路径。

6.1.5　怎么知道文件或文件夹已经存在

当再次运行代码 os.makedirs(r'D:\xslx\梁羽生小说')时，会提示错误：

FileExistsError: [WinError 183] 当文件已存在时，无法创建该文件。

程序在创建文件夹前会先检测目标位置是否已经存在"D:\xslx\梁羽生小说"，如果已经

存在，则会放弃创建，并报错。要解决这个问题，可去 os 模块的子模块 os.path 中寻找对应的函数，os.path 中包含了许多与路径相关的函数，其中用于判断某个对象是否存在的函数有 3 个，分别是 os.path.exists( )、os.path.isdir( ) 和 os.path.isfile( )，见表 6-1-4。

表 6-1-4　判断对象是否存在的相关函数

函　　数	功　　能	值
os.path.exists( )	检测文件、文件夹是否存在	存在为 True，不存在为 False
os.path.isdir( )	检测文件夹是否存在	存在为 True，不存在为 False
os.path.isfile( )	检测文件是否存在	存在为 True，不存在为 False

假设已经存在如图 6-1-4 所示的目录结构，则执行以下语句：

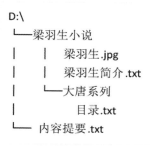

图 6-1-4　目录结构

（1）os.path.isfile(path)。

当参数 path 所指的对象是文件时，函数返回值为 True；当该对象不是文件或不存在时，返回值均为 False。例如：

```
print(os.path.isfile(r'D:\内容提要.txt'))
print(os.path.isfile(r'D:\梁羽生小说'))
print(os.path.isfile(r'D:\内涵摘要.jpg'))
```

输出结果：

```
True
False
False
```

（2）os.path.isdir(path)。

当参数 path 所指的对象是文件夹时，函数返回值为 True；当该对象不是文件夹或不存在时，返回值均为 False。例如：

```
os.path.isdir(r'D:\内容提要.txt')
os.path.isdir(r'D:\梁羽生小说')
os.path.isdir(r'D:\梁羽生小说\小唐系列')
```

输出结果：

```
False
True
False
```

（3）os.path.exists(path)。

当参数 path 所指的对象是文件或文件夹且存在时，函数返回值为 True；当该对象不存在时，返回值为 False。例如：

```
os.path.exists(r'D:\梁羽生.jpg')
os.path.exists(r'D:\梁羽生小说\梁羽生.jpg')
os.path.exists(r'D:\梁羽生小说\大唐系列')
os.path.exists(r'D:\梁羽生小说\小唐系列')
```

输出结果：

```
False
True
True
False
```

为避免重复创建文件夹而产生错误，6.1.4 节中改进的代码可进一步优化为：

第 01 行　import os

第 02 行　p = r'D:\xslx\梁羽生小说'

第 03 行　if os.path.isdir(p)==False:　#判断路径"D:\xslx\梁羽生小说"是否存在

第 04 行　　　os.makedirs(p)　　　　　#创建父文件夹 D:\xslx\梁羽生小说

第 05 行　os.chdir(p)　　　　　　　　#更改当前工作文件夹

第 06 行　xilie=['大唐系列','天骄系列','萍踪系列','天山系列','剑网系列','晚晴系列','未成系列']

第 07 行　for i in xilie:

第 08 行　　　if not os.path.isdir(i):#判断该文件夹是否存在

第 09 行　　　　　os.mkdir(i)　　　　　#使用相对路径，创建按小说系列命名的文件夹

思路简析

第 3 行和第 8 行形式不同，但含义相同，都表示如果文件夹不存在则执行后续代码，如果已经存在则不再创建，有效避免了因重复创建而产生的错误。

6.1.6　创建系列小说文件夹

要将小王收集的梁羽生小说文档归类整理，需要在前面创建的 7 个系列的基础上再建立以各部小说命名的子文件夹。运行程序"6-1-6.py"，结果如图 6-1-5 所示。

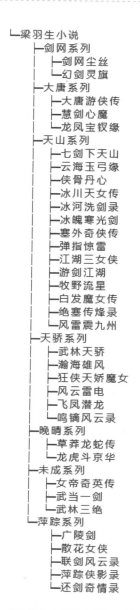

图 6-1-5　梁羽生系列小说文件夹结构

1. 示例代码

第 01 行　`import os`

第 02 行　`xilie=['大唐系列','天骄系列','萍踪系列','天山系列','剑网系列','晚晴系列',`
`'未成系列']`　　　　　　　　　　　`#变量xilie为系列的拼音,存放小说系列的名称`

第 03 行　`xiaoshuo=[['大唐游侠传','龙凤宝钗缘','慧剑心魔'],['飞凤潜龙','武林天骄',`
`'狂侠天娇魔女','鸣镝风云录','瀚海雄风','风云雷电'],['还剑奇情录','萍踪侠`
`影录','散花女侠','联剑风云录','广陵剑'],['白发魔女传','塞外奇侠传','七剑`
`下天山','江湖三女侠','冰魄寒光剑','冰川天女传','云海玉弓缘','冰河洗剑录','风`
`雷震九州','侠骨丹心','游剑江湖','牧野流星','弹指惊雷','绝塞传烽录'],['剑`
`网尘丝','幻剑灵旗'],['草莽龙蛇传','龙虎斗京华'],['女帝奇英传','武当一剑',`
`'武林三绝']]`　　　　　　　　　　`#xiaoshuo为小说的拼音,存放小说名称`
`#-------创建小说系列对应的文件夹-------`

```
第04行 for i in range(len(xilie)):            #i值为小说系列序号0-6,
第05行        p=r'D:\xslx\梁羽生小说'+'\\'+xilie[i]   #小说系列文件夹的绝对路径
第06行        if not os.path.isdir(p):           #检测目标文件夹是否已存在
第07行            os.makedirs(p)                 #创建级联文件夹
第08行        os.chdir(p)                        #切换当前工作文件夹
                 #在当前小说系列文件夹中以该系列各部小说命名的子文件夹
第09行        for j in xiaoshuo[i]:              #遍历该小说系列中各部小说的名称
第10行            if not os.path.isdir(j):        #判断要创建的文件夹是否已经存在
第11行                os.mkdir(j)                 #创建以当前小说名称命名的文件夹
```

2. 思路简析

第2行代码定义了 xilie 列表，内含 7 个小说系列的名称；

第3行代码定义了 xiaoshuo 列表，内含 7 个子列表，每个子列表中的元素均为该系列中所有小说的名称；

第4行 i 为各系列的索引，xilie[i] 为某小说系列名称，xiaoshuo[i] 则为该系列对应的小说子列表。例如：

xilie[1]为'天骄系列'；

xiaoshuo[1]为['飞凤潜龙','武林天骄','狂侠天娇魔女','鸣镝风云录','瀚海雄风'、'风云雷电']；

xiaoshuo[1][0]则为'飞凤潜龙'，xiaoshuo[1][1]则为'武林天骄'。

本程序根据小说系列创建父文件夹，在此基础上，为每个系列对应的所有小说创建对应的子文件夹，即可完成与梁羽生系列小说相匹配的多级文件夹。

知识小结

1. 创建文件夹：os.mkdir(path)、os.makedirs(path)。

2. 绝对路径和相对路径。

3. 获取当前文件夹 os.getcwd( ) 和改变当前文件夹 os.chdir(path)。

4. 路径间隔符的 2 种表示方法：'\\'和 r'字符串'。

5. os 模块和 os.path 子模块。

6. 判断对象是否存在：os.path.isfile(path)、os.path.isdir(path)、os.path.exists(path)。

技能拓展

1. 阅读以下代码段，并说出运行结果。

第 01 行　import os
第 02 行　os.getcwd( )
第 03 行　os.chdir('d:\\ ')
第 04 行　os.mkdirs(r'xslx\金庸小说')
第 05 行　os.mkdir(r'xslx\金庸小说\天龙八部')
第 06 行　os.getcwd( )
第 07 行　os.chdir('D:\\xslx\\金庸小说')

2. "飞雪连天射白鹿，笑书神侠倚碧鸳"蕴含了金庸先生最著名的 14 部武侠小说，分别对应《飞狐外传》、《雪山飞狐》、《连城诀》、《天龙八部》、《射雕英雄传》《白发魔女传》、《鹿鼎记》、《笑傲江湖》、《书剑恩仇录》、《神雕侠侣》、《侠客行》、《倚天屠龙记》、《碧血剑》和《鸳鸯刀》。请在文件夹"D:\xslx\金庸小说"下，为每本小说创建子文件夹，并将子文件夹对应命名为小说名。

参考程序

第 01 行　import os
第 02 行　xs =['飞狐外传','雪山飞狐','连城诀','天龙八部','射雕英雄传','白发魔女传','鹿鼎记','笑傲江湖','书剑恩仇录','神雕侠侣','侠客行','倚天屠龙记','碧血剑','鸳鸯刀']
第 03 行　p= r'D:\xslx\金庸小说'
第 04 行　if not os.path.isdir(p):　　　　#检测目标文件夹路径是否存在
第 05 行　　　　os.makedirs(p)　　　　　#创建级联文件夹
第 06 行　os.chdir(p)　　　　　　　　　#切换当前工作文件夹到 D:\xslx\金庸小说
第 07 行　for i in xs:
第 08 行　　　　if not os.path.isdir(i):　　#检测小说文件夹是否存在
第 09 行　　　　　　os.mkdir(i)　　　　　#使用相对路径创建

6.2　整理文件与文件夹

☞ 你将获取的能力：

能够遍历指定文件夹；

能够掌握 shutil 模块关于文件和文件夹操作的常用函数；

能够实现路径拼接和切割；

能够根据关键字整理文件和文件夹；

能够提取文件的扩展名；

能够根据文件类型整理文件。

将资料进行分类和归纳，有效地组织和管理信息有助于培养信息分析能力，也是良好信息素养的体现。

上一节创建了与梁羽生系列小说相匹配的多级文件夹，接下来小王要把收集的小说资料归类整理到这些文件夹中。小王收集的小说资料如图 6-2-1 所示。

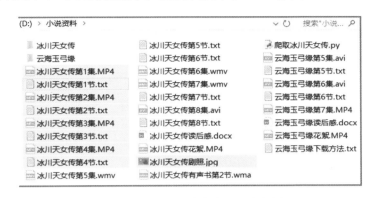

图 6-2-1　小王收集的小说资料

6.2.1　案例：自动列出文件与文件夹

要实现自动归类整理，首先要知道里边有哪些资料，需要先设计一个能自动搜集文件信息的程序。运行程序"6-2-1.py"，输出结果如下：

['云海玉弓缘','冰川天女传','云海玉弓缘下载方法.txt','云海玉弓缘第5节.txt','云海玉弓缘第5集.avi','云海玉弓缘第6节.txt','云海玉弓缘第6集.avi','云海玉弓缘第7集.MP4','云海玉弓缘花絮.MP4','云海玉弓缘读后感.docx','爬取冰川天女传.py','冰川天女传剧照.jpg','冰川天女传有声书第2节.wma','冰川天女传第1节.txt','冰川天女传第1集.MP4','冰川天女传第2节.txt','冰川天女传第2集.MP4','冰川天女传第3节.txt','冰川天女传第3集.MP4','冰川天女传第4节.txt','冰川天女传第4集.MP4','冰川天女传第5节.txt','冰川天女传第5集.wmv','冰川天女传第6节.txt','冰川天女传第6节.wmv','冰川天女传第7节.txt','冰川天女传第7集.wmv','冰川天女传第8节.txt','冰川天女传第8集.avi','冰川天女传花絮.MP4','冰川天女传读后感.docx']

1.　示例代码

第 01 行　import os
第 02 行　print(os.listdir(r'D:\小说资料'))

2.　思路简析

本程序使用 os.listdir(path) 函数列出了"小说资料"文件夹下的所有文件和子文件夹的名称。

（1）os.listdir(path)函数：

listdir 可理解为列出目录（list directory）的英文缩写。返回值为 path 文件夹中的所有文件和子文件夹的名称组成的列表。

（2）对照本程序的输出结果和资源管理器的文件目录结构，不难发现，程序只输出了"小说资料"文件夹直属的子文件夹和文件，没有进一步列出"冰川天女传"和"云海玉弓缘"子文件夹中的内容。

6.2.2　列出所有文件和文件夹的名称

图 6-2-1 的文件夹结构有 3 层，os.listdir(path)函数只列出了第 1 层，要列出所有子文件夹中的内容，可以运用 os.walk(path)函数，该函数返回值是一个生成器(generator)，能遍历文件夹中包含的所有子文件夹和文件。os.walk(path)函数的格式和功能说明如下：

　格式：os.walk(path [,topdown=True])

　　　　path：指需要遍历的文件夹的路径

　　　　topdown：可选参数，表示遍历的方向，默认为 True，表示从外层到内层，False
　　　　　　　　　则相反

返回值是一个生成器（generator），会不断地遍历每一个子文件夹来获得所有的内容，每次遍历都返回一个三元组（path,dirs,files）：

path——类型为字符串，为当前正在遍历的这个文件夹的路径；

dirs——类型为列表，为该文件夹中所有子文件夹名（不含子文件夹中的文件夹）；

files——类型为列表，为该文件夹中所有的文件名（不含子文件夹中的文件）。

这个三元组（path,dirs,files）可以借助 PDF 文档巧记为三元组（p,d,f）。

将 6.2.1 中的示例代码修改为：

第 01 行　`import os`
第 02 行　`for path,dirs,files in os.walk(r'D:\小说资料')`
第 03 行　　　`print(path+': ',dirs,files)`

输出结果：

```
D:\小说资料 ： ['云海玉弓缘','冰川天女传'] ['云海玉弓缘第5节.txt', ……,]
D:\小说资料\云海玉弓缘： ['图片','多媒体','文本'] ['云海玉弓缘.jpg',……]
D:\小说资料\云海玉弓缘\图片 ： [][]
……
```

注：因文件夹内文件较多，为节省篇幅，部分结果用……表示省略。每循环一次即输出

一行，为便于区分，在输出结果中，path 用红色表示，dirs 用黑色表示，files 用蓝色表示。

思路简析

本程序第 3 行 path 代表当前正在遍历的的文件夹路径，dirs 为列表，内容为该文件夹下直属的所有文件夹名，files 为列表，内容为该文件夹下直属的所有文件名。

第 3 行输出结果中包含"D:\小说资料\云海玉弓缘\图片: [ ] [ ]"，其中"[ ][ ]"为两个空列表，表示"图片"文件夹下既没有文件也没有子文件夹。

6.2.3 按关键字整理文件和文件夹

观察"小说资料"文件夹，如图 6-2-2 所示，发现里边除了"冰川天女传""云海玉弓缘"两个文件夹，其余都是和"冰川天女传""云海玉弓缘"这两部小说相关的文件。"云海玉弓缘"子文件夹中有"图片"、"多媒体"和"文本"三个子文件夹，而"冰川天女传"文件夹内是空的。

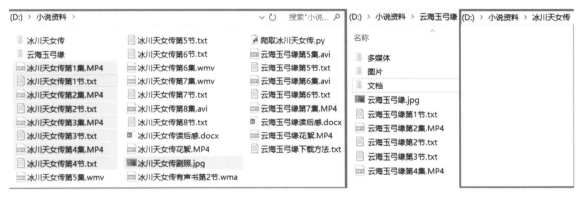

图 6-2-2　未整理的文件夹结构

在 6.1 节已经为梁羽生系列小说创建了多级文件夹"D:\xslx\梁羽生小说\……"。接下去可以把"小说资料"文件夹中的文件资料都归类到这些文件夹中。把包含"冰川天女传"字样的所有文件与文件夹复制到"D:\xslx\梁羽生小说\天山系列\冰川天女传"文件夹中；把包含"云海玉弓缘"字样的文件与文件夹复制到"D:\xslx\梁羽生小说\天山系列\云海玉弓缘"文件夹中。

然而 os 模块只有文件和文件夹的创建、重命名和删除等功能，若要使用复制功能，则需要用到第三方模块——shutil 模块，shutil 这个名称来源于 shell utilities，因此也称为 shell 工具。shutil 模块能提供文件和文件夹的删除、移动、复制、压缩、解压等功能，和 os 模块有很好的互补作用。

shutil 模块的安装方法可参照第 5 章中的第三方模块的安装和使用。表 6-2-1 简要介绍了该模块中常用函数的命令格式及其功能。

表 6-2-1　shutil 模块常用函数

序　号	命 令 格 式	功　能
1	copy(src, dst)	复制文件
2	copytree(src,dst)	复制文件夹
3	rmtree(path)	删除文件夹
4	move(src, dst)	移动文件和文件夹，兼具重命名功能
5	make_archive(name,format,dir)	创建 zip、tar 类型的压缩包

本节涉及复制文件、复制文件夹和删除文件夹，下面简单介绍一下这三个函数的使用方法：

（1）shutil.copy(path1,path2)——复制文件

path1,path2 分别为源路径和目的路径，下面举例说明该函数的具体功能。

例 1：shutil.copy("1.txt","D:\\A\\2.txt")

功能：把当前工作文件夹下的 1.txt 文件以新文件名"2.txt"复制到"D:\A"里。如果 2.txt 已经存在，则覆盖该文件。

例 2：shutil.copy(r"D:\A\2.txt","C:\\Windows")

功能：把 D:\A 文件夹下的 2.txt 文件复制到"C:\Windows"中，文件名不变。

（2）shutil.copytree(path1,path2)——复制文件夹

说明：path1,path2 均为文件夹路径，下面举例说明该函数的具体功能。

例 1：shutil.copytree("1",r"D:\A\2")

功能：把当前文件夹下的"1"文件夹以新名字"2"复制到"D:\A"文件夹下。

例 2：shutil.copytree(r"D:\A\2"，r"C:\Windows")

功能：D:\A\2 文件夹，以新名字"Windows"复制到"C:\"文件夹下。若系统检测到 C 盘已经存在 Widnows 文件夹，则不会覆盖，而是选择报错，这和 shutil.copy 不一样。

（3）shutil.rmtree(path)——删除文件夹

说明：path 为文件夹路径，无论 path 是否为空文件夹，都将被删除；os.rmdir 函数也能删除文件夹，但必须是空文件夹。

1. 示例代码

```
第 01 行  import os,shutil                      #导入 os 和 shutil 模块
第 02 行  path1=r'D:\小说资料'                   #存放小说资料的路径
第 03 行  path2=r'D:\xslx\梁羽生小说\天山系列'    #存放整理后文档的路径
第 04 行  path3=os.path.join(path2,'冰川天女传')  #拼接生成"冰川天女传"路径
```

第 05 行 `path4=os.path.join(path2, '云海玉弓缘')` #拼接生成"云海玉弓缘"路径

第 06 行 `if os.path.isdir(path3):`

第 07 行   `shutil.rmtree(path3)`   #若"冰川天女传"文件夹存在，则删除该文件夹

第 08 行 `if os.path.isdir(path4):`

第 09 行   `shutil.rmtree(path4)`   #若"云海玉弓缘"文件夹存在，则删除该文件夹

第 10 行 `shutil.copytree(path1+'\\'+'冰川天女传',path3)`#复制"冰川天女传"文件夹

第 11 行 `shutil.copytree(path1+'\\'+'云海玉弓缘',path4)`#复制"云海玉弓缘"文件夹

第 12 行 `fs=os.listdir(path1)`   #变量 fs 为文件 files 的缩写

第 13 行 `for f in fs:`   #遍历 fs，变量 f 为文件 file 的缩写

第 14 行   `if not os.path.isdir(path1+'\\'+f):` #如果不是文件夹，则是文件

第 15 行   `if '冰川天女传' in f:`

第 16 行   `shutil.copy(path1+'\\'+f,path2+'\\冰川天女传')`

        #如果文件名中有"冰川天女传"字样,则复制至"冰川天女传"文件夹

第 17 行   `if '云海玉弓缘' in f:`#如果文件名中有"云海玉弓缘"字样

第 18 行   `shutil.copy(path1+ '\\ '+f,path2 + '\\云海玉弓缘')`

        #如果文件名中有"云海玉弓缘"字样,则复制至"云海玉弓缘"文件夹

运行程序，实现按关键字整理文件，结果如图 6-2-3 所示。

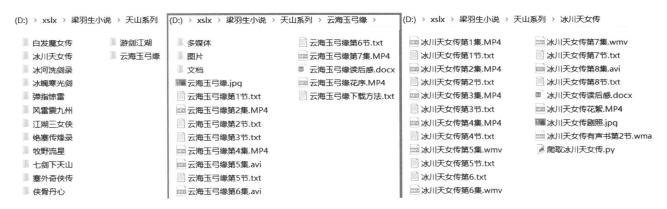

图 6-2-3 按关键字整理文件

2. 思路简析

（1）本程序的整体思路为安装并导入 shutil 模块后，使用 shutil.copytree( )函数复制"云海玉弓缘"和"冰川天女传"2 个文件夹，使用 shutil.copy( )函数把文件名中包含"云海玉弓缘"和"冰川天女传"字样的文件分别复制到对应的文件夹。

（2）shutil.copytree( )函数无法覆盖已存在的文件夹，因此需要先检测该文件夹是否已经存在，如果存在则先删除。参见代码第 6 至 9 行。

（3）把"D:\小说资料"文件夹内的两个子文件夹"冰川天女传"和"云海玉弓缘"复制到"D:\xslx\梁羽生小说\天山系列"文件夹中。参见代码第 10 至 11 行。

（4）遍历"D:\小说资料"文件夹下的所有文件和文件夹，参见代码第 13 行。

如果是文件（参见代码第 14 行），且名字中包含了"冰川天女传"字样，就复制到"D:\xslx\梁羽生小说\天山系列\冰川天女传"文件夹中，参见代码第 15 和 16 行；

如果文件名中包含了"云海玉弓缘"字样，就复制到"D:\xslx\梁羽生小说\天山系列\云海玉弓缘"文件夹中，参见代码第 17 和 18 行。

6.2.4　路径拼接：os.path.join( )

文件或文件夹的定位需要路径的支持，一般会使用相对路径。但在程序设计时往往会用到绝对路径，需要把路径中的各段拼凑在一起，也就是路径的拼接。

1.　os.path.join(path1,path2,path3,······)

说明：**join( )函数**是 os.path 模块中的重要函数之一。参数 path1、path2、path3······均为路径的一部分，该函数能把各段路径用"\"拼接在一起。

例 1

```
print(os.path.join(r'D:\xslx\梁羽生小说',r'天山系列\云海玉弓缘','第 1 节.txt'))
```

输出结果：

```
D:\xslx\梁羽生小说\天山系列文件\云海玉弓缘\第 1 节.txt
```

说明：os.path.join( )支持文件路径的拼接，path1、path2······参数不能少于 2 个。

例 2：6.2.3 节代码中：

第 03 行	path2=r'D:\xslx\梁羽生小说\天山系列'	#存放整理后文档的路径
第 04 行	path3=os.path.join(path2, '冰川天女传')	#拼接生成"冰川天女传"路径
第 05 行	path4=os.path.join(path2, '云海玉弓缘')	#拼接生成"云海玉弓缘"路径

可得 path3 为"D:\xslx\梁羽生小说\天山系列\冰川天女传"

可得 path4 为"D:\xslx\梁羽生小说\天山系列\云海玉弓缘"

说明：os.path.join( )支持文件夹路径的拼接，但其实系统拼接时并不会检测 path3 和 path4 是否为文件夹。

例 3：6.2.3 节代码中：

第 10 行　shutil.copytree(path1+'\\'+'冰川天女传',path3)

第 11 行　shutil.copytree(path1+'\\'+'云海玉弓缘',path4)

可修改为：

第 10 行　`shutil.copytree(os.path.join(path1,'冰川天女传'),path3)`

第 11 行　`shutil.copytree(os.path.join(path1,'云海玉弓缘'),path4)`

说明：以上 2 种方法都可以，只是使用"\\"或"r"来拼接路径，很容易出错，使用 os.path.join 会更加容易些。

2. 关于 os.path.join( )函数的特殊应用举例

例 1

`print(os.path.join(r'D:\xslx\梁羽生小说','剑网系列','剑网思尘',''))`

输出结果：

`D:\xslx\梁羽生小说\剑网系列\剑网思尘\`

说明：最后一个参数为空字符，则输出字符串以"\"结尾。

例 2

`print(os.path.join(r'D:\xslx\梁羽生小说','剑网系列','D:\剑网思尘','1.txt'))`

输出结果：

`D:\剑网思尘\1.txt`

说明：出现带绝对路径的参数，则自动忽略该参数之前的所有参数。

例 3

`print(os.path.join(r'D:\xslx\梁羽生小说','剑网系列','\剑网思尘',r'\1.txt'))`

输出结果：

`D:\1.txt`

说明：出现带"\"的参数，除了保留盘符，自动忽略最后一个带"\"参数之前的所有参数。

例 4

`print(os.path.join('D:\\ ','梁羽生小说'))`

输出结果：

`D:\梁羽生小说`

说明：参数不论多少，只要按顺序排列，都会自动添加"\"。

例 5

`print(os.path.join('D: ','梁羽生小说'))`

输出结果：

D：梁羽生小说

说明：当第 1 个参数是盘符的时候，不会自动添加"\"，这也是一个特殊情况。

6.2.5　按文件类型整理文件

6.2.3 节已经将和"冰川天女传"、"云海玉弓缘"有关的文件和文件夹都整理到"D:\xslx\梁羽生小说\天山系列"下各自的文件夹中。观察图 6-2-4 发现，每个文件夹中都堆放着很多不同类型的文件，其扩展名分别有"wma"、"MP4"、"avi"、"wmv"、"jpg"、"txt"、"docx"和"py"等。小王希望编写程序把这些文件分别归类到"多媒体"、"图片"和"文档"文件夹中。

图 6-2-4　文件按类型归类前

程序设想：

（1）分别遍历"冰川天女传"和"云海玉弓缘"文件夹，获取其中每个文件的名称。

（2）使用 os.path.splitext(path)函数将每个文件的扩展名分离出来。

（3）使用 shutil.move(path1,path2)函数可以把不同类型的文件移动到对应的文件夹中。

● 扩展名为"jpg"的文件属于图片文件，应归类到"图片"文件夹；

● 扩展名为"mp4"、"avi"、"wmv"和"wma"的文件属于多媒体文件，应归类到"多媒体"文件夹；

● 扩展名为"txt"、"docx"和"py"的文件属于文档文件，应归类到"文档"文件夹。

关于设想中提到的 os.path.splitext(path)和 shutil.move(path1,path2)函数，下面做必要的知识铺垫。

1. 路径切割：os.path.splitext(path)函数

说明：把路径字符串 path 以扩展名前的"."为间隔切割成前后两个字符串，并组成元组，其中第 2 个字符串以"."开始。例如：

```
path= r'D:\xslx\梁羽生小说\天山系列\云海玉弓缘\云海玉弓缘第 1 节.txt'
print(os.path.splitext(path))
```

输出结果：

```
('D:\xslx\梁羽生小说\天山系列\云海玉弓缘\云海玉弓缘第 1 节','.txt')
print(os.path.splitext(path)[1])
```

输出结果：

```
.txt
print(os.path.splitext(path)[1][1:])
```

输出结果：

```
txt
```

注意：（1）splitext(path)函数只关心参数 path 最后出现的"."的位置，至于该文件是否真实存在并不重要。

（2）关于字符串切割，前面学过 split( )函数，例如：

```
path=r'D:\xslx\梁羽生简介.txt'
print(path.split('\\'))        #按"\"切割每一部分
```

输出结果：

```
['D:', 'xslx', '梁羽生简介.txt']
```

2. os.path 模块中的路径切割函数

类似于 os.path.splitext(path)函数，在 os.path 模块中还有几个常用的路径切割函数，具体可参见表 6-2-2。同学们可以根据实际情况灵活选用。

表 6-2-2　os.path 模块中常用的路径切割函数

函　　数	功　　能	举例 (假设 path=r'D:\xslx\梁羽生简介.txt')
os.path.splitdrive(path)	将给定的路径拆分为驱动器部分和路径部分，并以元组形式返回	('D:','\\xslx\\梁羽生简介.txt')
os.path.split(path)	将给定的路径拆分为目录部分和文件名部分，并以元组形式返回	('D:\\xslx','梁羽生简介.txt')
os.path.splitext(path)	将给定的路径拆分为文件主名部分（含路径）和扩展名部分，并以元组形式返回	('D:\\xslx\\梁羽生简介 ','.txt')

函　　数	功　　能	举例 (假设 path=r'D:\xslx\梁羽生简介.txt')
os.path.dirname(path)	获取给定路径的目录部分的路径，并以字符串形式返回	D:\xslx
os.path.basename(path)	获取给定路径的文件名部分，并以字符串形式返回	梁羽生简介.txt

3. 移动文件夹或文件：shutil.move(path1,path2)

move 函数用于移动文件或文件夹，其中 path1 为源路径，path2 为目标路径。

例 1：shutil.move('1.txt', '2.py')

功能：把当前文件夹下的"1.txt"文件改名为"2.py"；如果目标文件已存在，则覆盖。

例 2：shutil.move('D:\\1.txt'，'C:\\AA\\2.txt')

功能：把 D 盘文件夹下的"1.txt"文件移动至"C:\AA"文件夹中并改名为"2.txt"；如果目标文件已存在，则覆盖。

例 3：shutil.move('D:\\1.txt', 'C:\\windows')

功能：把 D 盘文件夹下的"1.txt"文件移动至文件夹"C:\Windows"中，文件名不变。

例 4：shutil.move('D:\\A'，'C:\\B\\D')

功能：如果在目标文件夹中不存在"D"文件夹，则把"A"文件夹移动到"C:\B"文件夹下并改名为"D"；如果存在，则覆盖。

程序代码：

```
第 01 行  import os,shutil            #导入 os 模块和 shutil 模块
第 02 行  path=r'D:\xslx\梁羽生小说\天山系列\云海玉弓缘'#存放待整理的文件夹的路径
第 03 行  fs=os.listdir(path)    #列出待整理文件夹的内容，fs 为文件 files 的缩写
第 04 行  for fn in fs:                 #遍历文件夹的内容，fn 为文件名 filename 的缩写
第 05 行      path1=os.path.join(path,fn)           #拼接文件或文件夹的路径
第 06 行      if os.path.isfile(path1):            #判断是不是文件
#--------接下来获取扩展名，根据不同扩展名移动文件到相应的文件夹--------
第 07 行          kzm=os.path.splitext(fn)[1][1:].lower( )#kzm 意为扩展名
第 08 行          if kzm=='jpg':   #如果扩展名为 jpg
第 09 行              shutil.move(path1,os.path.join(path,'图片'))
第 10 行          if kzm in ['mp4','avi','wmv','wma']:
第 11 行              shutil.move(path1,os.path.join(path,'多媒体'))
```

第 12 行　　　　　　　　if kzm in ['txt','docx','py']:　　　　#如果扩展名为 txt 或 docx

第 13 行　　　　　　　　　　shutil.move(path1, os.path.join(path,'文档'))

运行程序后，使用资源管理器查看结果如图 6-2-5 所示。

图 6-2-5　文件按类型归类后

以上程序仅仅整理了与"云海玉弓缘"相关的文件，若希望程序具有一定的通用性，对多部小说都可以实现自动整理，则程序可做以下修改。

1. 示例代码

第 01 行　import os, shutil　　　　　　　　　　　　#导入 os 模块和 shutil 模块

第 02 行　xiaoshuo = ['冰川天女传','云海玉弓缘']　　# xiaoshuo 为小说拼音

第 03 行　for i in xiaoshuo:

第 04 行　　　path1 = os.path.join(r'D:\xslx\梁羽生小说\天山系列',i)

第 05 行　　　os.chdir(path1)　　　　　　　　　　#切换当前文件夹

第 06 行　　　if not os.path.isdir('图片'): os.mkdir('图片')　#建立图片文件夹

第 07 行　　　if not os.path.isdir('文档'): os.mkdir('文档')

第 08 行　　　if not os.path.isdir('多媒体'): os.mkdir('多媒体')

第 09 行　　　fs = os.listdir(path1)

第 10 行　　　for fn in fs:

第 11 行　　　　　if os.path.isfile(fn):　　　　　　#检测是否为文件

第 12 行　　　　　　　kzm = os.path.splitext(fn)[1][1:].lower( )
　　　　　　　　　　#提取文件的扩展名并转换为小写形式

第 13 行　　　　　　　if kzm == 'jpg': shutil.move(fn, '图片')
　　　　　　　　　　#将 jpg 文件移动至"图片"文件夹

第 14 行　　　　　if kzm in ['mp4','avi','wmv','wma']: shutil.move(fn,'多媒体')

第 15 行　　　　　if kzm in ['txt','docx','py']: shutil.move(fn,'文本')

2. 思路简析

（1）每个小说文件夹中的文件归类方法相同，程序第 2 至 4 行通过遍历列表即可更换小

说文件夹。

（2）有的文件夹中可能不存在"图片"、"文档"和"多媒体"等用于分类的文件夹，第6至8行代码用于检测它们是否存在，当不存在时创建相应文件夹。

（3）为了使用相对路径，第5行代码用于切换当前工作文件夹为当前小说文件夹。

 **知识小结**

1．使用 os.listdir(path)、os.walk(path)函数遍历文件夹。

2．shutil 模块和 shutil.copytree(path1,path2)、shutil.copy(path1,path2)、shutil.rmtree(path)和 shutil.move(path1,path2)函数。

3．路径拼接：os.path.join(path1,path2,path3,……)。

4．路径切割：os.path.splitext(path)。

技能拓展

1．在本节素材包的"西湖名胜"文件夹中，存放了大量文件，请设计程序实现文件自动整理。可以先按文件名归类为"三潭印月"和"雷峰夕照"，再按文件扩展名归类为"图片"、"视频"和"文档"。

参考代码

```
第01行  import os, shutil
第02行  p = r'D:\xslx\西湖名胜'
#--------移动文件至'三潭印月','雷峰夕照'文件夹----------------
第03行  dirs =['三潭印月', '雷峰夕照']
第04行  for i in dirs:
第05行      os.chdir(p)              # 进入'D:\xslx\西湖名胜'文件夹
第06行      if not os.path.isdir(i): os.mkdir(i)
                 #如果不存在'三潭印月','雷峰夕照'文件夹，则创建它们
第07行      for j in os.listdir( ):
第08行          if os.path.isfile(p+'\\'+j) and i in j: shutil.move(p+'\\'+j,i)
                 #例如将文件名中含有"三潭印月"的文件都移动到"三潭印月"文件夹中
#------创建文件类型文件夹-------------
第09行          p1 = os.path.join(p, i)
第10行          os.chdir(p1)        #当前文件夹切换到'西湖名胜\三潭印月'
第11行          if not os.path.isdir("图片"): os.mkdir("图片")  #建分类文件夹
第12行          if not os.path.isdir("文档"): os.mkdir("文档")
第13行          if not os.path.isdir("多媒体"): os.mkdir("多媒体")
```

#----将各类文件分别移动至"图片"、"多媒体"、"文档"文件夹----

第 14 行	`for fn in os.listdir( ):`

#遍历'D:\xslx\西湖名胜\三潭印月'文件夹中的内容

第 15 行	`if os.path.isfile(p1 + '\\' + fn):` #如果是文件
第 16 行	`kzm = os.path.splitext(fn)[1][1:].lower( )`
第 17 行	`if kzm in ['jpg', 'jfif']:`
	`shutil.move(fn,'图片')`
第 18 行	`if kzm in ['MP4', 'avi', 'wmv', 'wma']:`
	`shutil.move(fn, '多媒体')`
第 19 行	`if kzm in ['txt', 'docx', 'rtf']:`
	`shutil.move(fn, '文本')`

2. 生成器（Generator）

生成器是一种特殊的迭代器，实质是一个函数，但是它不同于普通的函数使用 return 语句返回一个值并结束执行函数，生成器使用 yield 语句将一个值返回给调用者，并暂停函数的执行。当该函数被再次调用时，它会从上一次暂停的地方继续执行，并生成下一个值，直到没有更多结果生成为止。例如：

```
第 01 行  def count(n):
第 02 行      i = 1
第 03 行      while i <= n:
第 04 行          yield i
第 05 行          i += 1        # 使用生成器函数遍历数字 1 到 3
第 06 行  for num in count(3):
第 07 行      print(num)
```

输出结果：

```
1
2
3
```

本例中 count(n)是一个生成器函数，调用该函数会返回一个迭代器对象。当使用 for 循环语句对这个迭代器对象进行遍历时，每次迭代都会执行 count(n)函数，并且在第一次执行到 yield 语句时，会返回数字 1 并暂停执行，直到下一次迭代时再从上一次暂停的地方继续执行，返回数字 2，以此类推。

生成器的优点是它可以在代码中生成任意数量的值而无需将它们全部存储在内存中，这样可以大大节省系统资源，避免内存溢出等问题。

6.3 重命名批量文件

⌘ 你将获取的能力：

能够以顺序数字重命名批量文件；

能够以随机数字重命名批量文件；

能够以随机不重复数字重命名批量文件；

能够生成重命名前后的文件名对应文件；

能够重命名批量文件夹。

6.3.1 案例：以顺序数字重命名文件

小王为了学习和弘扬中华优秀传统文化，增强青少年的责任感和使命感，创办了文学社公众号，吸引了大批文学爱好者。今年文学社举办"我与祖国"征文比赛，要求交稿格式为PDF 文档，征文中不能出现作者信息，文件名统一为"作者省份-作者姓名-联系电话.pdf"，如图 6-3-1（a）所示。

参赛征文似雪片般飞来，为不泄露作者信息，确保评审过程公平公正，小王要在向评审委员会递交所有征文之前，把这批文档文件名中的作者信息删除，重新按照数字编排命名。面对几千篇文档，设计程序实现自动修改文件名事半功倍。运行程序"6-3-1.py"，结果如图 6-3-1（b）所示。

图 6-3-1 （a）为处理前，（b）为处理后

1. 示例代码

```
第01行  import os
第02行  path=r'D:\征文'
第03行  i=0                                    #初始化变量 i
第04行  for fn1 in os.listdir(path):#遍历"征文"文件夹,fn 为 filename 缩写
第05行       path1= os.path.join(path,fn1) #例 D:\征文\浙江-徐文斌-1****7.pdf
第06行       if os.path.isfile(path1):              #判断是不是文件
第07行            i+=1                              #变量 i 数字自增长
第08行            fn2= str(i)+'.pdf'              #变量 fn2 为新文件名
第09行            path2 = os.path.join(path, fn2)  #拼接路径,例 D:\征文\1.pdf
第10行            os.rename(path1, path2)
                #例将 D:\征文\浙江-徐文斌-133****2997.pdf 重命名为 D:\征文\1.pdf
```

2. 思路简析

（1）第 4 行代码通过 os.listdir(path)遍历"征文"文件夹中的每个文件。

（2）第 5 行代码则连接路径，生成当前正被遍历的文件的绝对路径，例如"D:\征文\浙江-徐文斌-133****2997.pdf"。

（3）第 6 行代码判断是不是文件，如果是则变量 i 加 1，由第 8～9 行代码连接路径组成新的绝对路径，例如"D:\征文\1.pdf"。

（4）第 10 行代码 os.rename(path1,path2)完成当前文件的重命名。

6.3.2 os.rename(path1,path2)函数

参数 path1 和参数 path2 分别为原文件名和新文件名，可以采用绝对路径或相对路径。

功能：实现文件或文件夹的重命名。

例 1：示例代码第 9～10 行。

说明：执行本语句后,将"D:\征文\浙江-徐文斌-133****2997.pdf"重命名为"D:\征文\1.pdf"。

例 2：os.rename(r'征文\浙江-徐文斌-133****2997.pdf', r'征文\1. pdf)

说明：假设当前文件夹为"D:\"，则本例使用相对路径。执行本语句后将"征文\浙江-徐文斌-133****2997.pdf"重命名为"征文\1.pdf"。

例 3：os.rename(r'征文\浙江-徐文斌-133****2997.pdf', '1. pdf)

说明：假设当前文件夹为"D:\"，由于目标文件没有指明路径，则默认为当前文件夹。执行本语句后"1.pdf"不在"征文"文件夹中，而在"D:\"文件夹中。可见 os.rename( )函数

对文件具有重命名和移动的功能。

例 4：os.rename(r'征文', r'D:\武侠文学社\征文文稿')

说明：假设当前文件夹为 "D:\"，"征文"和"武侠文学社"均为"D:\"的子文件夹，在"武侠文学社"文件夹中尚不存在"征文文稿"文件夹，此时执行本语句后发现"D:\征文"文件夹不见了，但在"D:\武侠文学社"文件夹内增加了一个"征文文稿"文件夹，可见 os.rename( )函数对文件夹也具有重命名和移动的功能。

注意：如果当前盘为 D 盘，把例 4 函数中第 2 个参数修改为"E:\武侠文学社"，会出现错误提示：系统无法将文件移到不同的磁盘驱动器。

例 5：os.rename(r'D:\征文\浙江-徐文斌-133****2997.pdf' , r'D:\')

说明：出现错误提示：文件名、目录名或卷标语法不正确。无法将"D:\征文\浙江-徐文斌-133****2997.pdf"重命名为"D:\"。可见第 2 个参数和第 1 个参数必须类型相同，都是文件或都是文件夹。

6.3.3　以随机数重命名文件

示例代码虽然修改了文件名，但是没有保留原始文档。为了增强保密性，小王希望以随机数对文件进行重命名。

程序设想：

（1）要实现以随机数对文件重命名，可以导入 random 模块，使用 random.randint( )函数获取随机数，生成新文件名。

（2）创建目标文件夹"D:\评比"，遍历原始文档文件夹"D:\征文"中的文件，使用 shutil.copy( )函数将其复制到"D:\评比"中并重命名为新文件名，即可保留原始文档。

程序代码：

```
第 01 行  import os,random,shutil        #导入 os、random 和 shutil 模块
第 02 行  path1 = r'D:\征文'              #存放原始文档的路径
第 03 行  path2 = r'D:\评比'              #存放修改文件名后的文档路径
第 04 行  if not os.path.isdir(path2):    #如果"D:\评比"不存在则创建
第 05 行      os.makedirs(path2)          #创建"D:\评比"
第 06 行  fnlist1=os.listdir(path1)
          #定义列表 fnlist1 存放"D:\征文"中所有文件的文件名，fnlist1 意为文件名列表 1
第 07 行  n = len(fnlist1)               #n 存放"D:\征文"中的文件个数
第 08 行  for fn1 in fnlist1:            #遍历"D:\征文"的文件，fn1 存放文件名
第 09 行      i=random.randint(1,n)      #获取 1 至 n 之间的随机整数
第 10 行      fn2 = str(i)+'.pdf'        #变量 fn2 存放新文件名
```

第 11 行	`print(fn2,end=' ')`	#查看新文件名是不是正确
第 12 行	`path3=os.path.join(path1, fn1)`	#拼接生成原文件路径
第 13 行	`path4=os.path.join(path2, fn2)`	#拼接生成新文件路径
第 14 行	`shutil.copy(path3, path4)`	#复制并改名

运行以上程序，由于随机生成文件名，所以每次输出结果可能不同，本次输出结果如下：

```
8.pdf  6.pdf  11.pdf  16.pdf  16.pdf  6.pdf  7.pdf  5.pdf  15.pdf  6.pdf
1.pdf  3.pdf  5.pdf  12.pdf  2.pdf  15.pdf
```

但是查看"D:\评比"文件夹中的文件，可能会发现只复制了部分文件，如图6-3-2所示。

图 6-3-2　"D:\评比"中的文件

究其原因，从程序输出结果中的文件名就可以发现，由于获取了相同的随机整数，导致新文件重复命名，前者被后者覆盖了。为了解决产生的随机数重复问题，可以采用以下方法。

（1）将每次获取并采用的随机数存放在一个列表中。

（2）再次获取新随机数后，首先遍历列表，如果这个随机数已经在列表中，则重新获取随机数；如果不在列表中，则采用该随机数，将它添加入列表。

将程序第8行至第14行代码进行如下修改即可。

第 08 行	`temp=[]`	#定义 temp 列表，用于存放随机数
第 09 行	`for fn1 in fnlist1:`	#遍历"D:\征文"的文件，fn1 存放文件名
第 10 行	`    i=random.randint(1,n)`	#获取 1 至 n 之间的随机整数
	`    #循环检测获取的随机数是否已存在于 temp 列表中，如果存在则重新获取`	
第 11 行	`    while i in temp:`	
第 12 行	`        i=random.randint(1,n)`	
第 13 行	`    temp.append(i)`	#将获取的随机数添加入 temp 列表
第 14 行	`    fn2 = str(i)+'.pdf'`	#变量 fn2 存放新文件名
第 15 行	`    print(fn2,end=' ')`	#查看新文件名有没有重复
第 16 行	`    path3=os.path.join(path1,fn1)`	#拼接生成原文件路径
第 17 行	`    path4=os.path.join(path2,fn2)`	#拼接生成新文件路径
第 18 行	`    shutil.copy(path3,path4)`	#复制并改名

6.3.4　保存文件的重命名记录

小王如果将重命名的征文文档递交给评审委员会，评审委员会在评审后会给出一份成绩列表，例如 15.pdf 得 85 分，可是 15.pdf 是哪位作者的呢？这就需要当初对每篇文档重命名时保存一份原文件名和新文件名一一对应的记录表。为了实现此功能又该如何完善 6.3.3 中的程序呢？

程序设想：

（1）在 6.3.3 节程序的第 6 行代码列表 fnlist1 存放了文档的原文件名，只需增加定义列表 fnlist2，存放与列表 fnlist1 中各原文件名对应的新文件名。

（2）同时遍历列表 fnlist1 和列表 fnlist2，将它们相同索引的元素值用制表符'\t'分隔连接，逐行保存入记事本文件即可。

（3）记事本文件内容因制表符'\t'分隔连接，便于今后用 Excel 打开时，自动按照行列显示。

在 6.3.3 节程序基础上修改如下，红色加粗部分为添加的代码。

```
第01行    import os,random,shutil        #导入 os、random 和 shutil 模块
第02行    path1 = r'D:\征文'              #存放原始文档的路径
第03行    path2 = r'D:\评比'              #存放修改文件名后的文档路径
第04行    if not os.path.isdir(path2):   #如果"D:\评比"不存在则创建
第05行        os.makedirs(path2)         #创建"D:\评比"
第06行    fnlist1=os.listdir(path1):
          #定义列表 fnlist1 存放"D:\征文"中所有文件名, fnlist1 意为文件名列表 1
          fnlist2=[]                     #定义列表 fnlist2
第07行    n=len(fnlist1)                 #n 存放"D:\ 征文"中的文件个数
第08行    temp=[]                        #定义 temp 列表, 用于存放随机数
第09行    for fn1 in fnlist1:            #遍历"D:\征文"的文件, fn1 存放文件名
第10行        i=random.randint(1,n)      #获取 1 至 n 之间的随机整数
    #循环检测获取的随机数是否已存在于 temp 列表, 如果存在则重新获取
第11行        while i in temp:
第12行            i=random.randint(1,n)
第13行        temp.append(i)             #将获取的随机数添加入 temp 列表
第14行        fn2 = str(i)+'.pdf'        #变量 fn2 存放新文件名
第15行        path3=os.path.join(path1,fn1)   #拼接生成原文件路径
第16行        path4=os.path.join(path2,fn2)   #拼接生成新文件路径
第17行        shutil.copy(path3,path4)   #复制并改名
第18行        fnlist2.append(fn2)        #将新文件名添加到列表 fnlist2
```

```
第 19 行    with open(r'D:\记录表.txt ','w',encoding= 'utf-8 ') as f:
第 20 行         for i in range(n):
第 21 行             f.write(fnlist1[i] +'\t' + fnlist2[i] + '\n')
```

输出结果如图 6-3-3 所示。

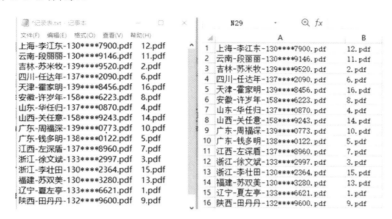

图 6-3-3　记录重命名批量文件的情况

知识小结

1．os.rename(path1,path2)函数：重命名文件或文件夹。

2．os.path.join(path1,path2)函数：路径拼接。

3．重命名批量文件的方法。

4．生成不重复的随机文件名的方法。

技能拓展

1．阅读以下程序，根据 6.3.4 节程序生成的"D:\记录表.txt"文件，将"D:\评比"文件夹中已经被重命名的文件的文件名复原。

```
第 01 行    import os,random,shutil        #导入 os、random 和 shutil 模块
第 02 行    path1 = r'D:\评比'             #存放已被重命名文档的路径
第 03 行    path2 = r'D:\复原'             #存放将文档再次重命名复原的文档路径
第 04 行    if not os.path.isdir(path2):   #如果"D:\复原"不存在则创建
第 05 行        os.makedirs(path2)          #创建"D:\复原"
第 06 行    with open(r'D:\记录表.txt','r',encoding= 'utf-8') as f:
                                            #打开文件并读取
第 07 行        neirong=f.read( )          #读出文件所有内容，变量名 neirong 为内容拼音
第 08 行        neironglist= neirong.split('\n')    #按行（\n 为换行符）切割，存入列表
第 09 行        for hang in neironglist:   #变量名 hang 为行拼音，遍历内容列表读取一行
```

第 10 行　　　　　　`if hang != '':`　　　　　　#如果一行内容非空

第 11 行　　　　　　　　`fn = hang.split('\t')`　#一行 2 个文件名用 \t 分割生成 fn 列表

第 12 行　　　　　　　　`path3 = os.path.join(path1,fn[1])` #拼接成被重命名文件的路径

第 13 行　　　　　　　　`path4 = os.path.join(path2,fn[0])` #拼接成将复原的新文件路径

第 14 行　　　　　　　　`shutil.copy(path3,path4)`　　　　　#复制并改名

阅读提示：

以下蓝色标出的\t 和\n 分别为制表符和换行符，实际功能为制表和换行，不会作为输出结果直接显示。

（1）第 6 行和第 7 行代码打开 "D:\记录表.txt" 文件，读取数据为：

> '广东-钱多明-138****0122.pdf**\t**13.pdf**\n** 福建-苏双美-130****3280.pdf**\t**8.pdf**\n** 安徽-许岁年-158****6223.pdf**\t**10.pdf**\n**'

 按\n 切割

（2）第 8 行代码将得到的数据按行（\n 为换行符）切割，存入列表 neironglist，此时 neironglist 值为：

> ['广东-钱多明-138****0122.pdf**\t**13.pdf', '福建-苏双美-130****3280.pdf**\t**8.pdf', '安徽-许岁年-158****6223.pdf**\t**10.pdf']

（3）第 9 行代码按行遍历内容列表 neironglist，变量名 hang 为行拼音，每次迭代读取一行数据，例如：某次迭代时，hang 的值为：

> '福建-苏双美-130****3280.pdf**\t**8.pdf'

 按\t 切割

（4）第 11 行代码将 hang 的值以制表符\t 切割，生成 fn 列表，例如此时 fn 的值为：

> ['福建-苏双美-130****3280.pdf', '8.pdf']

（5）如此可通过遍历从 "D:\记录表.txt" 按行读出重命名前后的文件名。

> fn[0]为 '福建-苏双美-130****3280.pdf'
> fn[1]为'8.pdf '

2．在"D:\征文资料"文件夹中有每位参赛选手征文资料的文件夹，文件夹名为"作者省份-作者姓名-联系电话"。请设计程序将这些文件夹以随机数重命名，并保存在"D:\评比资料"文件夹中，如图 6-3-4 所示。

提示：
shutil.copytree(path1,path2)函数：复制文件夹及其中的内容，并重命名该文件夹
os.rename(path1,path2)函数：重命名文件或文件夹

（a）　　　　　　　（b）

图 6-3-4　　（a）为处理前，（b）为处理后

7 词汇

7.1 读取 Excel 文件的数据

terminal[ˈtɜːmɪnl] 终端
workbook[ˈwɜːkbʊk] 工作簿，练习簿
worksheet[ˈwɜːkʃiːt] 工作表
cell[sel] 单元格，细胞
row[rəʊ, raʊ] 一行，一排
column[ˈkɒləm] 列，纵行
load[ləʊd] 载入，装入

7.2 数据写入和操作

coordinate[kəʊˈɔːdɪneɪt, kəʊˈɔːdɪnət] 坐标
side[saɪd] 边，侧
style[staɪl] 风格，样式
thin[θɪn] 细的，瘦的

border[ˈbɔːdə(r)] 边界
bottom[ˈbɒtəm] 底部
medium[ˈmiːdiəm] 中等的
thick[θɪk] 粗的，厚的

7.3 批量合并 Excel 文件

property[ˈprɒpəti] 特性，属性
remove[rɪˈmuːv] 删除，去除
formula[ˈfɔːmjələ] 公式
round[raʊnd] 圆形的，环绕，此处指四舍五入
　　并保留指定位数的函数
average[ˈævərɪdʒ] 平均的

第 7 章

快捷办公

本章节涉及的内容

- openpyxl 库的安装和帮助
- 读取和写入 Excel 文件
- 查找并修改表格
- 批量合并 Excel 文件
- 表格中写入公式

Python 具有丰富的库和模块，可用于办公自动化操作，使工作过程更加简单、高效、准确和可靠，例如 pandas 用于处理数据，openpyxl 用于操作 Excel 文件，smtplib 用于发送电子邮件等。

通过 Python 程序实现办公自动化不仅可以减少重复性工作提高工作效率，还可以展示编程技能和解决问题的能力，有助于提高职业竞争力和个人价值。

日常办公中 Excel 因直观的界面、强大的计算功能和图表工具，成为流行的数据处理软件。Python 有很多第三方库可以处理 Excel 文件，参见表 7-1-1。

表 7-1-1　Python 操作 Excel 的第三方库对比

第 三 方 库	windows	macOS	.xls	.xlsx	读	写	修改
xlrd	√	√	√	√	√	×	×
xlwt	√	√	√	×	×	√	√
xlutils	√	√	√	×	×	×	√
openpyxl	√	√	×	√	√	√	√
xlsxwriter	√	√	×	√	×	√	×
pandas	√	√	√	√	√	√	×
xlwings	√	√	√	√	√	√	√
win32com	√	√	√	√	√	√	√

其中：openpyxl 库几乎可以实现所有的 Excel 功能，而且简单易用，功能广泛，能读写".xlsx"文件。本章将以处理成绩数据为例，介绍应用 openpyxl 库编写代码批量处理".xlsx"文件。

7.1 读取 Excel 文件的数据

☞ 你将获取的能力：

能够理解 openpyxl 库中的对象；

能够掌握通过官方文档了解第三方库的方法；

能够应用 openpyxl 库读取 Excel 文件。

7.1.1 openpyxl 库的安装

方法一：PyCharm 图形界面安装。

1. 打开 PyCharm，单击"File"（文件）菜单，选择"Setting"（设置）命令。

2. 选择"Project Interpreter"（项目编译器）命令，然后单击"+"按钮。

3. 在搜索框中输入：openpyxl，然后单击左下角的"Install Package"（安装库）按钮。

4. 安装完成后会显示"Package'openpyxl'installed successfully"。

方法二：命令安装。

1. 打开 cmd 窗口，在 Python 程序所在目录下，运行命令"pip install openpyxl"。也可以在 PyCharm 的"Terminal"（终端）中输入"pip install openpyxl"。

2. 安装完成后，会显示"Successfully installed openpyxl-3.0.7"。

7.1.2 Excel 基础知识

在使用 openpyxl 库前先要了解 Excel 的对象有：工作簿（Workbook）、工作表（Worksheet）、单元格（Cell）；而多个单元格，可以组成行（Row）或列（Column）。

如图 7-1-1 所示，工作簿是存储和处理数据的文件，是一个可以包含多个工作表的 Excel 文件；

工作表是显示在工作簿窗口中的表格，一个工作簿可以有多个工作表，通过工作表名称来识别区分；

行是工作表中每一行，以数字 1、2、3……表示第几行。列是工作表中的每一列，以字母 A、B、C……表示第几列；在 openpyxl 库中，也用数字 1、2、3……表示单元格所在的列。

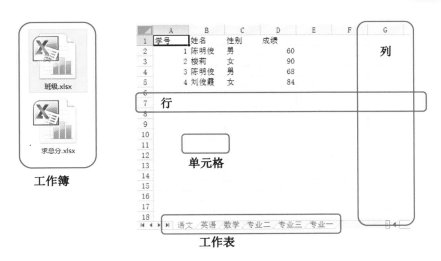

图 7-1-1 Excel 的对象

单元格是工作表中行与列的交叉部分，存储具体的数据。

简而言之，一个工作簿由若干工作表组成，一个工作表可以是多行和多列组成，而每一行每一列都由多个单元格组成。

7.1.3 资源文档的使用

要了解 openpyxl 库的使用，可以参考官方文档。通过搜索引擎查找 openpyxl 文档。可以找到官方文档、第三方中文文档等网站，参考资源见信息文档。

下面以中文文档为例：学习使用 openpyxl 文档。打开中文文档网站，如图 7-1-2 所示。

图 7-1-2 中文文档

网页右侧展示的是当前主题的信息，通过单击目录可以直接跳转到相应的内容。单击下一个主题的名称，可以直接跳转到对应主题。快速搜索可以迅速获取相应的帮助文档。

当然也可以使用百度等搜索查找相关资料，输入关键词"openpyxl"和要搜索的内容。例如"openpyxl 单元格"。

支持办公自动化的第三方库还有处理 Word 的 python-docx 库，可以批量生成 Word 文件；处理 PPT 的 pptx 库，可以批量创建和修改 PPT 文件等。我们可以通过搜索丰富的网络资源自行学习这些第三方库。

7.1.4 案例：读取 Excel 文件

读取 Excel 文件"D:\班级.xlsx"，按行输出数据。运行资源包中的"7-1-4.py"程序，运行结果如图 7-1-3 所示，其中（a）图为 Excel 文件及内容，（b）图为运行结果。

	A	B	C	D
1	学号	姓名	性别	成绩
2	J21001	陈明俊	男	60
3	J21002	楼莉	女	90
4	J21003	李文书	男	68
5	J21004	刘俊霞	女	84
6				
7				
8				

语文

科目语文成绩如下：
学号,姓名,性别,成绩,
J21001,陈明俊,男,60,
J21002,楼莉,女,90,
J21003,李文书,男,68,
J21004,刘俊霞,女,84,

（a）Excel 文件及内容 （b）运行结果

图 7-1-3　读取文件

1. 示例代码

```
第 01 行  import openpyxl                              #导入 openpyxl 库
第 02 行  myWorkBook=openpyxl.load_workbook(r'D:\班级.xlsx')
            #打开工作簿，变量 myWorkBook 是类型为 Workbook 的工作簿对象
第 03 行  myWorkSheet=myWorkBook.active
            #激活第一个工作表，变量 myWorkSheet 是类型为 Worksheet 的工作表对象
第 04 行  print('科目%s 成绩如下：'%myWorkSheet.title)
            #title 为工作表的名称属性
第 05 行  for myRow in myWorkSheet.rows:              #遍历每一行
第 06 行      for myCell in myRow:                    #遍历一行中各单元格对象
第 07 行          print (myCell.value,end=',')        #输出单元格值
第 08 行      print( )                                #换行，实现按行输出表格数据
```

2. 思路简析

日常获取 Excel 数据的工作过程为打开 Excel 工作簿，打开相应的工作表，再获取单元格内容。示例代码的程序流程与它非常相似，如图 7-1-4 所示。

图 7-1-4　7.1.4 节程序流程

首先创建一个 WorkBook 工作簿对象，等同于打开一个 Excel 文件；

接着使用 WorkBook 对象的方法创建一个 WorkSheet 工作表对象，等同于打开相应的工作表；

然后从 WorkSheet 对象中获取 Cell 单元格对象，访问 value 属性获取内容。

（1）创建工作簿对象。

在操作 Excel 之前，应先创建一个工作簿对象。在示例代码第 2 行中，使用 load_workbook( ) 方法读取指定的 Excel 文档，创建一个工作簿对象，赋值给变量 myWorkBook。于是变量 myWorkBook 成为一个工作簿对象，其实质是变量 myWorkBook 指向了创建的工作簿对象的内存空间，如图 7-1-5 所示。

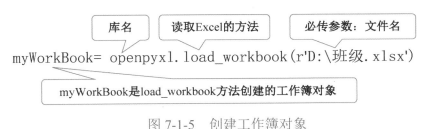

图 7-1-5　创建工作簿对象

（2）创建工作表对象。

示例代码第 3 行代码"myWorkSheet=myWorkBook.active"，激活 myWorkBook 对象中的工作表，默认是第一张工作表，并以此创建一个工作表对象，赋值给变量 myWorkSheet。于是变量 myWorkSheet 成为一个工作表对象，其实质是变量 myWorkSheet 指向了创建的工作表对象的内存空间，如图 7-1-6 所示。

图 7-1-6　创建工作表对象

（3）行（列）生成器。

基于本例工作表对象 myWorkSheet，openpyxl 库提供了行生成器（myWorkSheet.rows）和列生成器（myWorkSheet.columns）。

通过行（列）生成器得到工作表数据区域中所有的行（列）数据，其中每一行（列）数据为一个元组（tuple），该元组的元素为这一行（列）中各个单元格对象。使用 for 循环遍历行（列）生成器，一次可以获得一个元组，因此 myRow 为所得的元组。例如示例代码第 5 行解析如图 7-1-7 所示。

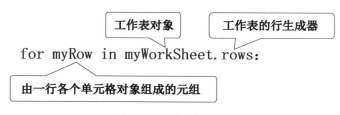

图 7-1-7　行生成器

（4）单元格对象。

第 6 行代码"for myCell in myRow:"，由上文可知 myRow 是由一行各个单元格对象组成的元组，使用 for 循环遍历这个元组，一次可以获得一个单元格对象，因此 myCell 为所得的单元格对象。第 6 行代码解析如图 7-1-8 所示。

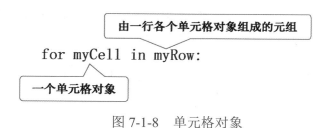

图 7-1-8　单元格对象

第 7 行代码"print (myCell.value,end=', ')"，输出这个单元格对象的值"value"，如图 7-1-9 所示。

图 7-1-9　输出单元格对象的值

 知识小结

1．openpyxl 库的安装。

2．资源文档的使用。

3．运用 load_workbook( )函数创建 Workbook 对象。

4．运用 active 方法创建 Worksheet 对象。

5．行（列）生成器与行（列）数据遍历。

6．获取单元格的值。

技能拓展

程序阅读：在示例代码中，通过行生成器"rows"可以获取全部数据区域的行。使用 iter_row( )则可以获取指定区域的行，它的 4 个参数 min_row、max_row、min_col、max_col，分别用于指定行的范围和列的范围。

运用 iter_row( )输出第 2 行第 2 列至第 5 行第 2 列的数据，代码如下：

```
第 01 行    import openpyxl
第 02 行    myWorkBook=openpyxl.load_workbook(r'D:\班级.xlsx')
第 03 行    myWorkSheet=myWorkBook.active
第 04 行    print('学生的姓名有：')
第 05 行    for myRow in myWorkSheet.iter_rows(min_row=2,max_row=5,min_col=2,
            max_col=2):
第 06 行        for myCell in myRow:
第 07 行            print (myCell.value,end=' ')
```

程序输出结果：

学生的姓名有：

陈明俊 楼莉 李文书 刘俊霞

7.2　数据写入和操作

☞ 你将获取的能力：

能够通过坐标或行列数获取单元格对象；

能够表示多个单元格区域；

能够查找、修改、添加数据；

能够增加或删除行/列。

7.2.1　案例 1：添加数据

把列表中的数据写入 Excel 文件中，运行资源包中的"7-2.py"程序，运行结果如图 7-2-1

所示，其中（a）为列表数据，（b）为保存 Excel 文件后的效果。

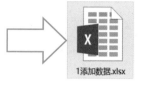

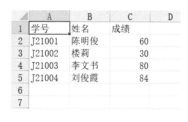

（a）

（b）

图 7-2-1　数据写入 Excel 文件

1. 示例代码

第 01 行　`import openpyxl`　　　　　　　　　　　#导入 openpyxl 库

第 02 行　`myWorkBook=openpyxl.Workbook( )`#创建工作簿，myWorkBook 为工作簿对象

第 03 行　`myWorkSheet=myWorkBook.active`　#激活工作表，myWorkSheet 为工作表对象

第 04 行　`myList=[('学号','姓名','成绩'),('J21001','陈明俊',60),`
　　　　　　`('J21002','楼莉',30),('J21003','李文书',80), ('J21004','刘俊霞',84)]`
　　　　　　　　　　　　　　　　　#列表 myList,列表元素的类型为元组

第 05 行　`for myData in myList:`#myData 意为数据，遍历列表 myList 中的每个元素

第 06 行　　　　`myWorkSheet.append(myData)`　　　#按行添加 myData 数据到工作表中

第 07 行　`myWorkBook.save(r'D:\1 添加数据.xlsx')`　#保存为 D:\1 添加数据.xlsx

2. 思路简析

程序流程和日常操作 Excel 软件的过程相似，打开 Excel 文件，创建工作簿对象，创建工作表对象，然后在单元格中添加数据，最后保存文件，如图 7-2-2 所示。

图 7-2-2　7.2.1 节程序流程

（1）创建工作簿对象。

示例代码中第 2 行 "myWorkBook=openpyxl.Workbook( )"，用 Workbook( )方法创建了一个新的工作簿对象 "myWorkBook"，且在该工作簿中已默认生成一个工作表 "Sheet"，如图 7-2-3 所示。

（2）在工作表中添加一行数据.

第 6 行代码 "myWorkSheet.append(myData)"，是在 myWorkSheet 工作表对象中追加一行数据，参数类型为列表、元组等，如图 7-2-4 所示。若该工作表对象中已有数据，则在已有数据下一行开始按行添加数据。这个操作很有用，今后爬虫获取的数据，可以用该方法按行添加到 Excel 文件中，但在 openpyxl 库中没有添加一列数据的方法。

图 7-2-3　创建工作簿对象

图 7-2-4　在工作表中添加一行数据

（3）保存工作簿。

第 7 行代码"myWorkBook.save(r'D:\1 添加数据.xlsx')"，将工作簿中的数据保存为指定文件，如图 7-2-5 所示。

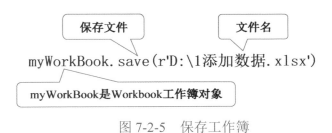

图 7-2-5　保存工作簿

7.2.2　案例 2：修改数据

在 7.2.1 节案例 1 保存的文件"D:\1 添加数据.xlsx"中，将学号为"J21002"的学生的成绩修改为 90。运行资源包中的"7-2-2.py"程序，运行之后修改数据前后对比如图 7-2-6 所示。

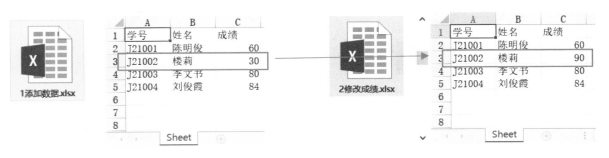

图 7-2-6　修改数据前后对比图

1. 示例代码

第 01 行　`import openpyxl`　　　　　　　　　　　　#导入 openpyxl 库

第 02 行　`myWorkBook=openpyxl.load_workbook(r'D:\1 添加数据.xlsx')`#打开工作簿

第 03 行　`myWorkSheet=myWorkBook.active`　　　　　#激活默认工作表

第 04 行　`for myRow in myWorkSheet.rows:`

　　　　　#遍历每一行，myRow 为一行各个单元格对象组成的元组

第 05 行　　　`for myCell in myRow:`　　　　　　　　#遍历一行中的各单元格对象

第 06 行　　　　　`if myCell.value=='J21002':`#如果该单元格对象的值为'J21002'

第 07 行　　　　　　　`myWorkSheet.cell(myCell.row,myCell.column+2).value=90`

　　　　　　　　　　　　　　　#修改成绩数据

第 08 行　`myWorkBook.save(r'D:\2 修改成绩.xlsx')`　　　#保存文件

2. 思路简析

程序思路为：先打开工作簿，定位相应的工作表；然后遍历工作表，找到符合条件的单元格；最后修改数据并保存文件。修改数据的程序思路如图 7-2-7 所示。

图 7-2-7　修改数据的程序思路

（1）确定目标单元格的位置。

本例通过遍历工作表，查找到值为"J21002"的单元格，如图 7-2-8 所示。因为要修改的目标单元格在该单元格右侧两列的位置，所以该单元格的行号就是目标单元格的行号，该单元格的列号加 2 就可以得到目标单元格的列号，从而得到要修改成绩的目标单元格的确切位置。

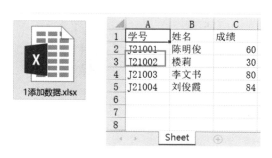

图 7-2-8　目标单元格的位置

（2）获取单元格对象。

单元格是表格中行与列的交叉部分，单个数据的添加和修改都是在单元格中进行。在 openpyxl 库中通过以下两种方法获取单元格对象。

方法一：通过工作表对象和单元格地址获取单元格对象。

例如：获取工作表对象 sheet 中的"A1"单元格，定义变量 myCell，如图 7-2-9 所示。

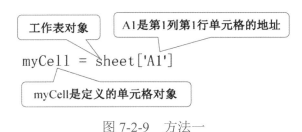

图 7-2-9　方法一

方法二：通过工作表对象和单元格所在行、列号获取单元格对象。

例如：获取工作表对象 sheet 中第 2 行第 3 列单元格，定义单元格对象 myCell，如图 7-2-10 所示。

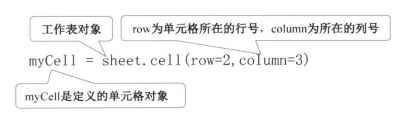

图 7-2-10　方法二

通常将 row 和 column 省略，修改代码为：myCell=sheet.cell(2,3)

单元格的常用属性说明参见表 7-2-1。

表 7-2-1　单元格的常用属性

序　号	单元格属性	说　　明	示例（设 sheet 为空的工作表）
1	row	单元格所在的行	print (sheet['C2'].row) 输出：2　表示在第 2 行
2	column	单元格所在的列	print (sheet['C2'].column) 输出：3　表示在第 3 列
3	value	单元格中的值	print (sheet['C2'].value) 输出：None　表示空单元格没有数据
4	coordinate	单元格的地址	print (sheet.cell(2,3).coordinate) 输出：C2　表示第 2 行第 3 列单元格的地址

因此如下获取当前单元格的行号和列号，如图 7-2-11 所示。

由此本例第 7 行代码中，"myCell.row"和"myCell.column"分别为当前单元格的行号和列号，那么"myCell.column+2"是当前单元格右侧第二个单元格所在的列号。代码"myWorkSheet.cell(myCell.row,myCell.column+2).value=90"表示将该单元格的"value"属性赋值为 90，实现修改成绩数据。

图 7-2-11　获取当前单元格的行号和列号

7.2.3　案例 3：插入行与删除行

在 7.2.2 节案例 2 保存的文件"D:\2 修改成绩.xlsx"中，在第 5 行（姓名是"刘俊霞"）的上方插入一行数据（'J21005','张胜斌'，68），然后删除学号为'J21003' 所在行。运行资源包中的"7-2-3.py"程序，运行之后数据前后变化如图 7-2-12 所示。

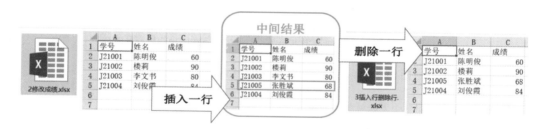

图 7-2-12　数据前后变化情况

1. 示例代码

```
第01行  import openpyxl                                    #导入openpyxl库
第02行  myWorkBook=openpyxl.load_workbook(r'D:\2 修改成绩.xlsx')#打开工作簿
第03行  myWorkSheet=myWorkBook.active    #激活默认工作表
第04行  myWorkSheet.insert_rows(5)        #在第5行插入一空行
第05行  myWorkSheet['A5']='J21005'        #给指定坐标的单元格赋值
第06行  myWorkSheet['B5'].value='张胜斌'
第07行  myWorkSheet['C5'].value=68
第08行  for myCell in myWorkSheet['A']:#遍历工作表查找指定列
第09行      if myCell.value=='J21003':   #查找要删除的行
第10行          myWorkSheet.delete_rows(myCell.row)   #删除"J21003"所在行
第11行          break                     #跳出循环
第12行  myWorkBook.save(r'D:\3 插入行删除行.xlsx') #保存为D:\3 插入行删除行.xlsx
```

2. 思路简析

在 openpyxl 库中,使用 append( )方法添加一行数据到当前工作表已有数据的下面,若要在已有数据中间插入数据,则需使用 insert_rows( )方法先插入空行,然后给新插入的空行的单元格赋值。

删除一行,首先要找到需要删除的行,然后使用 delete_rows( )方法根据行号删除即可。

(1)插入、删除行和列的方法。

在 openpyxl 库中,与插入、删除若干行或列相关的方法及其功能参见表 7-2-2。

表 7-2-2　插入、删除行和列的方法及其功能

序　号	方　　法	功　　能
1	insert_rows(idx,amount)	在指定行上方插入若干行
2	insert_cols(idx,amount)	在指定列左侧插入若干列
3	delete_rows(idx,amount)	删除指定位置及其下方若干行
4	delete_cols(idx,amount)	删除指定位置及其右侧若干列

4 种方法的参数 idx,amount 含义相同,均为整数。其中 idx 为插入或删除行/列的位置,amount 为插入或删除行/列的数量,参数 amount 可省略,当其省略时表示只插入或删除一行或一列,即只插入或删除 idx 指定的行或列。

在插入行或列时,插入点下方或右侧已有的数据会自动向下或向右移动。在删除行或列时,删除点下方或右侧已有的数据会自动向上或向左移动,这和在 Excel 软件中操作的效果完全相同。

例如 insert_rows(5,2)将在第 5 行插入两行,原第 5 行及下方数据下移,原第 5 行数据将位于第 7 行。而 insert_rows(5)则表示在第 5 行插入 1 行。

由此根据本例要求,在第 5 行(姓名是"刘俊霞")的上方插入一行,就是在第 5 行的位置插入一行,代码为示例代码中第 4 行"myWorkSheet.insert_rows(5)";

添加一行空行后,再用指定单元格地址的方式写入学号、姓名和成绩数据,参见代码第 5、6、7 行。

(2)访问多个单元格。

在 openpyxl 库中,要获取一系列单元格,可以将工作表对象切片,取得电子表格中多行、多列或一个矩形区域中的所有单元格对象,具体访问方式参见表 7-2-3。循环遍历这些单元格就可以进一步完成各种操作。

表 7-2-3　访问多个单元格的方式

序　号	方式(设 sheet 为工作表对象)	功　能
1	指定列值：sheet['A']	获取 A 列的单元格对象
2	指定列的范围：sheet['A:C']	获取 A、B、C 三列的单元格对象
3	指定行值：sheet[1]	获取第 1 行的单元格对象
4	指定行的范围：sheet[2:4]	获取第 2、3、4 行的单元格对象
5	指定地址范围：sheet['A1:C2']	获取从 A1 到 C2 矩形区域的单元格对象

一般 Excel 的列由字母表示，为字符型；行由数字表示，为整型。在指定列和地址范围时，列值和地址值都要加引号表示类型为字符型。在指定行（列）范围时，不会获取整行（整列）的单元格对象，仅获取其中有数据的单元格对象。

在第 8 行代码 "for myCell in myWorkSheet['A']:"，其中 "myWorkSheet" 为工作表对象名称，"myWorkSheet['A']" 表示工作表中 A 列单元格对象，即学号所在列，因此第 9 行代码遍历学号列中所有有数据的单元格，查找值为 "J21003" 的单元格。

找到后先通过 "myCell.row" 获取 "J21003" 单元格所在行号，然后删除 "J21003" 所在行，参见代码第 10 行 "myWorkSheet.delete_rows(myCell.row)"。

7.2.4　案例 4：插入列

在 7.2.3 节案例 3 保存的文件 "D:\3 插入行删除行.xlsx" 中，添加 "性别" 列，在该列依次写入数据 "'性别','男','女','男','女'"。运行资源包中的 "7-2-4.py" 程序，数据前后变化如图 7-2-13 所示。

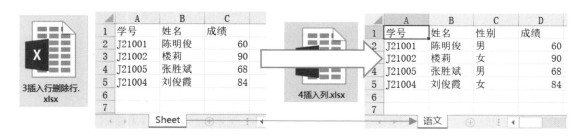

图 7-2-13　插入列数据前后变化

1. 示例代码

第 01 行　`import openpyxl`

第 02 行　`myWorkBook=openpyxl.load_workbook(r'D:\3 插入行删除行.xlsx')`

第 03 行　`myWorkSheet=myWorkBook.active`

第 04 行　`myList=['性别','男','女','男','女']`　　#定义列表 myList 存放要添加的数据

第 05 行　`myWorkSheet.insert_cols(3)`　　　　　　#在第 3 列插入一空列

第 06 行　`for i in range(1,myWorkSheet.max_row+1):`

　　　　　　　　　　　　　　`#myWorkSheet.max_row 为工作表数据区的最大行号`

第 07 行　　　`myWorkSheet.cell(i,3).value=myList[i-1]`#给当前行第 3 列单元格赋值

第 08 行　`myWorkSheet.title='语文'`　　　　　#修改工作表的名称

第 09 行　`myWorkBook.save(r'D:\4 插入列.xlsx')` #保存为 D:\4 插入列.xlsx

2. 思路简析

（1）插入一列数据首先要在指定位置插入一个空列。代码第 5 行 "myWorkSheet.insert_cols(3)"，在第 3 列插入一个空列，第 3 列和右侧的数据将向右侧移动一列。

然后循环遍历第 3 列的每一行，把列表中的元素值依次写入当前行与列交叉位置的单元格中。

（2）工作表的常用属性见表 7-2-4。

表 7-2-4　工作表的常用属性

序号	工作表属性	说　　明	示例（以 "4 插入列.xlsx" 为例，myWorkSheet 为工作表对象）
1	title	工作表的名称	print (myWorkSheet.title) 输出：语文　说明：语文为该表的名称
2	dimensions	数据的范围：左上角和右下角的单元格地址	print (myWorkSheet.dimensions) 输出：A1:D5　说明：指数据区的范围
3	max_row	工作表数据区的最大行	print (myWorkSheet.max_row) 输出：5
4	min_row	工作表数据区的最小行	print (myWorkSheet.min_row) 输出：1
5	max_column	工作表数据区的最大列	print (myWorkSheet.max_column) 输出：4
6	min_column	工作表数据区的最小列	print (myWorkSheet.min_column) 输出：1

第 6 行代码 "for i in range(1,myWorkSheet.max_row+1):" 中 myWorkSheet.max_row 为工作表中数据区域的最大行号，循环变量 i 遍历的值从 1 到最后一行的行号；接着在循环体内，第 7 行代码 "myWorkSheet.cell(i,3).value=myList[i-1]"，随着循环变量 i 值的递增，实现逐行赋值，把列表中的元素值依次写入当前行与列交叉位置的单元格中。注意列表的下标从 0 开始。

用 openpyxl 库创建工作簿后，默认生成一个工作表，工作表的名称属性 "title" 的值是 "sheet"。第 8 行代码 "myWorkSheet.title='语文'" 将工作表 "myWorkSheet" 的名称改为 "语文"。工作表名称变化如图 7-2-13 所示。

知识小结

1. 使用 Workbook( )方法创建工作簿对象。

2. 通过单元格地址或行列号获取单元格对象。

3. 添加、插入、删除行和列的方法。

4. 遍历工作表，查找数据并修改。

5. 访问多个单元格。

6. 工作表的常用属性。

技能拓展

1. 程序阅读：在成绩表"D:\4 插入列.xlsx"中，插入能够从 1 开始自动编号的序号列。程序设想如图 7-2-14 所示。

图 7-2-14　程序设想

程序代码：

```
第 01 行  import openpyxl
第 02 行  myWorkBook=openpyxl.load_workbook(r'D:\4 插入列.xlsx')
第 03 行  myWorkSheet=myWorkBook.active
第 04 行  if myWorkSheet.cell(1,1).value!='序号':#判断第 1 列不是序号列
第 05 行      myWorkSheet.insert_cols(1)              #在第 1 列插入空列
第 06 行      myWorkSheet.cell(1,1).value='序号' #在第1行第1列单元格中写入"序号"
第 07 行  for i in range(1,myWorkSheet.max_row):#遍历工作表的行号
第 08 行      myWorkSheet.cell(i+1,1).value=i     #在各行的第 1 列单元格中写入编号
第 09 行  myWorkBook.save(r'D:\4 插入列.xlsx')
```

通过编号可以方便查看数据的行数，但在进行插入或删除行操作后，各行编号要更新。

2. 关于在 Excel 中设置单元格边框的介绍。

在 Excel 中给数据区域设置边框样式为细边框。

（1）程序代码

第 01 行　import openpyxl　#导入 openpyxl 库中 styles 模板的 Border 和 Side

第 02 行　from openpyxl.styles import Border,Side

第 03 行　myWorkBook=openpyxl.load_workbook(r'D:\4 插入列.xlsx')

第 04 行　myWorkSheet=myWorkBook.active

第 05 行　x=Side(style='dashDot',color='FF0000') #创建红色虚线点线的边框样式对象 x

第 06 行　myBorder=Border(left=x,right=x,top=x,bottom=x)

　　　　　#创建单元格边框样式对象 myBorder，应用边框样式对象 x 设置左右上下四条边框

第 07 行　for myRow in myWorkSheet.rows:　　　　　　　#遍历工作表每行

第 08 行　　　for myCell in myRow:　　　　　　　　#遍历每行的每个单元格

第 09 行　　　　　myCell.border = myBorder　　　　#应用对象 myBorder 设置单元格边框

第 10 行　myWorkBook.save(r'D:\4 插入列.xlsx')

（2）思路简析

openpyxl.styles 中的 styles 是一个模块，用于定义和管理 Excel 单元格的样式。它包含了各种样式属性，如字体、颜色、边框、对齐方式等，可以通过设置这些属性来改变单元格的外观。styles 模块还提供了一些预定义的样式，如标题、日期、货币等，方便用户快速设置单元格样式。

Side 类创建的对象用于设置边框的样式，包含的属性有样式和颜色。

Border 类创建的对象用于设置单元格边框的样式，包含的属性有左边框、右边框、上边框和下边框，每个属性都是一个 Side 对象。

在 openpyxl 库中，单元格边框 Border 对象通常与 Side 对象一起使用。通过为每条边框指定相应的 Side 对象，从而构建出更复杂和具有多样式边框的 Border 对象应用于指定单元格。

① Side( ) 设置边框的样式。

Side(style=样式,color=颜色)：创建一个边框样式的对象，设置边框的样式和颜色，属性值有：

border_style：边框样式，可以是以下值之一：

　　'dashDot'：虚线点线样式

　　'dashDotDot'：双点虚线点线样式

　　'dashed'：虚线样式

　　'dotted'：点线样式

　　'double'：双线样式

'hair'：细线样式

'medium'：中等粗细线样式

'mediumDashDot'：中等粗细虚线点线样式

'mediumDashDotDot'：中等粗细双点虚线点线样式

'mediumDashed'：中等粗细虚线样式

'slantDashDot'：斜线虚线点线样式

'thick'：较粗线样式

'thin'：细线样式

color：通常用 6 位十六进制数表示颜色。

代码第 2 行 "x=Side(style='dashDot',color='FF0000')"，创建了 x 边框样式对象，设置为红色虚线点线。

> **要点提示：**
>
> 如果没有设置 "style" 边框样式，其他设置将不起作用。

② Border( )设置单元格边框的样式。

Border(left=左边框样式对象，right=右边框样式对象，top=上边框样式对象，bottom=下边框样式对象)：创建一个单元格边框对象，通过为每条边框分配一个 Side 对象来指定每条边框的样式。

代码第 3 行 "myBorder=Border(left=x,right=x,top=x,bottom=x)"，创建了 myBorder 单元格边框样式对象，使用 x 边框样式对象将四条边框都设置为红色虚线点线。

③ 在单元格上应用边框的样式。

第 9 行代码 "myCell.border = myBorder" 在 myCell 单元格对象上设置了 myBorder 单元格边框样式。

7.3　批量合并 Excel 文件

☞ 你将获取的能力：

能够批量合并 Excel 文件；

能够在单元格中写入公式实现自动计算。

7.3.1　案例 1：合并工作簿

在"D:\初始"文件夹中，是班级期中考试各科成绩工作簿，分别是"语文.xlsx"、"数学.xlsx"、"英语.xlsx"、"信息技术.xlsx"、"专业一.xlsx"和"专业二.xlsx"。每个文件格式统一，均为学号、姓名、性别和成绩四列，其中学号、姓名和性别三列数据完全对应相同。

现为了便于数据汇总分析，需要新建"D:\汇总\班级.xlsx"文件，并且把各科成绩的 Excel 文件中的工作表合并到"D:\汇总\班级.xlsx"中，一个学科成绩为一张工作表，工作表标题与原工作表标题相同。运行资源包中的"7-3-1.py"程序，效果如图 7-3-1 所示。

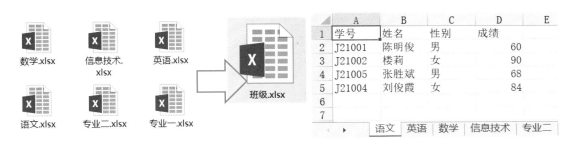

图 7-3-1　批量合并 Excel 文件

1. 示例代码

```
第 01 行   import openpyxl,os
第 02 行   myNewBook=openpyxl.Workbook( )   #创建汇总用的工作簿对象
第 03 行   myNameList=os.listdir(r'D:\初始')
           #获取"D:\初始"文件夹中的文件夹名和文件名
第 04 行   for myName in myNameList:              #遍历每个文件夹名和文件名
第 05 行       if myName[-5:]=='.xlsx':        #获取最后 5 个字符，判断是否为 Excel 文件
第 06 行           myWorkBook=openpyxl.load_workbook('D:\\初始\\'+myName)#打开文件
第 07 行           myWorkSheet=myWorkBook.active        #创建工作表对象
第 08 行           myNewSheet=myNewBook.create_sheet(myWorkSheet.title)
                                                #在汇总工作簿对象中创建新的工作表对象
第 09 行           for myRow in myWorkSheet.rows:     #遍历工作表的每一行
第 10 行               myTempList=[]                  #初始化列表 myTempList
第 11 行               for myCell in myRow:           #遍历一行中的每个单元格对象
第 12 行                   myTempList.append(myCell.value)
                                                     #添加单元格的值到列表 myTempList
第 13 行               myNewSheet.append(myTempList)  #在已创建的工作表中添加数据
第 14 行   myNewBook.save(r'D:\汇总\班级.xlsx')          #保存至 D:\汇总\班级.xlsx
```

2. 思路简析

7.3.1 节思路简析如图 7-3-2 所示。

图 7-3-2　7.3.1 节思路简析

先创建用于汇总的工作簿对象，并获取"D:\初始"文件夹中所有文件夹名和文件名。依次打开"D:\初始"文件夹中的 Excel 文件，读取该文件中的工作表，暂且记为工作表 A；在用于汇总的工作簿对象中创建和工作表 A 名称相同的工作表用于汇总数据，暂且记为工作表 B。

然后在工作表 A 中，读取一行单元格，把其中各单元格的值存放于列表，通过列表在工作表 B 中添加一行数据。如此循环按行遍历工作表 A 中的各行数据，从而实现将工作表 A 中的数据全部添加到工作表 B 中。

最后将汇总用的工作簿对象保存至 D:\汇总\班级.xlsx。

（1）工作簿对象的常见属性和方法

① 工作簿对象的常见属性，参见表 7-3-1。

表 7-3-1　工作簿对象的常见属性

序　号	工作簿对象的属性	说　　明
1	sheetnames	以列表形式返回工作簿中工作表的标题
2	worksheets	以列表的形式返回所有的工作表对象
3	active	获取当前活跃的工作表对象
4	read_only	判断是否以只读模式打开 Excel 文档
5	encoding	获取文档的字符集编码，一般为：utf-8
6	properties	获取文档的数据，如标题、创建者、创建日期等

例 1：示例代码第 7 行"myWorkSheet=myWorkBook.active"，获取当前活跃的工作表，创建工作表对象。

例 2：输出工作簿中所有工作表的数据，有两种方法。

方法一：使用"worksheets"属性，遍历每个工作表对象。

第 01 行　`import openpyxl`

第 02 行　`myWorkBook=openpyxl.load_workbook(r'D:\汇总\班级.xlsx')`

第 03 行　`for myWorkSheet in myWorkBook.worksheets:`#遍历工作簿中所有工作表对象

第 04 行　　　`for myRow in myWorkSheet.rows:`　　#遍历工作表中数据区域的所有行

第 05 行　　　　`for myCell in myRow:`　　　　#遍历一行中的各个单元格

第 06 行　　　　　　　　`print(myCell.value,end=',')`

第 07 行　　　　　　`print()`

方法二：使用"sheetnames"属性，通过工作表名称在工作簿中索引工作表。

第 01 行　`import openpyxl`

第 02 行　`myWorkBook=openpyxl.load_workbook(r'D:\汇总\班级.xlsx')`

第 03 行　`for name in myWorkBook.sheetnames:`　　　`#遍历工作簿中所有工作表的名称`

第 04 行　　　　`for myRow in myWorkBook[name].rows:`

　　　　　　　　　　　`#根据工作表的名称获取工作表，遍历工作表中数据区域的所有行`

第 05 行　　　　　　`for myCell in myRow:`　　　　　`#遍历一行中的各个单元格`

第 06 行　　　　　　　　`print(myCell.value, end=',')`

第 07 行　　　　`print( )`

② 工作簿对象的方法

工作簿对象的方法，参见表 7-3-2。

表 7-3-2　工作簿对象的方法

序　号	工作簿对象的方法	功　　能
1	create_sheet(title,index)	在 index 指定位置创建名为 title 的工作表，参数 index 省略时默认在已有工作表的后面创建
2	remove(worksheet)	删除一个工作表，参数为工作表对象
3	copy_worksheet(worksheet)	在同一工作簿内拷贝工作表
4	save(filename)	保存为 Excel 文件

例 1：示例代码第 8 行"myNewSheet=myNewBook.create_sheet(myWorkSheet.title)"，其中"myWorkSheet.title"是当前工作表的名称，整行代码用于在汇总的工作簿对象"myNewBook"中，创建与"myWorkSheet.title"相同名称的工作表。因为参数"index"省略，所以默认创建在已有工作表的后面。如果要使新创建的工作表在已有工作表的前面，则设置"index"为"0"，代码为："myNewSheet=myNewBook.create_sheet(myWorkSheet.title,0)"。

例 2：示例代码第 14 行"myNewBook.save(r'D:\汇总\班级.xlsx')"将工作簿对象的数据保存至"D:\汇总\班级.xlsx"。

例 3：仔细观察"D:\汇总\班级.xlsx"会发现，工作簿中还有一张名称为"Sheet"的空工作表，这是在创建工作簿时，默认生成的工作表，在保存工作簿前可以删除这个空工作表。添加代码"myNewBook.remove(myNewBook['Sheet'])"即可删除"Sheet"工作表，如图 7-3-3 所示。

图 7-3-3 删除空工作表

7.3.2 案例2：公式应用

在7.3.1节案例1得到的"D:\汇总\班级.xlsx"基础上，再新建一张工作表，命名为：总分。在这张新表中用程序自动写入公式，求出每位学生各科成绩之和。运行资源包中的"7-3-2.py"程序，计算总分效果如图7-3-4所示。

	A	B	C	D	E	F	G	H	I	J
1	学号	姓名	性别	总分						
2	J21001	陈明俊	男	398						
3	J21002	楼莉	女	484						
4	J21005	张胜斌	男	420						
5	J21004	刘俊霞	女	484						
6										

语文 | 英语 | 数学 | 信息技术 | 专业二 | 专业一 | 总分 | ⊕

图 7-3-4 计算总分效果图

1. 示例代码

第01行　`import openpyxl`

第02行　`myWorkBook=openpyxl.load_workbook(r'D:\汇总\班级.xlsx')`

第03行　`myNames=myWorkBook.sheetnames` #获取工作簿中所有工作表的标题

第04行　`myWorkSheet=myWorkBook.copy_worksheet(myWorkBook['语文'])`

　　　　　　　　　　　　　　　　　　#复制"语文"工作表

第05行　`myWorkSheet.title='总分'` #将复制的工作表的名称改为"总分"

第06行　`myWorkSheet['D1']='总分'` #修改"总分"工作表单元格 D1 为"总分"

第07行　`for i in range(2,myWorkSheet.max_row+1):` #从第2行到最后一行循环

第08行　　　　`myFormula='='` #变量名 myFormula 为公式，以"="开始

第09行　　　　`for j in myNames:` #遍历所有工作表的名称

第10行　　　　　　`myFormula=myFormula +j+'!D'+str(i)+'+'` #组合生成公式的字符串

第11行　　　　`myWorkSheet['D'+str(i)].value= myFormula[:-1]`#在单元格中写入公式

第12行　`myWorkBook.save(r'D:\汇总\求总分.xlsx')` #保存至 D:\汇总\求总分.xlsx

2. 思路简析

（1）程序设想。

先准备好一张"总分"工作表。因为各科的工作表格式统一，学号、姓名和性别三列的数据都完全相同，所以直接复制"语文"工作表，修改工作表标题为"总分"，就得到了一张"总分"工作表。参见代码第 4 行和第 5 行。

接着将"总分"工作表中的成绩列改为总分列。遍历所有工作表的名称，将字符串变量myFormula 拼接为某位学生各科成绩自动求和的公式，写入相应的总分单元格中，这将覆盖单元格中原有的语文成绩。

（2）写入公式。

第一步：要拼接字符串变量 myFormula 为某位学生各科成绩自动求和的公式，如图 7-3-5所示。

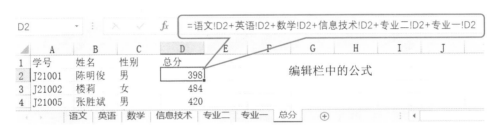

图 7-3-5　在 Excel 软件中手工操作查看公式内容

要在"D2"单元格实现各科成绩求和，如果在 Excel 软件中手动操作，则选择"D2"单元格，在编辑栏中输入如图 7-3-5 红色框所示公式。如果希望程序自动实现，则需要拼接字符串变量 myFormula 为如下字符串：

'=语文!D2+英语!D2+数学!D2+信息技术!D2+专业二!D2+专业一!D2'

观察发现规律，其中蓝色框表示的为当前单元格的行号，总分所在列固定为"D"列，红色框表示的均为各学科工作表的名称，因此循环结构可以初步考虑为：

> 以循环变量 i 遍历各行行号：
> 　　myFormula='=语文!D i+英语!D i+数学!D i+信息技术!D i+专业二!D i+专业一!D i'

再进一步以循环变量 j 遍历所有工作表的名称，则循环结构可以考虑为：

> 以循环变量 i 遍历各行行号：
> 　　myFormula='='
> 　　以循环变量 j 遍历所有工作表的名称：
> 　　　　myFormula=myFormula+' j !D i '

因为 j 和 i 都是循环变量，所以代码为“myFormula=myFormula +j+'!D'+str(i)+ '+'”，参见示例代码第 7 至第 10 行。

第二步：将公式写入相应的单元格。

例如要在 D2 单元格中输入公式，此时单元格处于第 2 行，故循环变量 i 为 2，当循环变量 j 遍历所有工作表的名称后得到：

myFormula='=语文!D2+英语!D2+数学!D2+信息技术!D2+专业二!D2+专业一!D2 + '

红色框中的+为多余的字符，通过字符串切片 myFormula[:-1]得到求和公式字符串，将它赋值给单元格的 value 属性即完成写入单元格，代码为：

```
myWorkSheet['D 2 '].value=myFormula[:-1]
```

如果单元格处于第 3 行，则 `myWorkSheet['D 3 '].value= myFormula[:-1]`

如果单元格处于第 4 行，则 `myWorkSheet['D 4 '].value= myFormula[:-1]`

……

如果单元格处于第 i 行，则 `myWorkSheet['D i '].value= myFormula[:-1]`

因此 myWorkSheet['D i '].value= myFormula[:-1]位于“以循环变量 i 遍历各行行号：”的循环体中，参见代码第 11 行。

知识小结

1．运用 create_sheet( )方法创建新的工作表。

2．工作簿对象的 sheetnames 属性和 worksheets 属性。

3．运用 copy_worksheet( )方法在同一工作簿内复制工作表。

4．在单元格中批量写入 Excel 公式。

技能拓展

在 7.3.2 节案例 2 得到的“D:\汇总\求总分.xlsx”基础上，设计程序，实现在“总分”工作表中增加 E 列，E1 单元格为“平均分”，E 列其余单元格均为该学生各科成绩的平均分（结果保留一位小数）。程序运行后效果如图 7-3-6 所示。

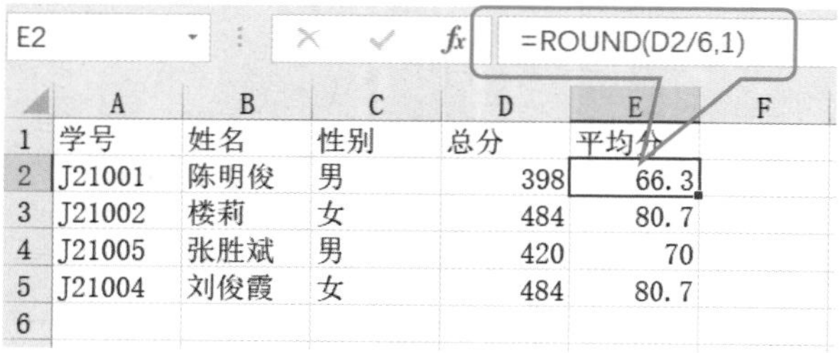

	A	B	C	D	E	F
1	学号	姓名	性别	总分	平均分	
2	J21001	陈明俊	男	398	66.3	
3	J21002	楼莉	女	484	80.7	
4	J21005	张胜斌	男	420	70	
5	J21004	刘俊霞	女	484	80.7	
6						

图 7-3-6　自动计算平均分

（1）使用 Excel 的 ROUND( )函数实现四舍五入。

如图 7-3-6 红框所示的内容为在 E2 单元格中写入的公式，“D2/6”是将 D2 单元格中的总分除以科目门数 6 得到各科平均分。并通过 ROUND( )函数四舍五入保留一位小数。

说明：

ROUND( )函数格式：ROUND(数值,四舍五入后保留的小数位数)。

参考代码如下：

第 01 行　`import openpyxl`
第 02 行　`myWorkBook=openpyxl.load_workbook(r'D:\汇总\求总分.xlsx')`
第 03 行　`myWorkSheet=myWorkBook['总分']`
第 04 行　`myWorkSheet['E1']='平均分'`
第 05 行　`for i in range(2,myWorkSheet.max_row+1):`
第 06 行　`    myWorkSheet.cell(i,5).value='=ROUND(D'+str(i)+'/6,1)'`
第 07 行　`myWorkBook.save(r'D:\汇总\平均分.xlsx')`

（2）使用 Excel 的 AVERAGE( )函数求各科平均分。

上文代码是根据 D2 单元格中的总分除以科目门数 6 求得各科平均分。如图 7-3-7 所示，使用 Excel 的 AVERAGE( )函数可以通过遍历各科成绩表直接求得各科平均分。

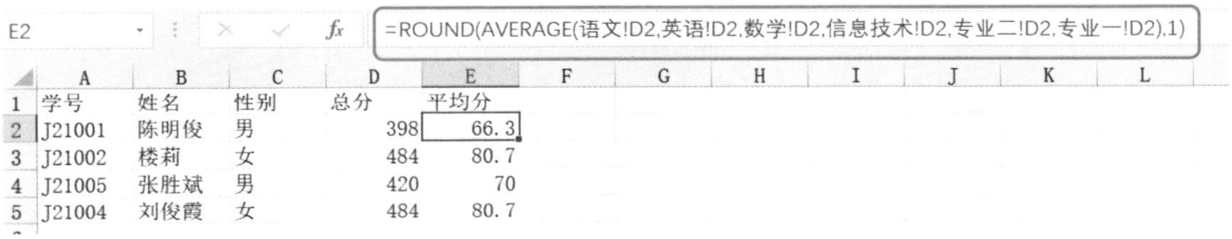

图 7-3-7　直接求各科平均分

'=ROUND(AVERAGE(语文!D2,英语!D2,数学!D2,信息技术!D2,专业二!D2,专业一!D2))'，其中红色标识部分即求各科平均分的公式。该字符串的拼接过程与 7.3.2 节案例 2 相似，需要注意遍历工作表时，要排除"总分"工作表。

参考代码如下：

第 01 行　`import openpyxl`
第 02 行　`myWorkBook=openpyxl.load_workbook(r'D:\汇总\求总分.xlsx')`
第 03 行　`myWorkSheet=myWorkBook['总分']`
第 04 行　`myWorkSheet['E1']='平均分'`
第 05 行　`for i in range(2,myWorkSheet.max_row+1):`
第 06 行　`    p='=ROUND(AVERAGE('`
第 07 行　`    for name in myWorkBook.sheetnames:`
第 08 行　`        if name!='总分':`
第 09 行　`            p=p+name+'!D'+str(i)+','`

第 10 行　myWorkSheet.cell(i,5).value=p[:-1]+'),1)'

第 11 行　myWorkBook.save(r'D:\汇总\函数求平均分.xlsx')

7.4　批量合并多个 Excel 文件到工作表

☞ 你将获取的能力：

能够批量合并多个 Excel 文件到一个工作表；

能够遍历行或列添加一列单元格数据；

能够批量在单元格中写入公式实现自动统计。

7.4.1　案例：合并工作表数据

在"D:\初始"文件夹中为本班同学期中考试各科成绩，分别是"语文.xlsx"、"数学.xlsx"、"英语.xlsx"、"信息技术.xlsx"、"专业一.xlsx"和"专业二.xlsx"。每个文件格式相同，均为学号、姓名、性别和成绩四列，其中学号、姓名和性别三列数据完全相同。

现为了便于数据汇总分析，需要新建"D:\汇总\成绩汇总.xlsx"文件，并且把各科成绩汇总到"D:\汇总\成绩汇总.xlsx"的"成绩汇总"工作表中。运行资源包中的"7-4-1.py"程序，效果如图 7-4-1 所示。

图 7-4-1　合并工作表

1. 示例代码

第 01 行　import openpyxl,os

第 02 行　myNewBook=openpyxl.Workbook( )　　#创建用于汇总的工作簿对象

第 03 行　myNewSheet=myNewBook.active　　　#激活默认工作表，创建用于汇总的工作表对象

第 04 行　myNewSheet.title='成绩汇总'　　　#设置汇总工作表标题为：成绩汇总

第 05 行　myWorkBook=openpyxl.load_workbook(r'D:\初始\语文.xlsx')　#打开文件

第 06 行　myWorkSheet=myWorkBook.active　　#激活默认工作表，创建工作表对象

第 07 行　for myRow in myWorkSheet.rows:　#遍历"D:\初始\语文.xlsx"的工作表各行

第 08 行　　myTempList=[]　　　　　　　　　#初始化列表 myTempList

第 09 行　　　　　for myCell in myRow[0:-1]: #遍历行中除最后一个"成绩"之外的单元格

第 10 行　　　　　　　myTempList.append(myCell.value)　　#将单元格的值添加到列表

第 11 行　　　　myNewSheet.append(myTempList) #将列表值添加到用于汇总的工作表中

第 12 行　myNameList=os.listdir(r'D:\初始') #获取"D:\初始"中的子文件夹名和文件名

第 13 行　j=myNewSheet.max_column+1　　　　#j 为"成绩汇总"工作表中目标单元格的列号

第 14 行　for myName in myNameList:　　　　#遍历每个文件夹名和文件名

第 15 行　　　　if myName[-5:]== '.xlsx':　#获取最后 5 个字符，判断是否为 Excel 文件

第 16 行　　　　　　myWorkBook=openpyxl.load_workbook(r'D:\初始\'+myName)
　　　　　　　　　#打开"D:\初始"文件夹中的文件

第 17 行　　　　　　myWorkSheet=myWorkBook.active　　　　#激活默认工作表

第 18 行　　　　　　for myRow in myWorkSheet.rows:
　　　　　　　　　#按行遍历，将成绩这列单元格的值复制到"成绩汇总"工作表的目标单元格中

第 19 行　　　　　　　　myNewSheet.cell(myRow[3].row,j).value=myRow[3].value

第 20 行　　　　　　myNewSheet.cell(1, j).value = myWorkSheet.title
　　　　　　　　　#列标题为原工作表的名称

第 21 行　　　　　　j += 1　　　#列号加 1，下一列成为目标单元格，用于存储下一门学科的成绩

第 22 行　myNewBook.save(r'D:\汇总\成绩汇总.xlsx') #保存至"D:\汇总\成绩汇总.xlsx"

2. 思路简析

（1）程序设想。

1）先创建用于成绩汇总的工作簿对象，再创建"成绩汇总"工作表，记为工作表 A。

2）然后打开"D:\初始\语文.xlsx"文件，读取该文件工作表中除最后一列"成绩"之外的单元格，即把学号、姓名、性别这三列单元格的值通过列表复制到新创建的"成绩汇总"工作表，参见代码第 5 行至第 11 行。

3）接下来再把各工作表中各学科的成绩复制到"成绩汇总"工作表，参见代码第 12 行至第 21 行：

打开"D:\初始"文件夹中的 Excel 文件，读取该文件中的工作表，记为工作表 B；在工作表 B 中，遍历一行单元格，把该行第四列（即成绩列）单元格的值复制到工作表 A 对应行对应列的单元格中。如此按行遍历工作表 B，从而实现将工作表 B 第四列（即成绩列）单元格的值全部添加到工作表 A 中。

继续打开"D:\初始"文件夹中的下一个 Excel 文件，读取该文件中的工作表，重复上面的过程将成绩添加到工作表 A 中，直至遍历"D:\初始"文件夹中的所有 Excel 文件。

最后保存至"D:\汇总\成绩汇总.xlsx"。案例任务实现的过程如图 7-4-2 所示。

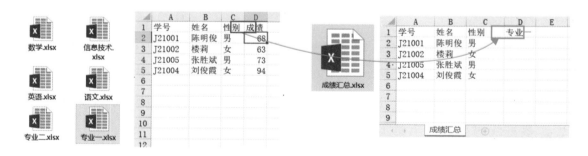

图 7-4-2　案例任务实现过程

（2）复制一列数据。

一列单元格的特点是：单元格的列号固定不变，而行号逐行增加。

代码第 18 行"for myRow in myWorkSheet.rows:"按行遍历原始数据工作表，"myRow"是一行中各单元格对象组成的列表，于是"myRow[3]"为这行中第 4 个单元格对象，也就是第 4 列（即成绩列）的单元格对象，因此在第 19 行代码中"myRow[3].value"就是这行中第 4 列的单元格的值，即成绩数据。"myRow[3].row"可以获取这个单元格的行号。依次遍历各行就可以取得各行中"myRow[3]"单元格的值（成绩）和行号。

如图 7-4-3 所示，原始成绩工作表中的蓝色单元格与"成绩汇总"工作表中的红色单元格为对应单元格，它们所在的行号相同。因此第 19 行代码"myNewSheet.cell(myRow[3].row,j)"中的"myRow[3].row"和"j"分别作为行号与列号，以此确定"成绩汇总"工作表"myNewSheet"中的目标单元格。然后把获得的成绩数据赋值给该单元格的 value 属性，即实现成绩数据的复制，如图 7-4-4 所示。

图 7-4-3　单元格对应图

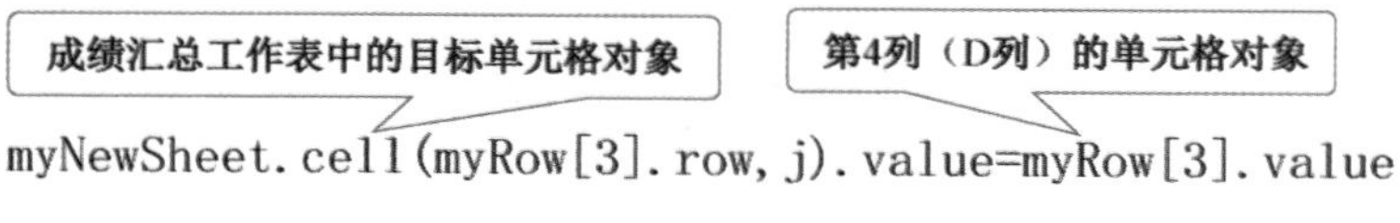

```
成绩汇总工作表中的目标单元格对象        第4列（D列）的单元格对象
myNewSheet.cell(myRow[3].row, j).value=myRow[3].value
```

图 7-4-4　解析第 19 行代码

第 13 行代码"j=myNewSheet.max_column+1"初始化变量 j 为目标单元格的列号。

第 19 行代码中"myNewSheet.cell(myRow[3].row,j)"是"成绩汇总"工作表中存储成绩的单元格，其中变量"j"为列号。当复制完一门学科的成绩后，第 21 行代码"j+=1"将列号加 1，以便将下一门学科成绩复制到右侧的下一列单元格中。

（3）按列遍历工作表的一列数据。

openpyxl 库不仅可以按行遍历一列数据，还可以按列遍历。将示例代码第 13 行至第 21 行修改如下：

```
第 13 行    j=myNewSheet.max_column+1      #初始化变量 j 为汇总工作表中目标单元格的列号
第 14 行  for myName in myNameList:        #遍历每个文件夹名和文件名
第 15 行      if myName[-5:]== '.xlsx':#获取最后 5 个字符，判断是否为 Excel 文件
第 16 行          myWorkBook=openpyxl.load_workbook('D:\\初始\\'+myName)
                                          #打开"D:\初始"文件夹中的文件
第 17 行          myWorkSheet=myWorkBook.active #激活"D:\初始"中的默认工作表
第 18 行          n=2             #工作表中成绩从第 2 行开始，因此初始化行号变量 n 为 2
第 19 行          for myCol in myWorkSheet['D'][1:]:#遍历 D 列中第 2 行始的单元格
第 20 行              myNewSheet.cell(n,j).value=myCol.value
                          #把列数据复制到"成绩汇总"工作表对应单元格
第 21 行              n+=1        #行号加 1，指向下一行
第 22 行          myNewSheet.cell(1,j).value = myWorkSheet.title
                          #该列第 1 行单元格的值设为原工作表的标题
第 23 行          j += 1      #列号加 1，下一列成为目标单元格，用于存储下一门学科成绩
```

代码中增加了变量"n"用于表示行号，从各学科工作表第 2 行的单元格开始复制成绩数据，注意每次开始复制新的学科工作表，变量"n"（行号）都将重新初始化为 2。

代码中变量"j"用于表示列号，注意每次复制完一门学科的成绩，变量"j"加 1，"成绩汇总"工作表中的下一列成为目标单元格，用于存储下一门学科成绩。

🎓 知识小结

1．单元格对象的 row 属性和 value 属性。

2．运用 cell(row，column)确定目标单元格。

📖 技能拓展

1．在 7.4.1 节案例得到的"D:\汇总\成绩汇总.xlsx"基础上，设计程序，实现在"成绩汇总"工作表中增加 J 列，J2 单元格为"总分"，J 列其余单元格均写入公式，自动计算每位学生的各科成绩总分。程序运行后效果如图 7-4-5 所示。

> **要点提示：**
>
> 在"成绩汇总"工作表 J1 单元格，写入列标题"总分"；然后参考图中 J2 单元格编辑栏中的公式"=SUM(D2:I2)"，以变量"i"表示行号，遍历"j"列中从第 2 行开始的单元格，写入求和公式'=SUM(D'+str(i)+ ':I'+str(i)+ ') '。

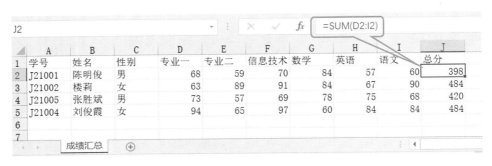

图 7-4-5　各科成绩总分

参考代码：

第 01 行　`import openpyxl`

第 02 行　`myWorkBook=openpyxl.load_workbook(r'D:\汇总\成绩汇总.xlsx')`

第 03 行　`myWorkSheet=myWorkBook.active`

第 04 行　`j=myWorkSheet.max_column+1`　　　　　`#定义 j 为汇总工作表中作为总分的列号`

第 05 行　`myWorkSheet.cell(1,j).value='总分'`　`#J1 单元格写入列标题"总分"`

第 06 行　`for i in range(2,myWorkSheet.max_row+1):`
　　　　　　　　`#在 J 列从第 2 行到最后一行单元格中写入求和公式`

第 07 行　　　`myWorkSheet.cell(i,j).value='=SUM(D'+str(i)+':I'+str(i)+')'`

第 08 行　`myWorkBook.save(r'D:\汇总\成绩汇总2.xlsx')`

2. 程序阅读。在 7.3.1 节得到的"D:\汇总\班级.xlsx"基础上，设计程序增加"成绩汇总"工作表，将该文件中的各学科工作表中的成绩汇集到"成绩汇总"工作表。程序运行后效果如图 7-4-6 所示。

	A	B	C	D	E	F	G	H	I
1	学号	姓名	性别	语文	英语	数学	信息技术	专业二	专业一
2	J21001	陈明俊	男	60	57	84	70	59	68
3	J21002	楼莉	女	90	67	84	91	89	63
4	J21005	张胜斌	男	68	75	78	69	57	73
5	J21004	刘俊霞	女	84	84	60	97	65	94
6									
7									

语文　英语　数学　信息技术　专业二　专业一　成绩汇总

图 7-4-6　各科成绩汇集到"成绩汇总"工作表

参考代码：

第 01 行　`import openpyxl`

第 02 行　`myWorkBook=openpyxl.load_workbook(r'D:\汇总\班级.xlsx')`

第 03 行　`myNewSheet=myWorkBook.copy_worksheet(myWorkBook['语文'])`

第 04 行　`myNewSheet.title='成绩汇总'`

第 05 行　`j=myNewSheet.max_column`

第 06 行　`for name in myWorkBook.sheetnames:`

第 07 行　　　　　if name!='成绩汇总':

第 08 行　　　　　　　myWorkSheet=myWorkBook[name]

第 09 行　　　　　　　for myCell in myWorkSheet['D']:

第 10 行　　　　　　　　　myNewSheet.cell(myCell.row,j).value=myCell.value

第 11 行　　　　　　　myNewSheet.cell(1,j).value = myWorkSheet.title

第 12 行　　　　　　　j+=1

第 13 行　myWorkBook.save(r'D:\汇总\班级汇总.xlsx')

8 词汇

8.1　爬取一节小说

BeautifulSoup['bju:tɪfl] [su:p] 靓汤，美丽的汤

parser['pɑsə] 解析器

tagName[tæg neɪm] 标记名

element['elɪmənt] 元素

ResultSet[rɪ'zʌlt sɛt] 结果集

attrs 属性

target['tɑ:rgɪt] 目标

center['sentər] 居中

audio['ɔ:diou] 音频

control[kən'troʊl] 限制

source[sɔ:rs] 源头

video['vɪdiou] 影视图像

previous['pri:vɪəs] 先前的

parent['perənt] 父亲/母亲

siblings['sɪblɪŋz] 兄弟 姐妹

8.2　爬取一部小说

title['taɪtl] 标题，名称

select[sɪ'lekt] 选择

selector[sɪ'lektə(r)] 选择器

8.3　爬取图书畅销榜

head[hed] 头部

get[get] 获得

status['steɪtəs] 状态

code[kəʊd] 代码

user['ju:zə(r)] 用户

agent['eɪdʒənt] 代理人

param[param] 参数

split[splɪt] 分割

strip[strɪp] 清除

attribute [ə'trɪbju:t] 属性

author['ɔ:θə(r)] 作者，作家

response[rɪ'spɒns] 响应，答复

8.4　爬取图书详情

time[taɪm] 时间

sleep[sli:p] 睡眠

active['æktɪv] 活跃的

save[seɪv] 保存

sheet[ʃi:t] 工作表

第 8 章

爬虫应用

本章节涉及的内容

- 精准提取网页源代码中的信息
- 爬取一节小说
- 爬取一部小说
- 爬取图书排行榜
- 爬取图书详情页

网络爬虫也叫网页蜘蛛，网络机器人，是一种用来自动浏览万维网的程序或者脚本。网络爬虫可以帮助我们从大量的互联网数据中提取所需的信息，并将其转化为可供分析和应用的数据格式，如文本、图像、音频等。这些数据可能有不同的来源，如社交媒体、市场调查、商业信息等。通过网络爬虫收集和处理这些数据，并用它们来生成模型、预测趋势、识别模式等，从而为决策提供可靠的依据，对现代商业和生产管理具有重要意义。

我们在使用爬虫技术时，需要严格遵守相关的法律法规和道德规范，保护自己和他人的隐私及信息安全，不能侵犯他人版权，不能进行非法的网络攻击。每个人都应切实践行社会责任，共建网络安全，共享网络文明。

8.1　爬取一节小说

☞ 你将获取的能力：

能够精准定位并查找网页元素；

能够爬取网页页面的小说内容；

能够提取网页小说中的小说标题和章节标题。

选用一台计算机（假设 IP 地址为 192.168.0.1）作为本地 Web 服务器，选用 IIS、Apache、Nginx 等任意一款 Web 服务器软件，将"D:\web"文件夹作为根文件夹发布网站。将本节资源包中的"xslx"文件夹拷贝至"D:\web"文件夹中，至此完成搭建本地 Web 服务器并发布用于程序测试的实验网站。

8.1.1 案例 1：下载一个网页

打开网页 http://192.168.0.1/xslx/lys/index.html 即可浏览梁羽生先生的系列武侠小说。选择《云海玉弓缘》的第一回："抱恨冰弹御强敌"，页面如图 8-1-1 所示，此时网页地址为 http://192.168.0.1/xslx/lys/yhygy/1015.html。编写示例代码可以获得该页面中的小说文本。

图 8-1-1 1015.html 网页页面

1. 示例代码

```
第 01 行  import requests,os                          #导入模块
第 02 行  p=r'D:\xslx\梁羽生小说\天山系列\云海玉弓缘'
第 03 行  if not os.path.exists(p):                   #判断该文件夹是否存在
第 04 行      os.makedirs(p)                          #创建文件夹
第 05 行  req = requests.get("http://192.168.0.1/xslx/lys/yhygy/1015.html")
                                                      #获取该网页
第 06 行  with open(p+'\\1.html','wb') as f:          #以二进制读写方式创建并打开文件
第 07 行      f.write(req.content)                    #写入内容
```

2. 思路简析

第 2 至 4 行代码给"1.html"创建文件夹。

第 5 行代码发送 HTTP GET 请求，将网页的内容作为返回值赋值给变量 req，类型为一个 Response 对象。

第 7 行代码中的 req.content 是一个属性，用于获取 req 这个对象的二进制内容，它返回

一个 bytes 对象，其中包含了由服务器发送回来的原始数据，包括 HTML 源代码、图片、视频等，由第 7 行代码写入并保存在"1.html"中。注意 HTML 是一种用于创建网页的标记语言，因此网页文件的扩展名为".html"或".htm"。

由于没有下载相关的 CSS 样式文件，双击"1.html"文件，虽然页面显示效果差强人意，但是小说文本已清清楚楚。

8.1.2　案例 2：提取小说章节的标题

如图 8-1-2 所示①为小说的名称，②为第几回和这回章节的标题（即回目）。尽管不同页面中小说名称和章节标题发生变化，但是这两个位置在页面中是固定的，在网页的 HTML 源代码中寻找特征码，就可找到这两个位置，获取小说名称和章节标题。

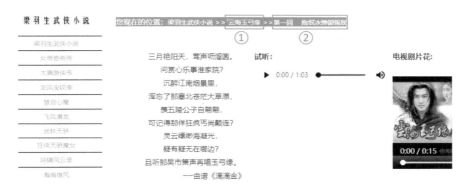

图 8-1-2　小说名称和章节的标题

使用浏览器浏览"1015.html"，按 F12 键进入开发者模式，如图 8-1-3 所示。单击①"Elements（元素）"选项卡，在网页页面中选中②"第一回　抱恨冰弹御强敌"，在右键菜单中单击"审查元素"选项，此时可见对应的③HTML 源代码（单击代码行左侧的小箭头可折叠或展开代码段）。

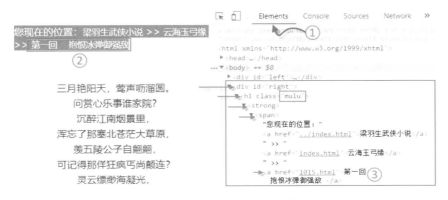

图 8-1-3　浏览器开发者模式

示例代码

第 01 行　import requests,os　　　　　　　　#导入模块

第 02 行　from bs4 import BeautifulSoup

　　　　　　　　　　　　　#导入 bs4 库中的 BeautifulSoup 类处理 HTML 或 XML 文档

第 03 行　req=requests.get("http://192.168.0.1/xslx/lys/yhygy/1015.html")

第 04 行　html=req.content.decode( )　#将返回的响应内容从二进制编码解码为字符串

第 05 行　soup=BeautifulSoup(html,'html.parser')

　　　　　　　　　　　　　　#创建 BeautifulSoup 类的实例化对象 soup

第 06 行　t1=soup.find('h1',attrs={'class':'mulu'})

　　　　　　　　#查找第 1 个 class 属性值为 mulu,标签名为 h1 的元素，赋值给 t1

第 07 行　t2=t1.find_all('a')　　　　　#找出 t1 中所有标签名为 a 的超链接元素

第 08 行　title=t2[2].text　　　　　　#获得章节标题

第 09 行　print(title)

运行"8-1-2.py"程序，输出结果：

第一回　抱恨冰弹御强敌

代码简析

第 2 行代码导入 bs4 库中的 BeautifulSoup 类处理 HTML 或 XML 文档。第 3、4 行代码获取网页源代码，然后由第 5 行代码转换成标签树。第 6 行代码则根据 HTML 标签和属性值在标签树中查找 h1 标签定义的元素，最终获取这个元素中的所有超链接，从指定的超链接中提取文本内容即章节标题。

1. BeautifulSoup 是什么

（1）BeautifulSoup。

bs4 库是一个解析 HTML 和 XML 文档的 Python 第三方库。而 BeautifulSoup 是 bs4 库中的一个类，它会把 HTML 和 XML 文档解析为标签树（这个标签树由各种类型的节点组成，包括元素、注释和文本节点等），通过遍历、搜索和修改这个标签树，可以从网页中提取数据。通过第 2 行代码 from bs4 import BeautifulSoup 可以将它导入。

第 5 行代码中的 soup 是创建 BeautifulSoup 类的实例化对象。

（2）解析器。

第 5 行代码 soup = BeautifulSoup(html, 'html.parser')，用于解析 HTML 文档。

其中参数 html 是待解析的 HTML 文档，'html.parser'是指定 BeautifulSoup 使用内置的 HTML 解析器解析 HTML 文档。通过这个语句，将 HTML 文档解析为标签树，由此创建一个 BeautifulSoup 对象，进而使用 BeautifulSoup 提供的各种方法和属性获取 HTML 文档中的

内容。

2. find( )和 find_all( )方法

（1）语法格式。

```
soup.find(tagName,attrs={key:value},string=''……)     #查找匹配条件的第一元素
soup.find_all(tagName,attrs={key:value},string=''……)#查找匹配条件的所有元素
```

其中各参数为：

tagName:标签名，例如本例中的'h1'标签；

attrs:属性；

key: 属性，例如本例中的'class'；

value:属性值，例如本例中的'mulu'；

string:查找文本内容。

第 6 行代码 t1=soup.find('h1',attrs={'class':'mulu'})使用 find( )方法查找 HTML 文档中第一个 class 属性为"mulu"的 h1 元素，并将其存储在变量 t1 中。其中变量 t1 将存储查找到的结果，如果没有找到匹配条件的元素，则 t1 为 None。

变量 soup 是一个 BeautifulSoup 对象，为被解析的 HTML 文档。

'h1'表示查找标签名为 h1 的元素；attrs={'class':'mulu'}表示要查找的元素必须有一个 class 属性，且属性值为'mulu'。这种采用"标签+属性"的方式查找网页元素的精确度高，除此之外还有：

● 按"属性+值"查找信息，例如 soup.find(attrs={'class': 'mulu'})表示在网页中查找 class 属性值为'mulu'的第一个元素。

● 使用 string 查找文本数据，例如：

```
print(soup.find('a', string= '云海玉弓缘'))
print(soup.find('a', string= '海玉弓缘'))
```

输出信息为：

```
<a href="../yhygy/index.html" target="_top">云海玉弓缘</a>
None
```

说明：find( )方法的 string 指定了元素需要匹配的文本内容，无法实现模糊查找。

第 7 行代码 t2=t1.find_all('a')通过在变量 t1 中查找所有 a 标签定义的元素（即超链接元素），并将它们存储在一个新的变量 t2 中。

（2）返回值。

在 8.1.2 节案例 2 示例代码中删除第 8 行和第 9 行代码，在第 7 行之后添加如下代码：

```
print("\nsoup 的类型: ",type(soup),"\nsoup 的值: ",soup)
print("\nt1 的类型: ",type(t1),"\nt1 的值: \n",t1)
print("\nt2 的类型: ",type(t2),"\nt2 的值: ",t2)
```

运行程序，输出结果：

```
soup 的类型:  <class 'bs4.BeautifulSoup'>
soup 的值:  <!DOCTYPE html PUBLIC "-//W3C//DTD XHTML 1.0 Transitional//EN"
……此处因篇幅原因省略……
</body>
</html>


t1 的类型:  <class 'bs4.element.Tag'>
t1 的值:
<h1 class="mulu">
<strong>
<span>您现在的位置：<a href="../index.html">梁羽生武侠小说</a> &gt;&gt; <a href="index.html">云海
玉弓缘</a> &gt;&gt; <a href="1015.html">第一回　抱恨冰弹御强敌</a>
</span>
</strong>
<span> <a href="../yhygy/1015.html">
</a>
</span>
</h1>


t2 的类型:  <class 'bs4.element.ResultSet'>
t2 的值:  [<a href="../index.html">梁羽生武侠小说</a>, <a href="index.html">
云海玉弓缘</a>, <a href="1015.html">第一回　抱恨冰弹御强敌</a>, <a
href="../yhygy/1015.html"></a>]
```

说明：

● 将第 5、6、7 行代码合并为如下 1 行代码，根据上方显示的程序输出结果，列出了不同方法所对应的返回值类型。

```
t2=BeautifulSoup(html,'html.parser').find('h1',attrs={'class':'mulu'}).find_all('a')
```
　　　　 ⇩　　　　　　　　　　⇩　　　　　　　　⇩
　bs4.BeautifulSoup　　　　bs4.element.Tag　　bs4.element.ResultSet

● ResultSet 是 BeautifulSoup 中的一个数据类型，由一组与查询目标相匹配的元素组成的列表。通常 ResultSet 对象由 find_all( )方法返回。注意 ResultSet 对象没有 find_all( )方法，因此将代码修改成" t2=BeautifulSoup(html,'html.parser').find_all('h1',attrs={'class':'mulu'}).find_all('a')" 时，出现错误提示：

```
raise AttributeError(AttributeError: ResultSet object has no attribute
```

'find_all'. You're probably treating a list of elements like a single element.
Did you call find_all( ) when you meant to call find( )?

（3）soup.find_all( )的简写方式。

代码 soup.find_all('a')可简写为 soup('a')。

soup 也可以是任意中间结果，例如：

```
t1 = soup.find('h1',attrs={'class':'mulu'})
t2 = t1('a')        #t1 为中间结果，该语句等价于 t1.find_all('a')
```

3. 怎样获取网页中的文本数据

将 8.1.2 节案例 2 示例代码第 6 行之后删除，修改为：

第 07 行　t2=t1.find_all('a')
第 08 行　print("\nt2 的类型：",type(t2),"\nt2 的值：\n",t2)
第 09 行　title=t2[2].text
第 10 行　print("\nt2[2]的类型：",type(t2[2]),"\nt2[2]：",t2[2])
第 11 行　print("\ntitle 的类型：",type(title),"\ntitle：",title)

运行程序，输出结果：

```
t2 的类型： <class 'bs4.element.ResultSet'>
t2 的值：
[<a href="../index.html">梁羽生武侠小说</a>,
<a href="index.html">云海玉弓缘</a>,
<a href="1015.html">第一回　抱恨冰弹御强敌</a>,
<a href="../yhygy/1015.html"></a>]

t2[2]的类型： <class 'bs4.element.Tag'>
t2[2]： <a href="1015.html">第一回　抱恨冰弹御强敌</a>
title 的类型： <class 'str'>
title： 第一回　抱恨冰弹御强敌
```

说明：

第 9 行代码从 t2(类型为 bs4.element.ResultSet)中得到第 3 个列表元素 t2[2](类型为 bs4.element.Tag)，观察其值，通过 text 属性获取章节标题字符串。

在 BeautifulSoup4 中，获取文本数据的方式有：text、getText( )、get_text( )和 string，其中：

● text 和 get_text( )功能相同,可以提取 soup 对象中当前标签及子孙标签中的文本内容。

● getText( )和 get_text( )是同一方法的两种表述，类似于 find_all( )和 findAll( )。

● string 用于在只有一个 html 标签时获取文本内容。

在 8.1.2 节案例 2 示例代码第 5 行之后添加以下代码，分析输出结果。

例 1：`print(soup.get_text( ))`

说明：去除网页源代码<html>……</html>中的所有 html 标签，只获取文本内容，通过该语句可以快速得到网页中的文字内容。

例 2：`print(soup.find('h1',attrs={'class':'mulu'}))` 可以得到：

```
<h1 class="mulu">
<strong>
<span>您现在的位置：<a href="../index.html">梁羽生武侠小说</a> &gt;&gt; <a href="index.html">云海玉弓缘</a> &gt;&gt; <a href="1015.html">第一回  抱恨冰弹御强敌</a>
</span>
</strong>
<span> <a href="../yhygy/1015.html">
</a>
</span>
</h1>
```

若将例 2 的代码修改为以下 3 种情况，程序输出结果和说明如下。

（1）print(soup.find('h1',attrs={'class':'mulu'}).text)。

输出：您现在的位置：首页 >> 云海玉弓缘 >>第一回 抱恨冰弹御强敌

说明：去除了<h1 class='mulu'>……</h1>中的所有 html 标签，只获取文本内容。

（2）print(soup.find('h1',attrs={'class':'mulu'}).string)。

输出：None

说明：<h1>……</h1>中有 strong、span、a 等多个标签，string 无法适用，故为 None。

（3）print(soup.find('h1',attrs={'class':'mulu'}).find_all('a'))[1].string)。

输出：云海玉弓缘

说明：当最后只有一个 a 标签时，读取 string 属性即可获取该标签中的文本内容。

4. 以标题为文件名保存网页

在案例 2 示例代码末尾添加如下代码，即可实现以标题为文件名保存网页。

```
#-------创建文件夹------------------
第 10 行   p=r'D:\xslx\梁羽生小说\天山系列\云海玉弓缘'
第 11 行   if not os.path.exists(p):os.makedirs(p)
#-------保存网页------------------
第 12 行   p1=os.path.join(p,bt+'.html')        #文件路径
第 13 行   with open(p1,'wb') as f:             #以二进制读写方式打开文件
第 14 行       f.write(req.content)             #写入文件
```

8.1.3　案例 3：提取小说的一个章节

蓝框中的文字才是小说内容，如图 8-1-4 所示。对照小说内容观察网页源代码。

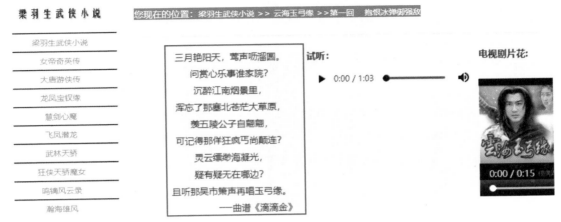

图 8-1-4　第 1 章小说内容

```
<div id="right">
    <h1 class="mulu">……</h1>
    <div class="nr_con">
        <div id = "sj">
            <p align="center">
                三月艳阳天，莺声呖溜圆。<br />
                问赏心乐事谁家院？<br />
                沉醉江南烟景里，<br />
                ………………………
                ——曲谱《滴滴金》 <br />
            </p>
        </div>
        <div>
            <p>暮春三月，江南草长，杂花生树，群莺乱飞。这江南三月的阳春烟景，古往今来，……
            </p>
        </div>
        ……
    </div>
……
```

可以发现所有小说文字都在段落<p>……</p>中，而这些 p 标签都在<div class = "nr_con">……</div>中。进一步发现<div class="nr_con">在这个源代码中独一无二，因此可以作为特征代码。

在 8.1.2 节案例 2 示例代码末尾添加以下代码，即可提取小说的章节内容并保存为文本文件。

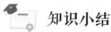

```
#-------创建文件夹-------
第10行 p =r'D:\xslx\梁羽生小说\天山系列\云海玉弓缘'
第11行 if not os.path.exists(p):os.makedirs(p)
#-------获取小说文本-------
第12行 zjYdm=soup.find('div', attrs={'class':'nr_con'}) #zjYdm意为章节源代码
第13行 zjNr=zjYdm.text                         #zjNr意为章节内容拼音首字母
#-------将小说文本写入以章节标题命名的文本文件-------
第14行 p1=os.path.join(p,title+'.txt')         #文件路径
第15行 with open(p1,'w',encoding="utf-8") as f:  #以utf-8编码将字符串写入文件
第16行     f.write(zjNr)                       #写入文件
```

知识小结

1. bs4 库中的 BeautifulSoup 类的功能。

2. 使用 BeautifulSoup(html, 'html.parser')解析 HTML 文档。

3. find( )和 find_all( )方法，以及 find_all( )的简写方式。

4. 查找网页元素的方式：标签+属性、属性+值、text。

5. BeautifulSoup、Tag 和 ResultSet 的数据类型。

6. 获取文本数据的方式：text、getText( )、get_text( )和 string。

技能拓展

1. 阅读代码，在网页中提取图像文件并下载，图像如图 8-1-5 所示。

图 8-1-5　云海玉弓缘中的图像

```
第01行  import requests,os
第02行  from bs4 import BeautifulSoup
第03行  req=requests.get( "http://192.168.0.1/xslx/lys/yhygy/1016.html")
```

第 04 行　html=req.content

第 05 行　soup=BeautifulSoup(html,'html.parser')

第 06 行　tx = soup.find('div',{'id':'right'}).find('div',{'class':'nr_con'})
.find('p',{'id':'pimg'}).find('img')['src']

　　　　　　#查找图像文件的文件名，变量名 tx 为图像的拼音首字母

第 07 行　txDz= "http://192.168.0.1/xslx/lys/yhygy" +'/'+ tx

　　　　　　#图像的链接地址，变量名 txDz 为图像地址的拼音首字母

第 08 行　p= r'D:\xslx\梁羽生小说\天山系列\云海玉弓缘'

第 09 行　if not os.path.isdir(p): os.makedirs(p)　　#创建文件夹

第 10 行　p1 = p + '\\' + os.path.split(tx)[1]　　　　#图像文件的保存路径

#---------保存图像文件---------

第 11 行　with open(p1, 'wb') as f:

第 12 行　　　r = requests.get(txDz)　　　　　#读取图像数据

第 13 行　　　f.write(r.content)　　　　　　　#写入文件

要点提示：

观察网页源代码，<img src="image/yhygy08.jpg"…… alt="云海玉弓缘封面" />，其中 img 为图像标签，该图像为 "image/yhygy08.jpg"，与图像相关的源代码如下：

```
<html>
<div id="right">
    <h1 class="mulu">……</h1>
    <div class="nr_con">
        <p ……</p>
        ……
        <p id="pimg" align="center">
            <img src="image/yhygy08.jpg"…… alt="云海玉弓缘封面" />
        </p>
```

其中 id="right"、class="nr_con"和 id="pimg"均可作为特征代码，用于查找 img 标签定义的图像。

2. find 系列方法和异常处理

BeautifulSoup 对象的 find 系列方法的搜索和定位功能非常强，表 8-1-1 列出了除 find( ) 和 find_all( )以外的 find 系列方法。

表 8-1-1　find 系列方法

序　号	方　　　法	从返回值可以获取的节点
1	find_all_next( )	节点后所有匹配条件的节点
2	find_next( )	节点后第一个匹配条件的节点
3	find_all_previous( )	节点前所有匹配条件的节点
4	find_previous( )	节点前第一个匹配条件的节点
5	find_parents( )	所有祖先节点
6	find_parent( )	直接父节点
7	find_next_siblings( )	后面所有的兄弟节点
8	find_next_sibling( )	后面的第一个兄弟节点
9	find_previous_siblings( )	前面所有的兄弟节点
10	find_previous_sibling( )	前面第一个兄弟节点
11	find_children( )	所有子节点
12	find_child( )	第一个子节点

表 8-1-1 中奇数序号的方法返回值类型是一个生成器对象（generator），可以通过遍历生成器获得所有符合条件的节点，如果没有符合条件的节点，则返回一个空的生成器对象。为避免产生 StopIteration 异常，可以采用 for 语句遍历生成器对象，例如：

```
zjYdm = soup.find_all_next('p')
for zjYdm1 in zjYdm:
    zjNr = zjYdm1.text                    # 获取元素文本
```

表 8-1-1 中偶数序号的方法返回值类型是一个包含该元素信息的 Tag 对象，如果没有找到符合条件的节点，则返回 None，可能产生 AttributeError 或 TypeError 异常，以下是异常处理的两种方法。

方法 1： 使用 if-else 语句判断返回值是否为 None。

```
zjYdm = soup.find_next('p')
if zjYdm is not None:
    zjNr = zjYdm.text                     # 获取元素文本
else:
    print("没有找到!")
```

方法 2： 使用 try-except 语句捕获 AttributeError 或 TypeError 异常。

```
try:
    zjYdm = soup.find_next('p')
    zjNr = zjYdm.text                     # 获取元素文本
except (AttributeError,TypeError):
    print("没有找到!")
```

8.2 爬取一部小说

☞ 你将获取的能力：

能够从网页源代码的标签结构中找出特征代码；

能够设计符合 CSS 选择器规范的表达式；

能够使用 select( )和 select_one( )方法获取信息。

8.2.1 案例：使用 find( )和 find_all( )方法提取小说各章节的链接地址

如图 8-2-1 所示为《云海玉弓缘》的目录页（http://192.168.0.1/xslx/lys/yhygy/index.html），观察网页可知，左侧为系列小说目录，右侧下方为小说《云海玉弓缘》各章节的标题，本案例的任务是通过标题的链接一次性下载整部小说。

图 8-2-1　《云海玉弓缘》目录页

1.示例代码

\#--------获取《云海玉弓缘》目录标题和链接的源代码--------

第 01 行　import requests

第 02 行　from bs4 import BeautifulSoup

第 03 行　url = r"http://192.168.0.1/xslx/lys/yhygy/"

　　　　　　　　　　\#《云海玉弓缘》目录页的链接地址

第 04 行　req = requests.get(url+'index.html')

第 05 行　html = req.content.decode( )

\#-------------------找出所有链接地址--------------

第 06 行　`soup = BeautifulSoup(html,'html.parser')`

第 07 行　`cljs = soup.find('div',{'id':'right'}).ul('a')`

　　　　　　　　　　　　#变量名 cljs 为超链接拼音首字母,s 表示多个超链接

第 08 行　`for clj in cljs:`　　　　#遍历每一个超链接

第 09 行　　　`xddz= clj['href']`　　#获取链接地址,变量名 xddz 为相对地址拼音首字母

第 10 行　　　`jddz= url + xddz`　　#变量名 jddz 为绝对地址拼音首字母

第 11 行　　　`print(clj.string + " : " + jddz)`

运行"8-2-1.py"程序,输出结果:

人　物　简　介: http://192.168.0.1/xslx/lys/yhygy/1014.html
第一回　抱恨冰弹御强敌: http://192.168.0.1/xslx/lys/yhygy/1015.html
第二回　天旋地转不知处: http://192.168.0.1/xslx/lys/yhygy/1016.html
……
第五十二回　佳偶竟然成冤偶: http://192.168.0.1/xslx/lys/yhygy/1066.html
云海玉弓缘: http://192.168.0.1/xslx/lys/yhygy/1067.html

思路简析

1. 获取章节目录链接

在《云海玉弓缘》目录页中,如图 8-2-1 所示红色框内为小说篇名链接,蓝色框内为《云海玉弓缘》的章节目录链接。在浏览器上按 F12 键进入开发模式,如图 8-2-2 为左侧小说篇名导航链接的 HTML 代码,图 8-2-3 为右侧章节目录导航链接的 HTML 代码,根据这些代码中的 HTML 标签绘制标签树,如图 8-2-4 所示。

图 8-2-2　左侧小说篇名导航链接　　　　　图 8-2-3　右侧章节目录导航链接

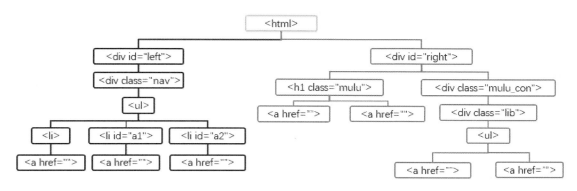

图 8-2-4　8.2.1 节标签树

观察图 8-2-4 标签树的左右两支，发现左侧 id="left"，右侧 id="right"；左侧 class="nav"，右侧 class="mulu_con"、class="lb"。因此根据右侧的这些特征代码，以"属性+值"即可找到章节目录链接，代码如下：

```
cljs = soup.find('div',{'id':'right'}).find('div',{'class':'mulu_con'}).
find('div',{'class':'lb'}).ul.find_all('a')
```

再观察右侧章节目录链接的 HTML 代码，发现\<div id = 'right'>……\</div>中\<div class="lb">和\<ul>都具有唯一性，借此可以快速缩小搜索范围，将代码修改如下即可获取右侧\<ul>中所有超链接元素：

```
cljs = soup.find('div',{'id':'right'}).find('ul').find_all('a')
或 cljs = soup.find('div',{'id':'right'}).ul('a')  即第 7 行代码
或 cljs = soup.find('div',{'id':'right'}).find('div',{'class':'lb'})('a')
```

2．获取超链接中的链接地址

通过第 8 行代码遍历每一个超链接，观察它的结构，例如：

\<a href="1015.html">第一回　抱恨冰弹御强敌\</a>

通过属性 href 可以获取链接地址"1015.html"，实现方法为 clj['href ']，参见第 9 行代码。"第一回　抱恨冰弹御强敌"是页面中显示的文本，可以通过 clj.string 获得，参见第 11 行代码。

8.2.2　使用 select( )和 select_one( )方法提取小说各章节的链接地址

8.1 节中 find 系列方法较好地实现了根据特征代码查找网页元素，但面对复杂的标签树，代码量就会比较大，这种情况下推荐使用 select( )方法。

```
select( )          类似于          find_all()
select_one( )      类似于          find( )
```

find 系列方法使用标签和属性查找网页元素，select( )和 select_one( )方法的参数为字符串，其中的文本是符合 CSS 选择器规范的表达式。常见的 CSS 选择器参见表 8-2-1。

表 8-2-1　常见的 CSS 选择器

选 择 器 名	说　　　明	举　　　例
标签选择器	通过标签名选取元素	'div' 或 'ul'
类选择器	通过类名选取元素，类名前要加点号（.）	'.lb'
ID 选择器	通过 ID 选取元素，ID 前要加井号（#）	'#left'
属性选择器	选取具有某个属性的元素，或者包含特定属性值的元素	'[href]'或 '[class="lb"]'
后代选择器	选择器之间用空格连接，选取所包含的后代元素	'div a'
子元素选择器	选择器之间用 ">" 连接，选取元素的直接子元素	'ul>li'
相邻兄弟选择器	选择器之间用 "+" 连接，选取紧接在指定元素后面的兄弟元素	'p+h2'
通用兄弟选择器	选择器之间用 "~" 连接，选取与指定元素具有相同父元素的所有兄弟元素	'h1~p'
群组选择器	逗号选择器，使用 "," 连接的多个选择器，它们之间为或者关系，将各个选择器选取的元素全部选取	'h1, h2'

无论选择哪种选择器，select( )和 select_one( )方法都会在整个文档中先查找与表达式匹配的标签，并返回一个标签列表；然后可以使用这个标签列表的访问方法和属性进一步提取数据。如果没有找到匹配的元素，select( )将返回一个空列表，select_one( )则返回 None。

使用 select( )或 select_one( )方法在 8.2.1 节示例代码第 6 行后添加以下代码分别分析其输出结果。

1. 使用单个选择器

例 1：`print(soup.select_one('title'))`

运行程序，输出结果：

```
<title>网络小说</title>
```

说明：参数为标签选择器，匹配第一个<title>元素，相当于 soup.find('title')。

例 2：`print(soup.select('ul'))`

运行程序，输出结果：

```
[ <ul><li> <a href="../index.html">梁羽生武侠小说</a></li>…此处因篇幅省略…
</ul>, <ul><li><a href="1014.html">人 物 简 介</a></li>……</ul>]
```

说明：参数为标签选择器，网页中左右两边的导航链接都在<ul>……</ul>中，soup.select('ul')将匹配文档中的所有<ul>元素，运行效果相当于 soup.find_all('ul')。

例 3：`print(soup.select('.lb'))`

运行程序，输出结果：

```
[ <div class="lb"><ul><li><a href="1014.html">人 物 简 介</li>……
</ul></div>]
```

说明：参数为类选择器，匹配所有 class 属性为"lb"的元素。

例 4：`print(soup.select('#left'))`

运行程序，输出结果：

```
[<div id="left"><div class="nav"><ul><li><a href="../index.html">梁羽生武侠
小说</a></li>……</ul></div></div>]
```

说明：参数为 ID 选择器，匹配所有包含 id 属性值为"left"的元素。

例 5：`print(soup.select('[href]'))`

运行程序，输出结果：

```
[<a href="../index.html">梁羽生武侠小说</a>,
<a href="../yhygy/index.html">云海玉弓缘"></a>……]
```

说明：参数为属性选择器，匹配所有具有 href 属性的元素。

2. 使用多个选择器的组合

例 1：`print(soup.select_one("a[href='../index.html']"))`

运行程序，输出结果：

```
<a href="../index.html">梁羽生武侠小说</a>
```

说明：匹配第一个具有 href 属性，并且值为"../index.html"的 a 标签的元素。这种"标签[属性]"的组合方式，定位更加精确，又如：

```
print(soup.select_one("div[class='nav']"))
print(soup.select("div[id='right']"))
print(soup.select("img[src='fm.jpg']"))
```

例 2：`print(soup.select("#a1,#a2"))`

运行程序，输出结果：

```
<li id="a1"><a href="../yhygy/index.html">云海玉弓缘</a></li>
<li id="a2"><a href="../ndqyz/index.html">女帝奇英传</a></li>
```

说明：逗号将多个选择器组合成一个选择器，各选择器之间为或者关系，本例匹配所有 id 属性值为"a1"或"a2"的元素。这种方式还可以通过多种类型的选择器组合而成，例如：

```
print(soup.select(".a1,#b1,li,['href']"))
```

例 3：`print(soup.select("#right .ml a[href='1015.html']"))`

运行程序，输出结果：

`[<a href="1015.html">第一回　抱恨冰弹御强敌</a>]`

说明：参数为后代选择器，选择器之间以空格隔开，表示选取某元素的后代元素，注意不一定是直接的子元素。本例匹配 id 为"right"的元素的后代元素中，class 为"ml"的元素的后代元素、具有 href 属性且值为"1015.html"的 a 标签的元素。

例 4：`print(soup.select("#left > .nav > ul > #a2 > a"))`

运行程序，输出结果：

`[<a href="../ndqyz/index.html">女帝奇英传</a>]`

说明：参数为子元素选择器，选取某元素的直接子元素。本例匹配 id 为"left"的元素的直接子元素中，class 为"nav"的元素的直接子元素中，ul 标签的元素的直接子元素中，id 为"a1"的元素的直接子元素中，a 标签的元素。

例 5：`print(soup.select('a[href ^= "10"]'))`

运行程序，输出结果：

```
[<a href="1014.html">人　物　简　介</a>,
 <a href="1015.html">第一回　抱恨冰弹御强敌</a>,……此处因篇幅省略……,
 <a href="1066.html">第五十二回　佳偶竟然成冤偶</a>]
```

说明：匹配所有具有 href 属性且该属性值以"10"开头的 a 标签的元素。"^=□"表示以□开头。

例 6：`print(soup.select('a[href *= "index"]'))`

运行程序，输出结果：
```
[<a href="../index.html">梁羽生武侠小说</a>,
 <a href="../fyld/index.html">风云雷电</a>,……此处因篇幅省略……,
 <a href="../wltj/index.html">武林天骄"></a>,
 <a href="../index.html">梁羽生武侠小说</a> ]
```

说明：匹配所有 href 属性值中包含字符串"index"的 a 标签的元素。"*="表示包含，可实现模糊查找。由于图 8-2-1 页面左侧和右侧导航链接中都有<a href="../index.html">梁羽生武侠小说</a>，所以在返回的列表中出现了两次。

查看图 8-2-3 中的 HTML 代码，8.2.1 节示例代码第 7 行可以改写为以下任何一行代码，其输出结果均一致。

```
print(soup.select("Html>body>div>div>div>ul>li>a[href]"))
print(soup.select("html body div[id='right'] div li a"))
```

```
print(soup.select("#right .mulu_con .lb [href]"))
print(soup.select(".lb a[href *= '10']"))
print(soup.select(".lb a[href ^= '10']"))
```

输出结果均为：

[<a href="1014.html">人　物　简　介</a>, <a href="1015.html">第一回　抱恨冰弹御强敌</a>, <a href="1016.html">, ……]

8.2.3　获取整部小说

根据各章节的链接地址，获取文本内容，就可以获取整部小说。

使用浏览器打开 http://192.168.0.1/xslx/lys/yhygy/1015.html，按 F12 键进入开发者模式，选中小说章节标题或小说章节内容，然在右键菜单中单击"审查元素"选项，如图 8-2-5 所示。可见小说章节标题在<h1 class='mulu'>中，小说章节内容在"div id='right'"-->"div class='nr_con'"中。使用相同方法继续查看 http://192.168.0.1/xslx/lys/yhygy/1016.html、http://192.168.0.1/ xslx/lys/yhygy/1017.html 等页面均发现如此规律。根据这些特征代码即可获取页面中的小说章节标题和内容。

图 8-2-5　查看章节内容的特征代码

在获取小说各章节链接地址的基础上，循环遍历每一个链接地址，获取该页面中的小说章节标题和内容，即可获取整部小说，代码如下。

第 01 行　import requests,os

第 02 行　from bs4 import BeautifulSoup

#------获取小说各章节的链接地址------

第 03 行　url = r"http://192.168.0.1/xslx/lys/yhygy/"

第 04 行　req = requests.get(url + 'index.html') #访问《云海玉弓缘》目录页 index.html

第 05 行　html = req.content.decode( )

第 06 行　soup = BeautifulSoup(html,'html.parser')

第 07 行　cljs = soup.find('div',{'id':'right'}).ul('a')

　　　　　　　　　　　　#变量名 cljs 为超链接拼音首字母，其中 s 表示多个超链接

第 08 行　p=r'D:\xslx\梁羽生小说\天山系列\云海玉弓缘'

第 09 行　if not os.path.exists(p): os.makedirs(p)

第 10 行　for clj in cljs:　　　#遍历每一个超链接

第 11 行　　　xddz= clj['href']　　#获取链接地址，变量名 xddz 为相对地址拼音首字母

第 12 行　　　jddz= url + xddz #变量名 jddz 为绝对地址拼音首字母

第 13 行　　　print(clj.string + " : " + jddz)

#------获取当前链接地址的页面的 HTML 代码并解析------

第 14 行　　　req1 = requests.get(jddz)

第 15 行　　　html1 = req1.content.decode( )

第 16 行　　　soup1 = BeautifulSoup(html1, 'html.parser')

------获取小说章节标题------

第 17 行　　　t1 = soup1.find('h1', attrs={'class': 'mulu'})

第 18 行　　　t2 = t1.find_all('a')　　# 找出 t1 中所有标签名为 a 的元素（即超链接）

第 19 行　　　title = t2[2].text

------获取小说章节内容------

第 20 行　　　zjYdm = soup1.find('div', attrs={'class': 'nr_con'})

　　　　　　　　　　　　　　#变量名 zjYdm 意为章节源代码

第 21 行　　　zjNr = zjYdm.text　　　#变量名 zjNr 意为章节内容

------将小说章节内容写入以小说章节标题命名的文本文件------

第 22 行　　　p1=os.path.join(p,title+'.txt')　#以小说章节标题命名的文本文件路径

第 23 行　　　with open(p1, 'w',encoding="utf-8") as f:

第 24 行　　　　　f.write(zjNr)　　　#以 utf-8 编码将字符串写入文件

其中第 17、18 行代码可以更替为：t2=soup1.select("h1[class='mulu'] a")

第 20 行代码可以更替为：zjYdm = soup1.select_one("div[class='nr_con']")

知识小结

1．select( )和 select_one( )方法的使用。

2．常见的 CSS 选择器有：标签选择器、类选择器、ID 选择器、属性选择器、后代选择器、子元素选择器、相邻兄弟选择器、通用兄弟选择器和群组选择器。

技能拓展

1．如图 8-2-6 所示，网站结构图表示了该站点文件夹中各子文件夹和文件的位置关系。假设当前所在的页面网址为：http://192.168.0.1/xslx/lys/wltj/index.html，则存在着表 8-2-2 所示

的相对地址和绝对地址间的转换关系：

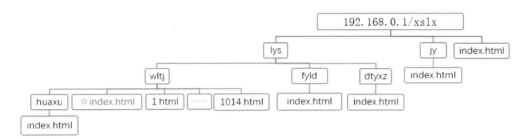

图 8-2-6　网站结构图

表 8-2-2　相对地址和绝对地址

序　　号	相 对 地 址	绝 对 地 址
1	1014.html	http://192.168.0.1/xslx/lys/wltj/1014.html
2	huaxu/index.html	http://192.168.0.1/xslx/lys/wltj/huaxu/index.html
3	../fyld/index.html	http://192.168.0.1/xslx/lys/fyld/index.html
4	/xslx/jy/index.html	http://192.168.0.1/xslx/jy/index.html

阅读"8-2-3-1.py"代码，实现将超链接的相对地址转换为绝对地址。

程序代码：

```
第 01 行  import requests,os
第 02 行  from bs4 import BeautifulSoup
第 03 行  url = r"http://192.168.0.1/xslx/lys/wltj/"
第 04 行  req = requests.get(url + 'index.html')        #访问 index.html
第 05 行  html = req.content.decode( )
第 06 行  soup = BeautifulSoup(html,'html.parser')
第 07 行  url0 = 'http://192.168.0.1/'        #网站的链接地址
第 08 行  url1 = 'http://192.168.0.1/xslx/lys/'        #系列小说主目录页面的链接地址
第 09 行  url2 = 'http://192.168.0.1/xslx/lys/wltj'#当前网页所在的链接地址
第 10 行  cljs = soup.select("a")            #匹配所有的 a 标签
#-------将相对地址转换为绝对地址-------
第 11 行  for clj in cljs:                #遍历每一个超链接
第 12 行      xddz =clj['href']            #变量名 xddz 为相对地址的拼音首字母
第 13 行      if '/' not in xddz:            #不含"/"，例如"1014.html"
第 14 行          jddz=url2+ xddz            #变量名 jddz 为绝对地址的拼音首字母
第 15 行      elif '..' in xddz:            #含"..."，例如"../wltj/index.html"
```

第 16 行	`jddz=utl1 + xddz[2:]`	#去除 ".."
第 17 行	`elif xddz [0] == '/':`#第 1 个字符为/, 如 '/xslx/wltj/index.html'	
第 18 行	`jddz= url0 +xddz`	
第 19 行	`elif '://' in xddz:`#含 "://", 如 'http://192.168.0.1/index.html'	
第 20 行	`jddz=xddz`	
第 21 行	`print(jddz)`	

运行程序，输出结果：

```
http://192.168.0.1/xslx/lys/index.html
http://192.168.0.1/xslx/lys/wltj/index.html
http://192.168.0.1/xslx/lys/wltj/1.html
……此处因篇幅省略……
http://192.168.0.1/xslx/lys/wltj/1014.html
```

2. 阅读 "8-2-3-2.py" 的代码，获取扩展名、文件名和路径。

第 01 行	`import os`
第 02 行	`url = r"http://192.168.0.1/xslx/lys/yhygy/index.html"`
第 03 行	`url0=os.path.splitext(url)` #splitext( )返回值类型为元组
第 04 行	`url1=os.path.split(url)` #split( )返回值类型为元组
第 05 行	`print(url0)`
第 06 行	`print(url0[0])`
第 07 行	`print(url0[1])`
第 08 行	`print(url1)`
第 09 行	`print(url1[0])`
第 10 行	`print(url1[1])`

运行程序，输出结果：

```
('http://192.168.0.1/xslx/lys/yhygy/index', '.html')
http://192.168.0.1/xslx/lys/yhygy/index
.html
('http://192.168.0.1/xslx/lys/yhygy', 'index.html')
http://192.168.0.1/xslx/lys/yhygy
index.html
```

3. 编写代码获取《大唐游侠传》整部小说，链接地址为 http://192.168.0.1/xslx/lys/dtyxz/index.html。

8.3　爬取图书畅销榜

☞ **你将获取的能力：**

能够自定义请求头信息模拟浏览器访问网站；

能够分析网页标签树；

能够比较分析设计 CSS 选择器；

能够爬取网页信息。

选用一台计算机（假设 IP 地址为 192.168.0.1）作为本地 Web 服务器，选用 IIS、Apache、Nginx 等任意一款 Web 服务器软件，将"D:\web"文件夹作为根文件夹发布网站。将本节资源包中的"tushu"文件夹拷贝至"D:\web"文件夹中，至此完成搭建本地 Web 服务器并发布用于程序测试的实验网站。

8.3.1　案例 1：爬取畅销榜全部书名和作者姓名

如图 8-3-1 所示为书店畅销榜页面（http://192.168.0.1/tushu/cxb1.html），爬取该页面中的全部书名和作者姓名。

图 8-3-1　畅销榜页面

1．示例代码

第 01 行　`import requests`

第 02 行　`from bs4 import BeautifulSoup`

`#------模拟浏览器------`

第 03 行　`url = 'http://192.168.0.1/tushu/cxb1.html'`　`#要爬取的网页地址`

第 04 行　`UA = "Mozilla/5.0 (Windows NT 10.0; Win64;x64) AppleWebKit/537.36 (KHTML, like Gecko) Chrome/89.0.4389.90 Safari/537.36"`

第 05 行　`header = {"User-Agent": UA, "Referer": url}`

`#------访问网页并解析------`

第 06 行　`req=requests.get(url,headers=header)`

第 07 行　`html=req.content.decode( )`

第 08 行　`soup=BeautifulSoup(html,'html.parser')`

`#------提取书名并添加到列表------`

第 09 行　`booksSoup=soup.select('body > div.section.wd-1200.ma > div:nth-child (4) >ul> i.rank-goodlist.active > div > div > div.goodlist-cont.fr > div.book-name.ht-42.oh > p')`

第 10 行　`booksName=[]`

第 11 行　`for book in booksSoup:`

第 12 行　　　　`booksName.append(book.string)`　　　　`#将书名添加到列表`

`#------提取作者姓名并添加到列表------`

第 13 行　`booksSoup=soup.select('body > div.section.wd-1200.ma > div:nth-child (4) > ul > li.rank-goodlist.active > div > div > div.goodlist-cont.fr > div:nth-child(2) > div > p > em')`

第 14 行　`booksAuthor=[]`

第 15 行　`for book in booksSoup:`

第 16 行　　　　`booksAuthor.append(book.string)`　　　`#将作者姓名添加到列表`

`#------列表合并，并输出书名和对应作者姓名------`

第 17 行　`books=list(zip(booksName,booksAuthor))`　`#将两个列表合并成为一个元组列表`

第 18 行　`for book in books:`

第 19 行　　　　`print('书名:'+book[0]+'\t'+book[1])`　　　`#输出书名和对应作者姓名`

运行"8-3-1.py"程序，输出结果：

书名:笔墨当随时代　上下2册　之江轩编著　　　作者:之江轩
书名:漫画版儿童趣味百科（精装）　　　作者:9787549277766
书名:2023考研政治终极预测4套卷　　　作者:9787304111793
书名:有教养：那些祖辈教给父辈，父辈教给我的小事作者:9787559467546
书名:北斗地图　高中地理图文详解地图册　　　作者:9787557208967
……此处因篇幅限制而省略……

2. 代码简析

（1）自定义请求头部信息。

示例代码第 3、4、5 行自定义请求头部信息 header= {"User-Agent": UA, "Referer": url}，在第 6 行代码 req=requests.get(url,headers=header)中以自定义请求头部信息向目标网页发出请求。

headers 参数类型为字典，包含浏览器访问目标网页时提交的本地系统信息，在 header 中设置 User-Agent，Python 程序就可以模拟浏览器访问目标网页。

获取 User-Agent 的方法：

用浏览器打开网页 http://192.168.0.1/tushu/cxb1.html。如图 8-3-2 中①所示，在任意元素的右键菜单中选择"检查"或按 F12 键进入开发模式，如②所示单击"Network"选项，在左侧的浏览器刷新网页页面，如③所示单击"Doc"选项，接着如红色箭头所示在下方窗口"Name"选区中任意选择文档，然后如④所示单击"Headers"选项，如⑤所示在下拉列表中出现 user-agent，复制"Mozilla/5.0 (Windows NT 10.0; Win64; x64) AppleWebKit/537.36 (KHTML, like Gecko) Chrome/89.0.4389.90 Safari/537.36"，在代码中将其赋值给变量 UA，即得示例代码第 4 行代码。

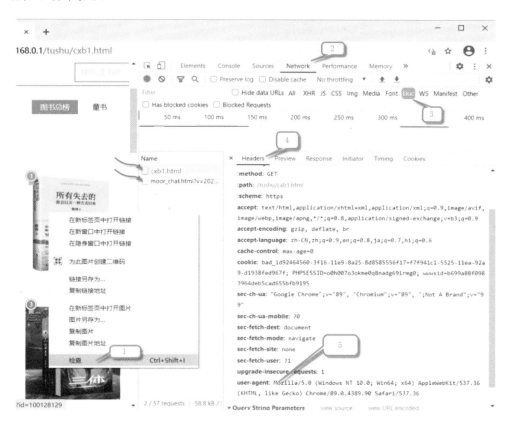

图 8-3-2　获取浏览器的 User-Agent

（2）设计符合 CSS 选择器规范的选择器。

以浏览器打开网页 http://192.168.0.1/tushu/cxb1.html，按 F12 键进入开发模式。如图 8-3-3

所示，在页面中选中书名或作者姓名，在右键菜单中选择"审查元素"选项，开发模式窗口中立即定位至相应代码处，可见书名在<div class="book-name ht-42 oh">中，作者姓名在<p class="book-author">中。

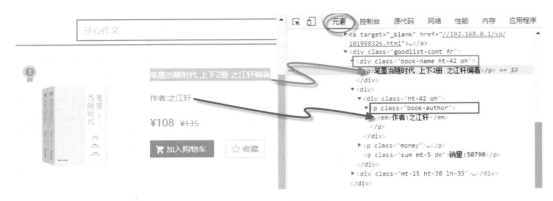

图 8-3-3　观察特征代码

设计选择器的简便方法：

如图 8-3-4 中①所示选中书名，如②所示在开发模式窗口中自动定位至相应代码处，选中该行代码，单击鼠标右键，在右键菜单中如③所示选择"复制"选项，如④所示单击"复制 selector"选项，就可以得到选择器：

```
body>div.section.wd-1200.ma>div:nth-child(4)>ul>li.rank-goodlist.active>
div:nth-child(1)>div>div.goodlist-cont.fr>div.book-name.ht-42.oh>p
```

将其粘贴至代码编辑窗口中，就可以非常简便地完成第 9 行代码，提取书名。同理可以完成第 14 行代码，提取作者姓名。

图 8-3-4　复制选择器

读懂选取书名的 CSS 选择器：

如图 8-3-5 所示，其中数字为横线标记，字母为竖线标记，则如图 8-3-6 清晰地表示了从 body 出发找到书名"笔墨当随时代 上下 2 册 之江轩编著"的过程，将每个数字准确表达为选择器即得选取书名的 CSS 选择器。例如：

图 8-3-5　标签树（数字为横线标记，字母为竖线标记）

"body>div.section.wd-1200.ma"中 body 标签内有多个子元素，"div.section.wd-1200.ma"则明确表示了横线 2 标记的以类 section、类 wd-1200 和类 ma 定义的 div。

"div.section.wd-1200.ma>div:nth-child(4)"中以类 section、类 wd-1200 和类 ma 定义的这个 div 内有横线 3、4、5 和 6 标记的四个子元素，"div:nth-child(4)"则明确了是其中的第 4 个子元素，即横线 6 标记的<div class="fr">。

图 8-3-6　CSS 选择器的设计过程

（3）zip( )的作用。

zip( )是 Python 的内置函数，zip(booksName, booksAuthor) 将两个列表 booksName 和 booksAuthor 按照元素位置一一对应进行打包，形成一个新的元组列表，其中每个元组包含两个元素，分别来自原列表的相同位置处。注意 zip( )返回值是一个 zip 对象。

例如本例打包后形成一个新的元组列表为：[('笔墨当随时代 上下 2 册 之江轩编著', '作者:之江轩'), ('漫画版儿童趣味百科', '作者:9787549277766'),……因篇幅限制省略……]

print(type(zip(booksName, booksAuthor)))则输出：

```
<class 'zip'>
```

list( ) 函数用于将可迭代对象转换为列表类型，因此 books= list(zip(booksName, booksAuthor))语句将打包后的元组列表转化为列表类型，并赋给变量 books，即 books 中存储了一个列表，其中每个元素都是一个元组，每个元组有两个元素，分别是书名和作者姓名。

8.3.2　案例 2：提取图书的各类信息

通常网页中关于一本书的信息会相对集中，因此可以先获取这本书的这些信息，然后根据需要进行提取。本例将提取每本书的书名、作者姓名、售价、销量和每本书详情页的网址。

1. 程序代码

```
第 01 行  import requests
第 02 行  from bs4 import BeautifulSoup
#------模拟浏览器------
第 03 行  url = 'http://192.168.0.1/tushu/cxb1.html'    #要爬取的网页地址
第 04 行  UA = "Mozilla/5.0 (Windows NT 6.3; WOW64) AppleWebKit/537.36
          (KHTML, like Gecko) Chrome/49.0.2623.13 Safari/537.36"
第 05 行  header = {"User-Agent": UA, "Referer": url}
#------访问网页并解析------
第 06 行  req=requests.get(url,headers=header)
第 07 行  html=req.content.decode( )
第 08 行  soup=BeautifulSoup(html,'html.parser')
```

第 09 行　booksSoup=soup.select('body>div.section.wd-1200.ma>div:nth-chil

　　　　　 d(4)>ul>li.rank-goodlist.active>div')

第 10 行　booksSoup=booksSoup[:-1]　　　　　　　#根据当前网页实际情况, 去除最后 1 个元素

\#--------提取单本图书的信息, 得到每书本的信息列表--------

第 11 行　books=[]　　　　　　　　　　　　　　　 #为全部图书列表

第 12 行　for bookSoup in booksSoup:#循环遍历使 bookSoup 为 1 本书的 div 的 HTML 代码

第 13 行　　　 oneBook=[]　　　　　　　　　　　 #该列表用于保存一本图书的信息

第 14 行　　　 oneBook.append(bookSoup.select('.book-name p')[0].text)#提取书名

第 15 行　　　 oneBook.append(bookSoup.select

　　　　　　　 ('.book-author em')[0].text.split(':')[1])　#分割提取作者

第 16 行　　　 oneBook.append(bookSoup.select('.money')[0].text.split

　　　　　　　 ('\xa0\xa0')[0])　　　　　　　　 #分割提取售价

第 17 行　　　 oneBook.append(bookSoup.select('.sum')[0].text.split(':')[1])

　　　　　　　　　　　　　　　　　　　　 #分割提取销量

第 18 行　　　 oneBook.append('http:'+bookSoup.select('a')[0].attrs['href'])

　　　　　　　　　　　　　　　　　　 #提取超链接地址

第 19 行　　　 books.append(oneBook)　　　　　　 #将一本图书的信息添加至全部图书列表

第 20 行　for book in books:

第 21 行　　　 print('书名:'+book[0]+'作者:'+book[1]+'售价:'+book[2]+'

　　　　　　　 销量:'+book[3]+'网址:'+book[4])

运行 "8-3-2.py" 程序, 输出结果:

书名:笔墨当随时代　上下 2 册　之江轩编著　作者:之江轩　售价:¥108　销量:51804　网址:http://192.168.0.1/tushu/xq/101998326.html

书名:漫画版儿童趣味百科（精装）　作者:9787549277766　售价:¥20.00　销量:47902　网址:http://192.168.0.1/tushu/xq/101823528.html

书名:2023 考研政治终极预测 4 套卷　作者:9787304111793　售价:¥22.42　销量:27156　网址:http://192.168.0.1/tushu/xq/101901117.html

……此处因篇幅限制而省略……

2. 代码简析

（1）第 1 到 8 行获取网页并解析。

（2）第 9 行通过分析, 找到包含该栏目全部图书 div 的 CSS 选择器, 并提取信息。

（3）第 10 行根据当前网页实际情况进行调整, 把具备相同 HTML 代码结构的元素除去。

（4）第 12 行循环遍历每本图书的信息。

（5）第 14 到 18 行通过对比分析提取书名、作者姓名、售价、销量和详情页的网址, 并

将提取的信息添加至列表。

（6）第 19 行将提取每本书的信息添加至全部图书列表。

（7）第 20 到 21 行输出每本书的信息。

3. 比较法设计获得全部图书的 div 的 CSS 选择器

（1）获取第 1、2、3 本书的书名的 CSS 选择器。

如图 8-3-4 所示，在页面中选择第 1 本书的书名，结合上文介绍的设计选择器的简便方法，得到选择器为：

body>div.section.wd-1200.ma>div:nth-child(4)>ul>li.rank-goodlist.active>
div:nth-child(1)>div>div.goodlist-cont.fr>div.book-name.ht-42.oh>p

可见实质是选取定义书名的 p 标签，在此简称为书名 p 标签。同样方法分别在页面中选择第 2、3 本书的书名，得到选择器。

（2）获取全部图书的 div 的 CSS 选择器。

将获得的第 1、2、3 本书的书名 p 标签的 CSS 选择器按序排列如图 8-3-7 代码部分。对比发现选择器从蓝色标识开始不同，"div:nth-child(1)"、"div:nth-child(2)"、"div:nth-child(3)"，分别对应第 1、2、3 本书的 div，每个 div 如图 8-3-7 右侧部分中橙色框所示。

继续观察图 8-3-7 代码部分，相同的红色标识部分：

"body>div.section.wd-1200.ma>div:nth-child(4)>ul>li.rank-goodlist.active>div" 则选取该栏目中全部图书的 div，如图 8-3-7 右侧部分中红色框所示。这和图 8-3-7 左侧部分相类似，选择器 "拥有造纸术、指南针、火药和印刷术四大发明的国家的省份" 即可获取中国的全部省份。

4. 获取全部图书的 div 的 HTML 代码

根据上一步获取全部图书的 div 的 CSS 选择器，要获取这些 div 的 HTML 代码，程序设计为：

booksSoup=soup.select('body>div.section.wd-1200.ma>div:nth-child(4)>ul
>li.rank-goodlist.active>div')，即程序中的第 9 行代码。

根据当前实际情况进行调整：

此时实际情况不同，代码调整也会不同，在第 9 行代码后添加代码：

```
print(len(booksSoup))    #输出列表中的元素个数，即当前页面的图书数量
```

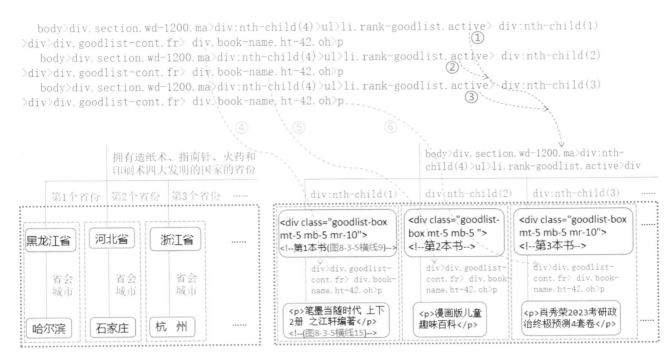

```
body>div.section.wd-1200.ma>div:nth-child(4)>ul>li.rank-goodlist.active> div:nth-child(1)
>div>div.goodlist-cont.fr> div.book-name.ht-42.oh>p                                    ①
    body>div.section.wd-1200.ma>div:nth-child(4)>ul>li.rank-goodlist.active> div:nth-child(2)
>div>div.goodlist-cont.fr> div.book-name.ht-42.oh>p                                    ②
    body>div.section.wd-1200.ma>div:nth-child(4)>ul>li.rank-goodlist.active> div:nth-child(3)
>div>div.goodlist-cont.fr> div.book-name.ht-42.oh>p                                    ③
```

图 8-3-7　CSS 选择器

运行程序，输出结果为 20，实际页面下端如图 8-3-8 所示，可见而当前页面图书只有 19
本，于是继续添加以下代码，查看最后一个列表元素：

```
print(booksSoup[-1])
```

图 8-3-8　页面下端

运行程序，输出结果为 "<div class="cb"></div>"，没有书名等数据，说明了 booksSoup [-1]

并非图书信息，因而添加以下代码，将列表中最后一个元素排除在外：

```
booksSoup=booksSoup[:-1]
```

第 12 行代码"for bookSoup in booksSoup:"则循环遍历 booksSoup 对象，每次循环 bookSoup 都存储着当前一本图书的 div 的 HTML 代码。

5. 在当前一本图书的 div 中获取书名

观察图 8-3-7 代码部分，每本书在"div:nth-child(n)"之后获取书名 p 标签的选择器（绿色标识）完全相同。例如第 1 本书"div:nth-child(1)"对应的 div，在图 8-3-7 右侧部分中以第 1 个橙色框表示，其中上方框为这本书的 div 标签（图 8-3-5 横线 9 标记），下方框为该 div 中的子元素，为书名 p 标签（图 8-3-5 横线 15 标记），在这个 div 中只要应用选择器"div> div.goodlist-cont.fr> div.book-name.ht-42.oh>p"就可以获得书名 p 标签。如同图 8-3-7 左侧部分，无论哪个省份，只要应用选择器"省会城市"均可获取该省的省会城市。

例如在示例代码第 13 行代码之后添加以下代码：

```
print(bookSoup.select('.book-name p'))
print(bookSoup.select('.book-name p')[0].text)
        #读取"text"属性获取书名
```

运行程序，输出结果中有：

```
[<p>笔墨当随时代 上下 2 册 之江轩编著</p>]
笔墨当随时代 上下 2 册 之江轩编著
```

同样方法，在当前一本图书的 div 中获取作者、售价、销量和网址。

知识小结

1．自定义请求头部信息和获取 User-Agent 的方法。

2．应用开发模式窗口中的右键菜单获取选择器。

3．比较法分析设计 CSS 选择器。

技能拓展

1．爬取"http://192.168.0.1/tushu/zbtj.html"页面"重磅推荐"栏目中的书名。

2．阅读以下材料了解 requests.get( )方法。

格式：requests.get(url,params=params,headers=headers)

requests.get( )方法返回的对象是一个 Response（响应）对象，包含发送 HTTP 请求后从服务器返回的所有信息。一些常用的属性和方法如下。

（1）常用参数。

url：要爬取的 url 地址。

params：一个字典或字符串序列，可以将请求中传递的参数附加到 url 的查询字符串中。

headers：一个字典，用于设置请求头信息。

timeout：一个数字或元组类型，表示超时时间。如果服务器在规定的时间内没有响应，则会引发超时错误。

allow_redirects：一个布尔值，指示是否自动处理重定向（默认为 True）。

cookies：一个字典，用于发送 cookie 数据。

proxies：一个字典，供使用代理服务器发送请求。

verify：一个布尔值或字符串类型，表示是否验证 SSL 证书。

stream：一个布尔值，指定是否直接下载响应内容（默认为 False）。

（2）常用属性。

status_code 属性：返回 HTTP 响应的状态码。例如：

　　① 200——服务器已成功处理了请求。

　　② 404——服务器找不到请求的网页。

　　③ 500——服务器内部错误，无法完成请求。

content 属性：返回响应内容的二进制形式。

text 属性：返回响应内容的文本形式。

headers 属性：返回包含响应头信息的字典。

url 属性：返回最终的请求 url 地址。

json( )方法：尝试将响应体解析为 JSON 格式。

8.4　爬取图书详情

☞ 你将获取的能力：

能够分析和设计 CSS 选择器；

能够用字典保存数据；

能够将爬取的数据写入 excel 文件；

能够遵守相关的法律法规和道德规范。

8.4.1 案例：爬取图书详情页中的信息

单击如图 8-3-1 所示图书图片或者在浏览器中打开上节爬取的书籍的网址，均可打开详情页面，如图 8-4-1 所示。本案例将爬取红色框所示的商品详情信息，获取书名、作者姓名、出版社、ISBN、页数、印刷日期、包装、字数和网址等信息。

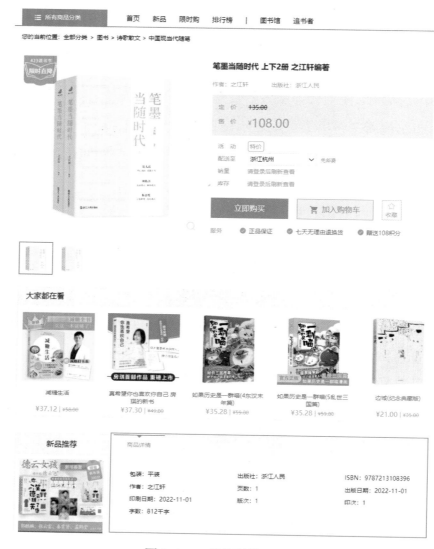

图 8-4-1　商品详情页面

1. 示例代码

第 01 行　`import requests`

第 02 行　`from bs4 import BeautifulSoup`

第 03 行　`from time import sleep`

第 04 行　`from openpyxl import Workbook`

`#------模拟浏览器------`

第 05 行　url = 'http://192.168.0.1/tushu/cxb1.html'　　　#要爬取的网页地址

第 06 行　UA = "Mozilla/5.0 (Windows NT 10.0; Win64; x64) AppleWebKit/537.36
　　　　　(KHTML, like Gecko) Chrome/89.0.4389.90 Safari/537.36"

第 07 行　header = {"User-Agent": UA, "Referer": url}

#------访问网页并解析------

第 08 行　req=requests.get(url,headers=header)

第 09 行　html=req.content.decode( )

第 10 行　soup=BeautifulSoup(html,'html.parser')

第 11 行　booksSoup=soup.select('body>div.section.wd-1200.ma>
　　　　　div:nth-child(4)>ul>li.rank-goodlist.active>div')

第 12 行　booksSoup=booksSoup[:-1]　　　#根据当前网页实际情况，去除最后 1 个元素

#------提取单本图书的信息，得到每本图书的信息列表------

第 13 行　books=[]　　　　　　　　　　　　　#为全部图书列表

第 14 行　for bookSoup in booksSoup:　#循环使 bookSoup 为每 1 本图书的 HTML 代码

第 15 行　　　oneBook = {}　　　　　　　　　#用字典方式保存一本图书的信息

第 16 行　　　oneBook['书名'] = bookSoup.select('.book-name p')[0].text
　　　　　　　　　　　　　　　　　　#提取书名

第 17 行　　　oneBook['网址'] = 'http:' + bookSoup.select('a')[0].attrs
　　　　　['href']　　　　　　　　　　#提取超链接地址

第 18 行　　　bookPageUrl = oneBook['网址']　　　#准备爬取图书详情页

第 19 行　　　page = requests.get(bookPageUrl, headers=header)
　　　　　　　　　　　　　　　　　#爬取图书详情页

第 20 行　　　soup = BeautifulSoup(page.text, 'html.parser')　#解析详情页

第 21 行　　　detailSoup=soup.select('body>div.section>div>div.
　　　　　clearfix.mt-40.goods_destail_show>div.wd-970.fr.clearfix.
　　　　　pr>div.wd-840>div.bd-1-e8>ul>li')

#------根据商品详情中的信息提取需要的内容------

第 22 行　　　for line in detailSoup:

第 23 行　　　　　if line.select('span')[0].text.strip( )[:-1] in
　　　　　['作者','出版社','ISBN','页数','印刷日期','包装','字数']:

第 24 行　　　　　　　oneBook[line.select('span')[0].text.strip( )[:-1]]=
　　　　　　　　line.select('span')[1].text.strip( )　　　#保存为字典

第 25 行　　　sleep(0.1)　　　　　　　　　　#控制爬取速度，停留 0.1 秒

第 26 行　　　`books.append(oneBook)`　　　#将一本图书信息加入到全部图书信息列表中

第 27 行　`print(books)`

运行"8-4-1.py"程序，输出结果：

```
[{'书名': '笔墨当随时代 上下 2 册 之江轩编著', '网址':
'http://192.168.0.1/tushu/xq/101998326.html', '包装': '平装', '出版社': '浙江人民
', 'ISBN': '9787213108396', '作者': '之江轩', '页数': '1', '印刷日期': '2022-11-01',
'字数': '812 千字'}, ……此处因篇幅限制而省略……]
```

2. 代码简析

（1）设计 CSS 选择器。

以浏览器打开第 1 本图书详情页 http://192.168.0.1/tushu/xq/101998326.html，按 F12 键进入开发模式。在网页页面中选择"商品详情"中的文字"包装"，在菜单中单击鼠标右键选择"审查元素"选项，开发模式窗口中立即定位至"包装："代码处。选中该行，在菜单中单击鼠标右键选择"复制"——>"复制 selector"选项，就可以得到"包装："中 span 元素的选择器：

body>div.section>div>div.clearfix.mt-40.goods_destail_show>div.wd-970.fr.clearfix.pr>div.wd-840>div.bd-1-e8>ul>li:nth-child(1)>span:nth-child(1)

同样继续在网页页面中选择"商品详情"中的文字"出版社"和"ISBN"，分别获取它们的选择器：

body>div.section>div>div.clearfix.mt-40.goods_destail_show>div.wd-970.fr.clearfix.pr>div.wd-840>div.bd-1-e8>ul>li:nth-child(2)>span:nth-child(1)

body>div.section>div>div.clearfix.mt-40.goods_destail_show>div.wd-970.fr.clearfix.pr>div.wd-840>div.bd-1-e8>ul>li:nth-child(3)>span:nth-child(1)

对比这三个选择器，蓝色标记了差异部分，红色标记了在发生差异之前的相同部分，绿色标记的选择器相同，用于在 li 元素中选取 span 元素。如此红色标记部分即可获取所有 li 元素。查看开发模式窗口中的 HTML 代码，发现如图 8-4-2 蓝色椭圆部分所示，商品详情的一系列信息都在每个 li 标签定义的项目列表项中。因此只要获取所有 li 元素，然后循环遍历获取的每个 li 元素，在每个 li 元素中再通过 CSS 选择器获取 span 元素，最终获得 span 元素中包含的信息。

获取所有 li 元素的 CSS 选择器与页面 HTML 代码的对应检验过程如图 8-4-2 所示。

即应用这个选择器获取所有 li 元素的代码在示例代码第 21 行。

（2）第 22 至 25 行代码解读。

示例代码第 22 行"for line in detailSoup:"遍历获取的每一个 li 元素。

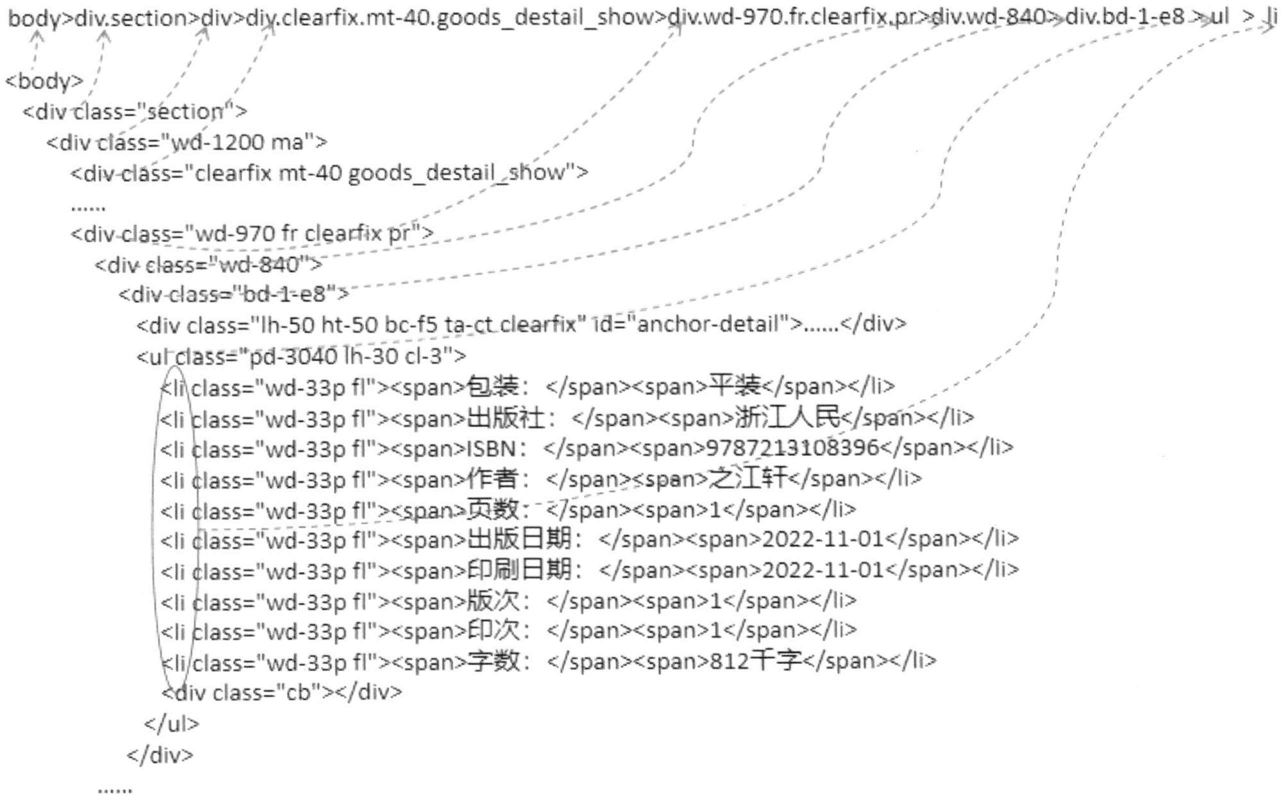

```
body>div.section>div>diy.clearfix.mt-40.goods_destail_show>div.wd-970.fr.clearfix.pr>div.wd-840>div.bd-1-e8 >ul > li

<body>
  <div class="section">
    <div class="wd-1200 ma">
      <div class="clearfix mt-40 goods_destail_show">
      ……
      <div class="wd-970 fr clearfix pr">
        <div class="wd-840">
          <div class="bd-1-e8">
            <div class="lh-50 ht-50 bc-f5 ta-ct clearfix" id="anchor-detail">……</div>
            <ul class="pd-3040 lh-30 cl-3">
              <li class="wd-33p fl"><span>包装：</span><span>平装</span></li>
              <li class="wd-33p fl"><span>出版社：</span><span>浙江人民</span></li>
              <li class="wd-33p fl"><span>ISBN：</span><span>9787213108396</span></li>
              <li class="wd-33p fl"><span>作者：</span><span>之江轩</span></li>
              <li class="wd-33p fl"><span>页数：</span><span>1</span></li>
              <li class="wd-33p fl"><span>出版日期：</span><span>2022-11-01</span></li>
              <li class="wd-33p fl"><span>印刷日期：</span><span>2022-11-01</span></li>
              <li class="wd-33p fl"><span>版次：</span><span>1</span></li>
              <li class="wd-33p fl"><span>印次：</span><span>1</span></li>
              <li class="wd-33p fl"><span>字数：</span><span>812千字</span></li>
              <div class="cb"></div>
            </ul>
          </div>
        ……
```

图 8-4-2　获取 li 元素的 CSS 选择器与页面 HTML 代码的对应检验过程

在第 23 行代码中"line.select('span')"通过 span 标签选择器选取当前 li 元素中的 span 元素。例如在访问第 1 本图书的详情页面时，获得列表为[包装：, 平装]，表明其中有两个 span 元素；通过"line.select('span')[0].text.strip( )[:-1]"可以从获取的列表中第 1 个 span 元素中得到"包装"，再经过"in ['作者','出版社','ISBN','页数','印刷日期','包装','字数']"判断它属于需要提取的信息项，于是在第 23 行代码中通过"line.select ('span')[1].text.strip( )"可以从获取的列表中第 2 个 span 元素中得到"平装"，此时"oneBook[line.select('span')[0].text.strip( )[:-1]]"的主键是从获取的列表中第 1 个 span 元素中得到"包装"，于是"'包装'：'平装'"这对键值被成功添加到 oneBook 字典中。

第 25 行代码 sleep(0.1)，当执行该语句时停留 0.1 秒，用于控制爬取速度。注意 sleep( )函数属于 time 模块，第 3 行代码表示使用 Python 内置的 time 模块中的 sleep( )函数。

3．将字典数据保存到 Excel 文件

将爬取的数据，保存到 Excel 文件中，以便后续数据分析，对挖掘数据的应用价值具有重要意义。

示例代码第 4 行已经提前导入了 openpyxl 库，在示例代码末尾继续添加如下代码，即可将字典数据保存到 Excel 文件中。

第 28 行	`wb=Workbook( )`	#新建 Excel 工作簿对象
第 29 行	`ws=wb.active`	#激活默认工作表，创建工作表对象
第 30 行	`ws.title='排行榜'`	#设置工作表标题
第 31 行	`bookColumn=['书名','作者','出版社','ISBN','页数','印刷日期','包装',` `'字数','网址']`	#设置标题行中的各个标题
第 32 行	`ws.append(bookColumn)`	#添加标题行
第 33 行	`for book in books:`	#循环遍历每本图书
第 34 行	`    line=[]`	
第 35 行	`    for key in bookColumn:`	#将一本图书的全部信息转换为列表数据
第 36 行	`        line.append(book.get(key,'暂无'))`	
		#当有图书没有某个信息项时 get( ) 避免出错提示
第 37 行	`    ws.append(line)`	
第 38 行	`wb.save('图书.xlsx')`	#保存到当前目录下的"图书.xlsx"文件中

注意运行程序时，不要使用办公软件或其他软件打开"图书.xlsx"。

dict.get( )方法使用说明：

```
dict.get(key, default=None)
```

与使用下标访问字典值的方式不同，get( )方法可以更好地处理字典中不存在某些键的情况，避免了引发 KeyError 异常的风险。

参数：key：要查询的键名

default：当找不到该键时返回的默认值，如果没有指定，则返回 None。

例如：

my_dict = {'a': 1, 'b': 2}

value1 = my_dict.get('a', 0)   #查询字典 my_dict 中存在键'a'，返回值为1。

value2 = my_dict.get('c', 0)   #查询字典 my_dict 中不存在键'c'，返回值为0。

 知识小结

1．使用字典保存数据。

2．使用 sleep( )控制代码执行速度。

3．学会使用 dict.get( )方法。

4．应用 openpyxl 保存爬取的数据。

📖 **技能拓展**

1．请爬取以下页面中全部图书的书名和 ISBN。

http://192.168.0.1/tushu/cxb1.html

http://192.168.0.1/tushu/cxb2.html

http://192.168.0.1/tushu/cxb3.html

http://192.168.0.1/tushu/cxb4.html

http://192.168.0.1/tushu/cxb5.html

2．在应用爬虫时，需要遵守相关的法律法规和道德规范，以确保自己的行为合法、合规、公正且符合道德要求。以下是一些常见的相关法律法规：

数据保护法：一些国家和地区制定了数据保护法，要求个人数据的收集、使用和存储必须符合法律规定，并保证隐私和信息安全。在应用爬虫过程中，必须遵守数据保护法的相关规定，尊重用户隐私。

版权法：在爬取网站信息时，需要注意是否存在版权问题。若网站内容受到版权保护，在未经授权的情况下批量获取其数据可能是侵犯版权的行为。

网络安全法：一些国家和地区的法律制定了网络安全法，禁止了网络攻击、网络诈骗等行为。如果没有经过网站拥有者的明确许可，爬虫过程中不得进行网络攻击和其他不当的行为。

反垄断法：一些国家和地区的反垄断法可能针对资料采集活动施加限制，在使用爬虫时需要遵守该方面的法律。

Robots 协议：一些网站使用 Robots 协议来限制爬虫的行为。该协议详情可查看 Robots 协议标准。

此外，还有一些道德规范应该遵循，例如不做对网站或其他人造成威胁或损害的行为，不恶意利用网络信息等。

反侵权盗版声明

电子工业出版社依法对本作品享有专有出版权。任何未经权利人书面许可，复制、销售或通过信息网络传播本作品的行为；歪曲、篡改、剽窃本作品的行为，均违反《中华人民共和国著作权法》，其行为人应承担相应的民事责任和行政责任，构成犯罪的，将被依法追究刑事责任。

为了维护市场秩序，保护权利人的合法权益，我社将依法查处和打击侵权盗版的单位和个人。欢迎社会各界人士积极举报侵权盗版行为，本社将奖励举报有功人员，并保证举报人的信息不被泄露。

举报电话：（010）88254396；（010）88258888

传　　真：（010）88254397

E-mail：　　dbqq@phei.com.cn

通信地址：北京市万寿路 173 信箱

　　　　　电子工业出版社总编办公室

邮　　编：100036

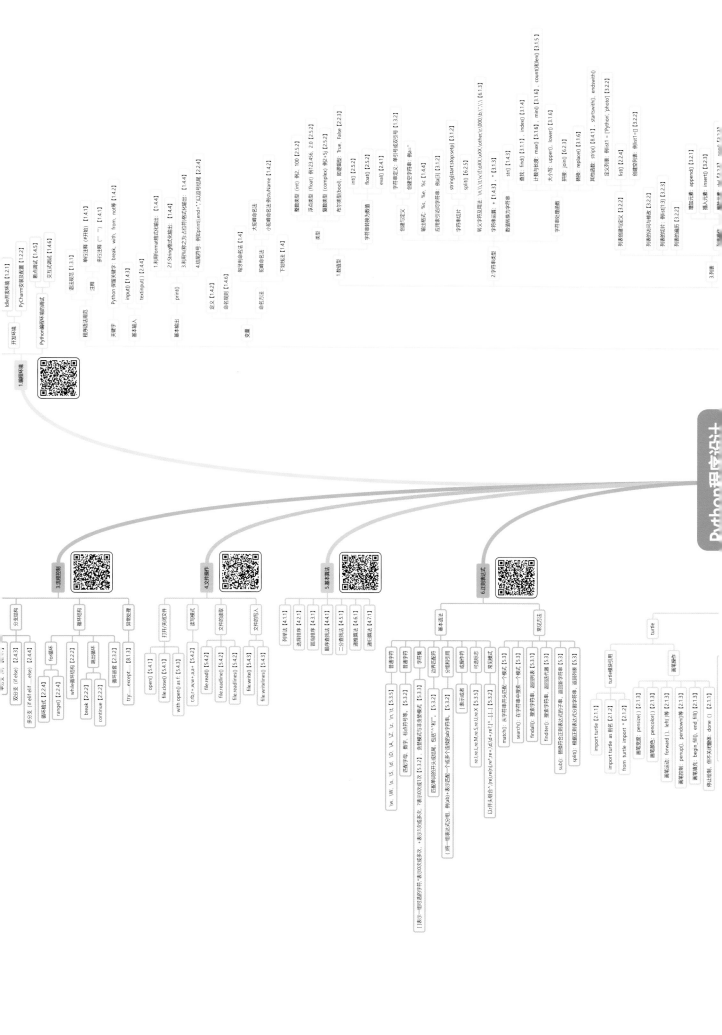

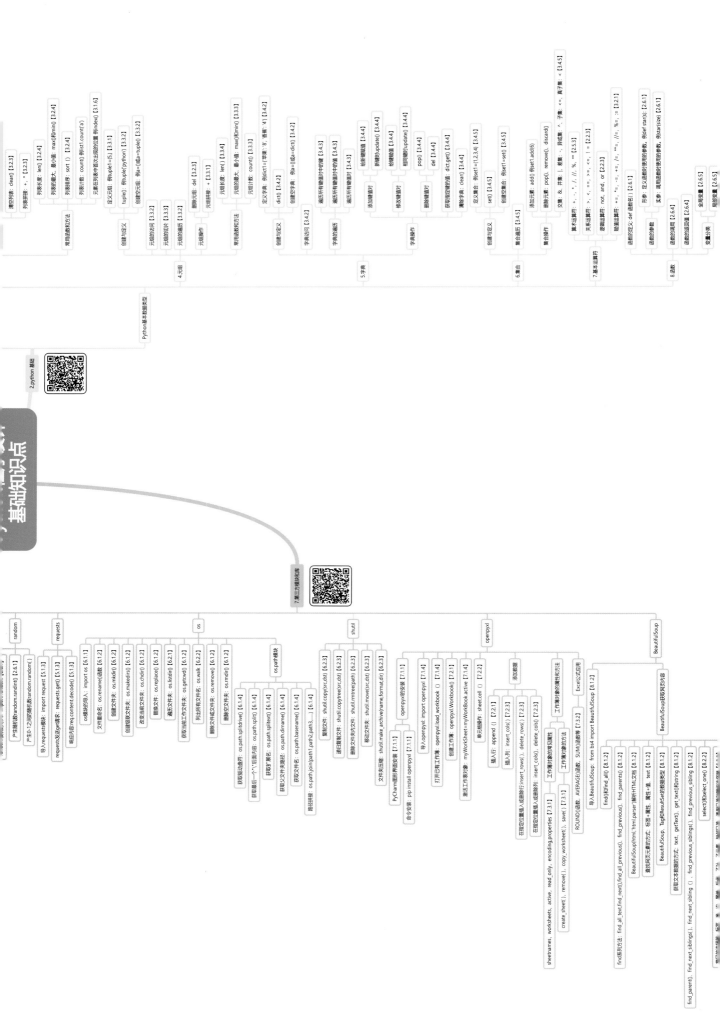